HANDBUCH

PILZE

HANDBUCH

PILZE

PELLE HOLMBERG & HANS MARKLUND

Stiftung Warentest

Begriffe und Symbole

(siehe auch S. 48–49)

SPEISEPILZE sind mit einer **weißen** Ziffer in einem **grünen** Kreis markiert, der von einem **grünen** (= Anfängerpilze), **blauen** oder **roten** Quadrat umgeben ist.

Speisepilz
Mit Speisepilz meinen wir eine Pilzart, die **nicht aus irgendeinem Grund zur Verwendung bei der Essenszubereitung ungeeignet** ist. Ein wichtiges Kriterium ist, dass der Pilz Geschmacksstoffe enthalten muss, die nach der Zubereitung als in irgendeiner Weise angenehm oder interessant erlebt werden.

1 **Speisepilz – Anfängerpilz –**, der nur mit anderen Speisepilzen verwechselt werden kann.

2 **Speisepilz – Anfängerpilz –**, der mit Pilzen verwechselt werden kann, die aus einem anderen Grund als Giftigkeit zum Verzehr ungeeignet sind.

3 **Speisepilz,** der mit **schwach giftigen Pilzen** verwechselt werden kann.

4 **Speisepilz,** der mit **gefährlich giftigen Pilzen** verwechselt werden kann.

HINWEIS: Wenn Sie einen Pilz finden, der keinem der in unserem Buch beschriebenen Speisepilze entspricht, dürfen Sie ihn nicht ohne weitere Absicherung probieren. Es besteht sehr große Gefahr, dass er zum Verzehr ungeeignet ist, denn wir haben die allermeisten Speisepilze aufgenommen, die in Nord- und Mitteleuropa wachsen. Denken Sie daran, dass es noch Tausende weitere Arten gibt, die wir hier nicht aufnehmen konnten.

Hutformen

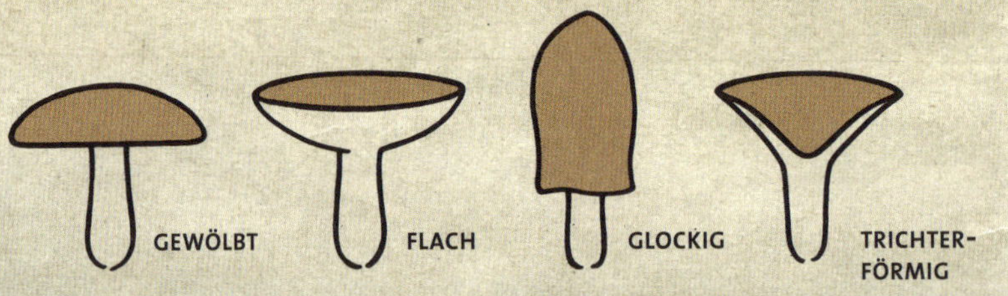

SPEISEPILZE? sind mit einem weißen Fragezeichen in einem **grünen** Quadrat markiert.

Neben den Pilzarten, die wir in diesem Buch als Speisepilze vorstellen, werden in unserem Land auch noch andere Arten zum Verzehr genutzt. Das sind Pilze, die traditionell oder von bestimmten Pilzexperten als gute Speisepilze angesehen werden. Aus verschiedenen Gründen stellen wir den Wert dieser Arten als Speisepilze infrage und haben sie **nicht** unter die Speisepilze aufgenommen (weitere Einzelheiten auf S. 205–211).

KEIN SPEISEPILZ rotes oder **gelbes** Quadrat.

Giftpilz

Eine große Anzahl von Pilzarten enthält von den Pilzen selbst produzierte Stoffe, die wir als Pilzgifte bezeichnen. Einen Pilz, der – für den Menschen und andere Säugetiere – schädliche Mengen solcher Stoffe enthält, bezeichnen wir als Giftpilz.

Gefährlich giftige Pilze, vor allem solche, die zellschädigende Stoffe oder große Mengen auf das Nervensystem einwirkender Stoffe enthalten, sind mit einem weißen Kreuz markiert.

Pilze, die aus anderen Gründen als darin enthaltenen Pilzgiften nicht zum Verzehr geeignet sind

Der allergrößte Teil unserer Großpilze gehört in diese Gruppe. Die gesammelten Erfahrungen reichen nicht aus, um uns zu einer eventuellen Essbarkeit des Pilzes äußern zu können. Die Verwechslungskandidaten oder Doppelgänger, die wir auf diese Weise gelb markiert haben, gehören einer oder mehreren der folgenden vier Kategorien an:

1. **Unzureichend erforschter Pilz**
2. **Unappetitlicher Pilz**
3. **Wertloser Pilz** (in Bezug auf den Verzehr; zum Beispiel klein, dünnfleischig, zäh, geschmacklos)
4. **Essbarer, aber seltener bzw. gefährdeter Pilz** (HINWEIS: Zur Verbreitung der Pilzarten in Deutschland siehe auch www.pilze-deutschland.de)

Lamellenformen

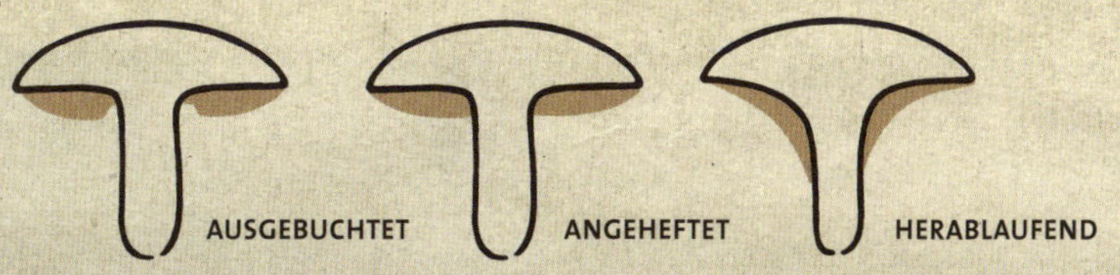

INHALT

Vorwort

Seit der ersten Auflage des *Pilz-Handbuchs* im Jahr 1996 hat sich einiges getan. Das Interesse an Pilzen hat immer mehr zugenommen. Das Pilzesammeln ist wahrscheinlich die beliebteste Freiluftaktivität, der die Menschen in Nord- und Mitteleuropa im Herbst nachgehen.

Das Interesse am Sammeln von Pilzen und ihrer Nutzung zur Essenszubereitung ist mittlerweile sehr groß. Immer mehr Experten sind der Ansicht, dass Pilze zur Kategorie der funktionellen Lebensmittel gehören – ursprünglich ein japanischer Ausdruck, der den internationalen Namen *„Functional Food"* erhalten hat.

Das gesammelte Wissen über unsere Speise- und Giftpilze ist inzwischen groß, doch neue Erkenntnisse werden vermutlich auch Neubewertungen mit sich bringen. Was heute als gesund betrachtet wird, kann in einigen Jahren infrage gestellt sein, und wir, die wir Pilze und das Pilzesammeln lieben, müssen ein offenes Ohr für die neuen Tatsachen der Forscher haben. Hingegen sollten wir die Gerüchte, die im Herbst oft unter anderem in den Massenmedien auftauchen, nicht für bare Münze nehmen. Es gibt viele „Pilzexperten", darunter auch selbst ernannte. Wie jeder weiß, halten sich Gerüchte und Tratsch hartnäckig, während Dementis es schwer haben, die Menschen zu erreichen. In den 1980er-Jahren war der Irrglaube, Pilze würden Umweltgifte aufsaugen, mehr oder weniger allgemein verbreitet. Leider lebt er zum Teil immer noch fort. Ab Seite 223 können Sie unter der Überschrift „Sind die Pilze giftiger geworden?" mehr dazu lesen.

Wir haben uns bemüht, im *Handbuch Pilze* so aktuelle Angaben zu machen wie möglich, und wir hoffen, dass uns diese schwierige Aufgabe gelungen ist. Die mykologische Forschung hat in den letzten Jahren große Fortschritte gemacht. Es werden neue Arten beschrieben und frühere Arten in mehrere neue Arten aufgeteilt. Außerdem ändern Arten und Familien ihre Namen.

Das von uns mit dem *Handbuch Pilze* eingeführte Symbolsystem geht von der in Bezug auf Speisepilze am häufigsten gestellten Frage aus: Kann ich diesen Speisepilz mit einem gefährlichen Pilz verwechseln? Wir haben viele positive Reaktionen auf unser Symbolsystem erhalten. Dieses Symbolsystem beruht auf langjähriger Erfahrung, sowohl unserer eigenen als auch der anderer, unter anderen der nationalen Giftinformationszentralen. Außerdem haben wir im Vorfeld dieser Ausgabe das System weiter vereinfacht und versucht, es noch pädagogischer zu gestalten.

Im Laufe der mehr als 40 Jahre, in denen wir über Pilze und ihre Nutzung informieren, haben wir Tausende von Menschen getroffen, die unser eigenes Wissen über Pilze bereichert haben. Dafür danken wir Ihnen allen, bekannter- oder unbekannterweise. Herzlichen Dank an alle Pilzberater, die an unserer Umfrage unter anderem über die Verbreitung der Pilze im Land teilgenommen haben. Danke auch an das Personal der Giftinformationszentrale in Stockholm. Unser besonderer Dank gilt Michael Krikorev, der uns mit der sich ständig verändernden Mykologie geholfen und Bilder von Lebensräumen und Arten beigesteuert hat.

Viel Spaß im Pilzwald!

Pelle Holmberg

Hans Marklund

So sahen die Verfasser aus, als 1996 die erste Ausgabe ihres „Pilz-Handbuchs“ erschien.

Einleitung

Das Pilzesammeln ist eine der beliebten Freizeitbeschäftigungen, denen die Menschen im Herbst nachgehen. Aufgrund langjähriger Erfahrung mit Pilzkursen, Ausstellungen und Vorträgen im ganzen Land können wir sagen, dass sich in den letzten Jahren vor allem viele Jüngere zur großen Schar der Pilzsammler hinzugesellt haben. Auch wollen viele Pfifferlingssammler den Schritt vom „Ein-Pilz-Sammler" zum „richtigen" Pilzsammler tun.

Dieses Buch ist ein gesammeltes Ergebnis unserer Jahre als Pilzkundler und Ausbilder. Eigene Erfahrungen und Erfahrungen anderer, neue Erkenntnisse aus der Chemie, aktuelle Informationen der Giftinformationszentralen usw. sind in diesem Buch enthalten.

Für die deutsche Ausgabe wurde die Beurteilung der Pilzarten für Speisezwecke nach der „Liste der empfohlenen Speisepilze in Deutschland" überprüft, die vom Fachausschuss für Toxikologie und Pilzverwertung der Deutschen Gesellschaft für Mykologie erstellt wurde.

Während unserer vielen Jahre als Lehrer für Pilzkunde haben wir versucht, unsere Präsentationstechnik zu verfeinern. Wir hoffen, dass unsere Methoden leicht verständlich sind und so viel Wissen über unsere besten Speisepilze, ihre Doppelgänger und die giftigsten Pilze vermitteln, wie es in einem Buch dieser Art möglich ist. Zusätzlich zu eingehenden Beschreibungen der verschiedenen Pilze in Text und Bild haben wir auch allgemeine Abschnitte aufgenommen, die für alle Pilzsammler unentbehrlich sind.

Um ein guter Pilzsammler zu werden, reicht es nicht aus, dieses oder andere Pilzbücher zu studieren (Achten Sie darauf, neue, aktualisierte Ausgaben zu lesen!), sondern versuchen Sie auch, auf Pilzausflüge mitzukommen oder einen Studienkreis oder örtlichen Pilzverein zu besuchen. Begeben Sie sich ruhig auf eigene Faust in die Natur und sammeln Sie Pilze, aber wenn Sie unsicher sind, müssen Sie sich an einen Pilzberater in Ihrer Region oder eine andere anerkannte pilzkundige Person wenden. Sie können auch eine Pilzausstellung besuchen und sich nach den Pilzen erkundigen, bei denen Sie sich unsicher sind. Bringen Sie in solchen Fällen, wenn möglich, mehrere Exemplare der betreffenden Pilze zur Ausstellung mit. Das erleichtert die Beurteilung.

Einige Arten lernt man schnell kennen, bei anderen dauert es etwas länger, bis man sich völlig sicher ist. Die Speisepilze in diesem Buch sind nach ihrem Schwierigkeitsgrad in vier Gruppen eingestuft (S. 48). Zwei Gruppen enthalten die Pilze, die wir als für Anfänger geeignete Pilze betrachten. Die meisten von ihnen lernt man relativ schnell kennen, aber bei den Arten in den zwei übrigen Gruppen muss man bisweilen viele Jahre warten, bevor man sich ihrer vollkommen sicher ist.

Natürlich ist es sehr individuell, wie schnell man neue Pilze kennenlernt. Wer fleißig unterwegs ist und sammelt, lernt in ein und demselben Herbst leicht über 30 neue Arten kennen. Für einen anderen ist es realistischer, in der gleichen Zeit nur eine einzige oder einige wenige neue Arten kennenzulernen.

Bei wiederholten Gelegenheiten den Pilz dort sehen, wo er wächst, sich die Wachstumsstelle einschärfen, erkennen, welche Bäume und anderen Pflanzen es in der Nähe gibt, junge und ältere Fruchtkörper Seite an Seite sehen – auf diese Weise lernt man einen neuen Pilz am besten kennen.

In Deutschland gibt es entsprechend der Traditionen und lokalen Kenntnisse ein unterschiedlich dichtes Netz von meist ehrenamtlich tätigen Pilzberatern und geprüften Pilzsachverständigen. Einige Städte und Landkreise haben feste Beratungsstellen. Auf der Webseite der Deutschen Gesellschaft für Mykologie www.dgfm-ev.de werden alle pilzkundlichen Vereinigungen aus Deutschland gelistet.

Beim ersten Verdacht auf eine Pilzvergiftung sollten Sie sich immer unverzüglich an den Notruf 112, eine Giftnotrufzentrale oder das nächste Krankenhaus wenden. Nehmen Sie Reste der Pilzmahlzeit auf jeden Fall mit, das kann die richtige Diagnose und Behandlung sehr erleichtern.

Bilder gegenüberliegende Seite: Oben links: Der Autor Pelle Holmberg und der Mykologe Michael Krikorev im Pilzwald. Gesellschaft von jemandem mit Kenntnissen zu haben, die man selbst nicht hat, ist von unschätzbarem Wert, wenn man sich ans Pilzesammeln macht.
Oben rechts: Starkriechender Trompetenpfifferling
Unten links: Birken-Rotkappe
Unten rechts: Echte Pfifferlinge

Pilzesammeln in früheren Zeiten

Auch wenn es nur wenige prähistorische Nachweise von Pilzen in menschlichen Siedlungen gibt, wurden in Mitteleuropa und anderswo Pilze vermutlich genauso wie Pflanzen gesammelt und genutzt. Bei der „Gletschermumie" Ötzi, die vor etwa 5200 Jahren in den Alpen konserviert wurde, fand man Birkenporling und Zunderschwamm. Der Birkenporling (*Piptoporus betulinus*) hat medizinisch relevante Wirkungen, die innerlich bei Magenbeschwerden und äußerlich zur besseren Wundheilung eingesetzt werden können. Der Zunderschwamm (*Fomes fomentarius*) war bis Ende des 19. Jahrhunderts das geeignetste Material zum Entfachen eines Feuers (Stichwort: „brennt wie Zunder") und wurde erst durch die Erfindung und Verbreitung von Zündhölzern abgelöst. In mehr als 90 Prozent aller prähistorischen Siedlungen wurden Reste von Zunderschwämmen nachgewiesen. Da sich vor allem frische, fleischige Pilzfruchtkörper wie zum Beispiel Steinpilze aber nicht so lange erhalten lassen wie Pflanzenreste oder deren Samen, haben wir aus dieser Zeit kaum wissenschaftliche Belege für die Verwendung von Pilzen als Nahrungsmittel. Es ist aber sehr wahrscheinlich, dass die Sammler auch die allgegenwärtigen Pilze genutzt haben.

Die ersten europäischen Aufzeichnungen zu Pilzen stammen aus der Antike. Die griechischen Gelehrten konnten dabei auf ein umfangreiches empirisches Wissen zurückgreifen. Vor etwa 2500 Jahren wurde schon von Pilzen in Zusammenhang mit Vergiftungen berichtet. In den Werken von Hippokrates sind Beschreibungen von Arzneien enthalten, die zur Linderung von Pilzvergiftungen eingesetzt wurden.

Von Aristoteles, der die Pilze in seine naturwissenschaftlichen Betrachtungen mit einbezog, bis zur Mitte des 19. Jahrhunderts galten Pilze also rund 2000 Jahre lang als Organismen, die aus Fäulnisprozessen spontan entstehen. Von Plinius (1. Jahrhundert n. Chr.) wurden Trüffeln als „Geschwülst der Erde" angesehen. Pilze wurden aufgrund ihrer damals nicht erklärbaren, spontanen Erscheinungsweise von der katholischen Kirche als heidnisch erklärt. Begriffe wie Hexenbesen, Hexenbutter, Hexenring, Satanspilz und Wolfspfurz zeugen davon, dass mit Pilzen viele negative Assoziationen verbunden wurden. Ob die im 14. bis 16. Jahrhundert grassierende Tanzwut mit dem Verzehr von halluzinogenen Pilzen zusammenhängt, ist noch nicht hinreichend geklärt. Hexen und Schamanen hingegen nutz(t)en ihre bewusstseinserweiternde Wirkung mit Sicherheit. Erst Louis Pasteur räumte durch seine Keimstudien (ab 1860 n. Chr.) mit dem Mythos der spontanen Entstehung von Leben auf.

Doch auch positive Erfahrungen sind in die Namensgebung bis zur Neuzeit mit eingeflossen. Davon zeugen der Kaiserling (*Amanita caesarea*), der schon im 1. Jahrhundert unserer Zeitrechnung vom römischen Dichter Martial als „boletus" erwähnt wird, oder der Herrenpilz (*Boletus edulis*). Es ist gut möglich, dass der römische Einfluss in Deutschland auch die Nutzung von Pilzen als Nahrungs- und Genussmittel begüns-

Eine Doppelseite aus *Brockhaus Konversationslexikon* von 1891, das für den späteren Teil des 19. Jahrhunderts typische Abbildungen von Pilzen zeigt.

tigt hat. In adeligen Kreisen der Renaissance wurden jedenfalls Trüffeln nicht nur aus Frankreich und Italien importiert, sondern Lizenzen zum Trüffelnsammeln in den eigenen Ländereien versteigert. Der heute so beliebte Eierschwamm (*Cantharellus cibarius*) war hingegen so häufig und ein preiswertes „Armeleuteessen", dass sich bis heute der Spruch „das ist doch keinen Pfifferling wert" gehalten hat.

Im Mittelalter (500–1500 n. Chr.) waren Wissenschaft und schriftliche Aufzeichnungen der Kirche und dem Adel vorbehalten. In erster Linie wurden Übersetzungen antiker Schriften verfasst, ohne wesentliche neue Erkenntnisse hinzuzufügen. So sind pharmakologische Rezeptsammlungen in Handschriften des 8. und 9. Jahrhunderts aus dem Fränkischen Reich erhalten. Dort sind sowohl Rezepturen gegen Pilzvergiftungen als auch Pilze als Heilmittel dokumentiert. Die Handschriften von Hildegard von Bingen (1098–1179 n. Chr.) gelten als die umfassendsten mittelalterlichen Werke mit Darstellungen und medizinischen Rezepten mit Pilzen.

In mittelalterlichen Klöstern wurden Pilze als Nahrungsmittel verwendet. Das Wort Pilz leitet sich aus den Übersetzungen und dem Sprachgebrauch des antiken Begriffs „boletus" über „bolitus" > „boliz" > „bülez" > „bütz" > „bültz" ab. Parallel dazu wurden in Deutschland auch die Begriffe „Schwamm", „swamb" oder „swam" verwendet. Im Schwedischen ist der Begriff „Svampe" heute noch üblich. Im Bayerischen werden die Pilze „Schwammerl" genannt.

Bei Albertus Magnus (13. Jahrhundert n. Chr.) werden ebenfalls einige essbare und giftige Pilze beschrieben, so zum Beispiel der Fliegenpilz als „tuber muscarum" und „Fungus muscarum". Er wurde gestückelt oder als Pilzpulver in Milch gekocht bzw. aufgelöst. Das Gebräu in einer flachen Schale lockte Fliegen an und tötete sie. Diese Methode war bis ins 20. Jahrhundert verbreitet.

Das erste bekannte, deutschsprachige Druckwerk, in dem Pilze enthalten sind, stammt von Johann von Cube (1485 n. Chr.): „New Kreütter Buch: von Underscheydt, Würckung und Namen der Kreütter so in teütschen Landen wachsen; auch der selbigen eygentlichem und wolgegründtem Gebrauch in der Artznei, zu behalten und zu fürdern Leibs Gesuntheyt fast nutz und tröstlichen, vorab gemeynem Verstand". Mit der Renaissance und Entwicklung der Drucktechnik erschienen dann vermehrt Kräuterbücher, die von steigendem botanischem Wissen zeugen und oft Kapitel über Pilze enthalten. So schreibt Bock (1539 n. Chr.) in seiner Einleitung: „Vil und mancherlei Schweme wachsen im Teütschen Lande." In seinem Kräuterbuch waren zum Beispiel Brätling, Eichhase, Fliegenpilz, Morchel, Pfifferling, Wolliger Milchling, Wiesen-Champignon und Zunderschwamm enthalten. Es ist anzunehmen, dass viele essbare Arten auch auf mittelalterlichen Märkten zum Verkauf angeboten wurden. Die Bauern verdienten sich ein Zubrot, indem sie Edelpilze und Trüffeln an Adelige und Reiche verkauften. Schon in der Renaissance waren Trüffeln eine sehr begehrte Diplomatenspeise.

Carolus Clusius (1601 n. Chr.) brachte dann mit „Fungorum in Pannoniis observatorum Brevis Historia et Codex Clusii" das erste umfassende, rein pilzkundliche Werk mit 21 essbaren und 26 schädlichen „genera" (Geschlechter) heraus.

So wuchs das Wissen um die Pilzarten und ihre Verwendung bis hin zur Neuzeit. Eine besondere Bedeutung für die Volksernährung spielten die Pilze nachweislich während der Hungerjahre um den Ersten Weltkrieg. So wurden denn auch 1910 in Nürnberg der erste deutsche Pilzverein und 1921 die Deutsche Gesellschaft für Pilzkunde gegründet. Diese wurde dann in DGfM, Deutsche Gesellschaft für Mykologie, umbenannt und wird 2021 ihr 100-jähriges Bestehen feiern. Diese Vereine waren laut ihren Satzungen der Aufklärung der Bevölkerung und Verbreitung der Pilzkunde verpflichtet. Pilzberatungsstellen wurden in vielen deutschen Städten eingerichtet und bestehen zum Teil bis heute. So zum Beispiel in München, wo 1916 der Verein für Pilzkunde gegründet wurde und seither während der Saison wöchentlich im alten Rathaus am Marienplatz kostenlose Pilzberatungen für die Bevölkerung anbietet. Pilze wurden in den Kriegsjahren und in der Nachkriegszeit bis in die 1950er-Jahre gesammelt und in Garküchen verarbeitet, um die Bevölkerung mit Nahrung versorgen zu können. Sie wurden nicht nur als Konserven eingemacht, sondern auch getrocknet und als Beimischung in Broten verbacken. In der DDR wurde das System von Kreispilzberatern bis zur Wiedervereinigung aufrecht gehalten. Pilzesammeln war in der Bevölkerung sehr beliebt.

Das erste im Dreifarbendruck in Deutschland hergestellte Buch war der mehrbändige Pilzführer von Edmund Michael (1895 n. Chr.), aus dem ein umfassendes, sechsbändiges „Handbuch für Pilzfreunde" von Michael-Hennig & Kreisel (1975–1988 n. Chr.) entstanden ist, das bis Ende der 1980er-Jahre mehrfach aufgelegt wurde und als populäres Standardwerk eine große Verbreitung erlangt hat.

In Westdeutschland haben Pilzberater und Pilzsachverständige auf freiwilliger, vorwiegend ehrenamtlicher Basis gearbeitet. Die Ausbildungsrichtlinien für Pilzsachverständige werden von der DGfM aufgestellt und die Prüfungen organisiert. Derzeit sind in ganz Deutschland mehr als 1 000 Pilzberater und Pilzsachverständige tätig, um vorbeugend zu beraten und im Vergiftungsfall den Ärzten und Kliniken über die Giftnotrufe beratend zur Seite zu stehen.

In der „Hornberger Pilzlehrschau" im Schwarzwald werden seit fast 50 Jahren Pilzkurse für Einsteiger und Fortgeschrittene angeboten. In Westdeutschland wurden seit den 1960er-Jahren unzählige Pilzbücher unterschiedlichster Qualität veröffentlicht. Aufgrund des stetig wachsenden Wissensstands über Gift- und Speisepilze ist es ratsam, sich neben

Brockhaus Konversationslexikon von 1891: Illustrationstafel zu giftigen Pilzen

den alten, bewährten Büchern immer wieder mit aktueller Literatur zu versorgen. Ein jüngeres Beispiel ist der Grünling (*Tricholoma equestre*, siehe S. 122/123), der bis Anfang 2 000 über Jahrhunderte ein beliebter Marktpilz war und nun seit gut zehn Jahren als potenziell tödlich giftig gilt.

Das Pilzesammeln ist in Deutschland also schon sehr lange in der Bevölkerung verankert, tendenziell mehr im Süden und Osten und weniger im Norden und Westen. Die Nordischen Völker und Angelsachsen galten lange Zeit als mykophob, während die Alpenvölker und Slawen als mykophil gelten. Diese Situation hat sich durch die kriegsbedingten Völkerwanderungen und die heute notwendige Mobilität verändert. Pilze werden bei uns heutzutage mit Begeisterung von der Lüneburger Heide bis zum Bodensee gesammelt.

Was sind Pilze?

DAS REICH DER PILZE – DAS NEUE REICH!

Schon seit den Tagen des Aristoteles (300 v. Chr.) hat die Wissenschaft alles Leben auf der Erde in das Pflanzen- und das Tierreich eingeteilt. Die Pilze wurden zu den Pflanzen gezählt. Linné, der Vater der Botanik, war jedoch selbst im Zweifel, wo er sie einordnen sollte, und in seinem eigenen System findet man sie in der Klasse *Vermes*, das heißt Würmer, wieder. Er bekam die Pilze nicht richtig in den Griff und fand, sie seien ein „räuberisches Gesindel".

Vor gut 100 Jahren gab es auch Biologen, die der Ansicht waren, dass die Pilze nicht zu den Pflanzen gerechnet werden dürften. Heute wissen wir so viel über Aufbau und Lebensweise der Pilze, dass ihnen wissenschaftlich eindeutig das eigene Reich der Fungi zugeordnet wird, getrennt sowohl von den Pflanzen als auch von den Tieren. Wir gehen davon aus, dass es grob gerechnet über 300 000 bekannte Pilzarten auf der Welt gibt, von denen mehr als 12 000 in Nordeuropa anzutreffen sind.

DER AUFBAU DER PILZE

Den größten Teil des Pilzes macht das Myzel aus, das aus einer großen Menge sehr dünner weißer oder farbiger Fäden, den Hyphen, besteht. Das Myzel ist der eigentliche Pilz, und hier finden bei Streu bewohnenden Pilzen Zersetzung und Nahrungsaufnahme sowie bei Mykorrhizapilzen der Nahrungsaustausch mit lebenden Bäumen und Pflanzen statt. Wir sehen dieses Myzel draußen in der Natur selten, weil es sich in der Erde, in der Streuschicht, in morschen Bäumen, unter der Rinde von Baumstümpfen oder an anderen versteckten Orten befindet.

Die Teile der Pilze, die hingegen leicht zu beobachten sind, sind die Fruchtkörper. Das ist, was wir in der Umgangssprache als Pilze bezeichnen. Sie machen nur etwa 5 Prozent des gesamten Pilzes aus, der Rest ist

Weißes und gelbes Myzel auf der Unterseite eines morschen Baumstamms am Boden

Myzel. Je nach der Größe der ausgewachsenen Fruchtkörper teilen wir die Pilze in Kleinpilze (Mikromyzeten) und Großpilze (Makromyzeten) ein. Zu den Letzteren – die so große Fruchtkörper haben, dass wir sie draußen in der Natur leicht sehen können – werden heute mehr als 5000 Arten in unserem Land gezählt.

Wenn wir Pilze sammeln, nutzen wir also deren Fruchtkörper. Das Myzel ist üblicherweise mehrjährig und erreicht meist ein Alter von mehreren Jahrzehnten. Ja, es gibt sogar Berechnungen, die das Alter bestimmter Pilzindividuen von Hallimasch-Arten mit Tausenden von Jahren angeben. Es gibt auch Fruchtkörper, die Jahrzehnte alt werden können, aber die meisten leben nur kurze Zeit, üblicherweise ungefähr eine Woche, manchmal nur einige Stunden.

Die Fruchtkörper enthalten weniger Energievorräte als die Wurzelknollen oder Samen der Pflanzen (S. 222). Ihre biologische Funktion besteht darin, die sehr kleinen Vermehrungskörper der Pilze, die Sporen, zu bilden. Der Sporen bildende Teil wird als Hymenium bezeichnet, und dieses befindet sich an der Außenseite oder im Inneren des Fruchtkörpers, zum Beispiel bei Blätterpilzen an den Lamellen und bei Röhrlingen und Porlingen in den Röhren.
Die Sporen sind mikroskopisch klein und werden in tausendstel Millimeter mit der Maßeinheit Mikrometer (μm) angegeben – früher auch in Mikron oder My (μ). Das heißt 0,001 mm = 1 μm oder 1 μ. Jeder Fruchtkörper gibt viele Millionen Sporen ab, die sich über sehr große Entfernungen verbreiten können, üblicherweise durch den Wind. Die Mehrzahl landet

Älteres Jungpilzstadium des Gemeinen Riesenschirmlings

Junges Stadium eines Streiflings

jedoch nur rund einen Meter vom Fruchtkörper entfernt. Die Sporen, die an geeigneten Orten landen, keimen und bilden neue Myzelien. Auf diese Weise entstehen neue Individuen. Die Sporen sind auch eine wichtige Nahrungsquelle zum Beispiel für kleine Insekten,

Spinnentiere und Springschwänze. Ein Pilz kann – etwas vereinfacht – mit einem Obstbaum verglichen werden. Das Myzel des Pilzes entspricht der Wurzel, dem Stamm, den Zweigen und Blättern des Baumes, und die Fruchtkörper des Pilzes entsprechen den Früchten des Baumes. Wenn wir Pilze sammeln, ernten wir auf ähnliche Weise, wie wenn wir im Herbst die Früchte vom Baum ernten.

DIE LEBENSWEISE DER PILZE

Pflanzen, die den grünen Farbstoff Chlorophyll enthalten, können mithilfe des Sonnenlichts durch die Photosynthese aus dem Kohlendioxid der Luft und Wasser aus dem Boden energiereiche organische Zuckerstoffe herstellen. Pilze und Tiere benötigen auch organisches Ausgangsmaterial, zum einen für den Bau ihrer eigenen Zellen, zum anderen für die Verbrennung, die ihnen Energie für ihre unterschiedlichen Lebensprozesse liefert. Aber die Pilze können dieses Ausgangsmaterial nicht selbst herstellen, weil ihnen das für die Photosynthese erforderliche Chlorophyll fehlt. Aus diesem Grund müssen sie bereits vorhandenes organisches Material nutzen und werden je nach der von ihnen verwendeten Methode in die folgenden drei Gruppen eingeteilt:

Hexenring des Nelken-Schwindlings, saprotroph

Saprobionten (Zersetzerpilze)

Diese leben saprotroph auf verrottenden und vermodernden Organismen und sind zusammen mit den Bakterien die wichtigsten Abbauer toter organischer Materie in der Natur. Hierzu werden die meisten Pilze gerechnet, die auf Wiesen wachsen, sowie diejenigen, die auf Laub und Komposthaufen oder in der Nadelstreu unter Fichten und Kiefern wachsen. Diese Pilze pflegen wir auch als Streusaprobionten oder als Streuzersetzer zu bezeichnen. Die Streu ist die oberste Bodenschicht, die hauptsächlich aus Pflanzenteilen besteht, die noch nicht so verrottet sind, dass man ihren Ursprung nicht mehr bestimmen kann. Diese Streuzersetzer helfen also, das organische Material in einfache chemische Bausteine aufzuspalten, die von den Pilzen selbst oder beispielsweise von den grünen Pflanzen genutzt werden können und auf diese Weise wieder in den Kreislauf der Natur eingehen.

Die Pilze, die auf Baumstümpfen und toten Bäumen, Zweigen und Wurzeln leben, nennen wir Holzsaprobionten. Saprotrophe Pilze können auch von Erde, Tierdung oder toten Tieren leben. Mehrere unserer Speisepilze sind Saprobionten, zum Beispiel der Nelken-Schwindling, der Violette Rötelritterling und das Gemeine Stockschwämmchen.

Die Krause Glucke lebt als Wurzelparasit von Kiefern.

Parasiten

Diese Pilze beziehen ihre Nahrung aus lebenden Zellen. Befallene Pflanzen und Tiere werden geschädigt und können sogar an dem Parasitenbefall sterben. Mehrere Arten können sowohl als Saprobionten als auch als Parasiten leben. Nur einige wenige Speisepilze gehören zu denjenigen, die als Parasiten leben können, zum Beispiel die Krause Glucke und alle Hallimasch-Arten.

Symbionten (Mykorrhizapilze)

Eine große Gruppe von Pilzen lebt in einer Gemeinschaft, einer Symbiose, mit grünen Pflanzen, insbesondere Bäumen. An den feinsten Wurzelspitzen der Pflanzen befindet sich sehr oft ein besonderes Gebilde, das als Mykorrhiza, „Pilzwurzel", bezeichnet wird. Das Wort „Mykorrhiza" steht sowohl für das Phänomen selbst als auch für das zusammengewachsene Gewebe, das aus Wurzelzellen der Pflanze und Pilzzellen besteht.

Rotgelber Stoppelpilz, ein Symbiont

Mithilfe der Mykorrhiza entwickelt sich das Zusammenleben, das ein gegenseitiges Geben und Nehmen bedeutet. Der Pilz erhält Zuckerstoffe von der Pflanze. Bei Mykorrhiza bildenden Bäumen zeigen Berechnungen, dass bis zu einem Drittel des vom Baum hergestellten Zuckers an die Pilze gehen kann. Der Pilz wiederum versorgt den Baum mit Wasser und Mineralstoffen, in erster Linie Stickstoff, Phosphor und Kalium. Im Großen und Ganzen haben das gesamte Wasser und alle Mineralien, die diese Bäume durch die Wurzeln aufnehmen, zuvor die Mykorrhiza durchlaufen. Die Kontaktfläche des Baumes mit der Erde vertausendfacht sich dank des Pilzmyzels. Jeder Quadratmeter Waldboden beherbergt 100 000–500 000 Wurzelspitzen mit Mykorrhiza.

Die Mehrzahl der Großpilze, und dadurch auch die Mehrzahl der Speisepilze in unseren Wäldern, sind Mykorrhizapilze. Ihnen kommt keine oder nur eine geringe Funktion als Abbauer von organischem Material zu, aber sie haben sehr große Bedeutung für das Wohlbefinden unserer Wälder.

Wälder, die von Luftverunreinigungen betroffen sind, insbesondere Niederschlag von Stickstoff und versäuernden Stoffen, zeigen sehr schnell beunruhigende Zeichen. Die Anzahl der Mykorrhizapilze verändert sich auffallend. Auf kurze Sicht gibt es Arten, die durch die Versäuerung zunehmen, aber auf lange Sicht scheint sich die Anzahl der allermeisten zu verringern. Dies ist zum Beispiel bei Schleierlingen, Ritterlingen und Pfifferlingen der Fall. In Deutschland ist die allgemeine Stickstoffüberfrachtung der Böden aus Landwirtschaft, Industrie und Verkehr ein sehr ernst zu nehmendes Problem geworden.

Baumwurzeln, die in noch verunreinigteren Böden wachsen, haben oft keine Mykorrhiza, und deshalb ist ihr Vermögen, Wasser und Nahrung aufzunehmen, begrenzt. Die Außenzellen der Wurzelspitzen verkümmern und bilden eine Rinde. Wenn der Stickstoffgehalt im Boden steigt, verringert der Baum seine Bildung von neuen kleinen Feinwurzeln. Dadurch droht diesen Bäumen ein Mangel an anderen wichtigen Mineralstoffen.

Um herauszufinden, wie es dem Wald geht, kann man folglich die Pilzflora studieren, und am allerbesten ist es, wenn man Angaben darüber hat, wie sie früher ausgesehen hat, um Vergleiche anstellen zu können. Wenn die Mykorrhizapilze zurückgehen, weist das auf kritische Veränderungen der Bodenchemie hin.

Auch für die Pilzsammler ist es wichtig, die Lebensweisen und Lebensraumanforderungen der verschiedenen Pilze zu kennen. Wer das Aussehen sowohl der Pilze als auch ihrer Wachstumsstellen gelernt hat, findet seine Pilze leichter als derjenige, der sein Interesse allein auf das Aussehen der Pilze beschränkt hat. Bei der Vorstellung der Arten beschreiben wir die bevorzugten Wachstumsstellen der Speisepilze und geben an, mit welchen Bäumen sie gegebenenfalls in einer symbiotischen Beziehung leben.

Gemeiner Orangebecherling, Beispiel für einen Schlauchpilz

Pinselschimmel, Beispiel für einen Schlauchpilz

GROBE EINTEILUNG DER PILZE

Die vorstehende Gruppeneinteilung wurde aus einem ökologischen Blickwinkel vorgenommen, aber man kann die Pilze auch nach Verwandtschaft einteilen. In den letzten Jahren sind verschiedene systematische Einteilungen vorgestellt worden, oft sehr umfassend und untereinander widersprüchlich. Ohne Anspruch darauf zu erheben, einem dieser wissenschaftlichen Systeme genau zu folgen, stellen wir hier sehr kurz gefasst die wichtigsten Gruppen vor.

Gelbe Lohblüte, Beispiel für einen Schleimpilz

Schleimpilze
Myxomycota

Dies sind primitive Organismen, die Eigenschaften sowohl von Tieren als auch von Pilzen aufweisen. Diese uneinheitliche Gruppe wird heute nicht zum Reich der Pilze gerechnet. Aber da sie einerseits früher zu den Pilzen gerechnet und oft von Mykologen studiert wurden und andererseits dank ihrer klaren Farben und eigentümlichen Formen und Verhaltensweisen oft im Herbst von Pilzsammlern beobachtet werden, nehmen wir auch diese in die Gruppenvorstellung mit auf.

Die Schleimpilze durchlaufen verschiedene Entwicklungsphasen. In einer dieser Phasen können sie wie ein amöbenähnlicher Plasmaklumpen auf dem Untergrund vorangleiten. In einer anderen bilden sie feste, Sporen bildende Einzel- oder Sammelfruchtkörper.

Zu den Schleimpilzen werden zum Beispiel der Blutmilchpilz, die Gelbe Lohblüte, der Schaumpilz und der Kelchstäubling gezählt. Es gibt keine Speisepilze in dieser Gruppe.

Algenpilze (Phykomyzeten)
Mastigomycota + Zygomycota

Die allermeisten Algenpilze sind mikroskopisch klein und gehören zu den Kleinpilzen. Sie kommen sowohl im Wasser als auch auf dem Land vor, sind einfach gebaut (ohne Septen, das heißt ohne Querwände in den Hyphen) und werden zu den niederen Pilzen gezählt. Es gibt etwa 1500 bekannte Arten von Algenpilzen, und sie leben sowohl als Saprobionten als auch als Parasiten an höheren Pflanzen und Tieren, zum Beispiel der Kartoffelkrebsverursacher *Synchytrium endobioticum* und verschiedene Mehltauarten. In dieser Gruppe finden sich keine Speisepilze.

Fichten-Reizker, Beispiel für einen Ständerpilz

Dunkelvioletter Schleierling, Beispiel für einen Ständerpilz

Schlauchpilze
Ascomycota

Circa ein Drittel aller bekannten Pilzarten gehört dieser systematischen Gruppe an. Die meisten gehören zu den Kleinpilzen, zum Beispiel Hefepilze, die einzellig und mikroskopisch klein sind. Weitere Beispiele sind die Pinsel- und Gießkannenschimmelarten, die zum Beispiel auf altem Brot gut sichtbare grüne oder graue Überzüge bilden. Auch viele Großpilze werden dieser Gruppe zugerechnet, zum Beispiel Morcheln, Becherlinge, Echte Trüffeln und Erdzungen.

Bei den Schlauchpilzen werden die Sporen in lang gestreckten, manchmal angeschwollenen Endzellen, den Sporensäcken (*Asci*, Einzahl *Ascus*) an den Hyphenfäden, die den Fruchtkörper aufbauen, gebildet. Bei den meisten Arten werden in jedem Schlauch acht Sporen gebildet. Bei der Ausreifung öffnet sich bei vielen Arten das äußerste Ende des Schlauchs, das bei einem Teil mit einem kleinen Deckel versehen ist. Durch die Öffnung werden die reifen Sporen aktiv ausgeschleudert und außerhalb des Fruchtkörpers verbreitet.

Zusammen mit sterilen Endzellen bilden die Schläuche den Sporen bildenden Teil, das Hymenium, das sich an unterschiedlichen Stellen des Fruchtkörpers befindet. Bei den Becherpilzen befindet sich das Hymenium zum Beispiel im Becher und bei Morcheln an der Außenseite des Hutes. Die Mehrzahl der Schlauchpilze sind Saprobionten, aber auch hier gibt es Parasiten und Symbionten. Nur einige wenige Arten rechnen wir zu den Speisepilzen, zum Beispiel ein paar der Echten Trüffeln.

Ständerpilze
Basidiomycota

Zu dieser systematischen Gruppe wird etwa ein Drittel aller Pilze gerechnet. Auch innerhalb dieser Gruppe gibt es mikroskopische Arten, zum Beispiel Rußpilze und Rostpilze, die parasitisch auf grünen Pflanzen leben. Die meisten innerhalb der Gruppe sind jedoch Großpilze, und die Mehrzahl sind Saprobionten. Hierher gehören auch viele Mykorrhizapilze, zu denen die Mehrzahl unserer Speisepilze und Giftpilze gerechnet wird. Ständerpilze sind zum Beispiel Korallen- bzw. Keulenpilze, Stachelpilze, Pfifferlinge, Röhrlinge, Porlinge, Blätterpilze und Bauchpilze.

Bei den Ständerpilzen werden die Sporen in blasenähnlichen, oft keulenartigen Endzellen im Hymenium, den Basidien, gebildet. In jeder derartigen Basidie werden ein bis acht, meist aber vier Sporenkerne gebildet, die bei der Reifung in spitze Ausstülpungen der Zelle, die Sterigmen, wandern, von wo aus die reifen Sporen dann abknospen und den Fruchtkörper verlassen. Das Hymenium befindet sich bei den verschiedenen Pilzgruppen in unterschiedlichen Teilen des Fruchtkörpers, zum Beispiel bei den Blätterpilzen und Stachelpilzen an den Außenseiten der Lamellen bzw. Stacheln und bei den Röhrlingen und Porlingen in den Röhren.

Bauchpilze
Gasteromycota

Die Ständerpilze, die der uneinheitlichen Gruppe der Bauchpilze angehören, haben die Gemeinsamkeit, dass der Sporen bildende Teil ein spezielles Gewebe ist, die Gleba, die in den jungen Fruchtkörpern eingeschlossen ist. Die reifen Sporen werden auf unterschiedliche Weise freigesetzt, zum Beispiel durch Löcher oder Risse in der „Schale" des Fruchtkörpers.

Den Bauchpilzen gehören rund 1 000 Arten an, die meisten in warmen und trockenen Gebieten unserer Erde. Hierher gehören Stäublinge und Boviste, unter denen es einige Speisepilze gibt. Erdsterne und Kartoffelboviste sind Beispiele für nicht essbare Bauchpilze.

Rötender Erdstern, Beispiel für einen den Bauchpilzen angehörenden Ständerpilz

WAS IST EINE GRUPPE?

Wenn wir in diesem Buch bei verschiedenen Gelegenheiten von einer Gruppe sprechen, meinen wir eine größere oder kleinere Anzahl Individuen, die auf die eine oder andere Weise zusammengehören. Wir verwenden das Wort „Gruppe" demnach meist als volkstümliche Bezeichnung ohne wissenschaftlichen Anspruch. In wissenschaftlicher Literatur gibt es gebräuchliche Begriffe, um eine nach Rangstufen dargestellte Gattungszugehörigkeit anzugeben. Sie bilden ein umfassendes hierarchisches System, das sich stark vereinfacht auf die folgende Weise beschreiben lässt: Die eben vorgestellten Hauptgruppen, deren wissenschaftliche Bezeichnungen die Endung *-mycota* besitzen, bezeichnen die Stämme (Phyla; Sg.: Phylum) oder die Abteilungen. Diese werden dann in Klassen *-mycetes* eingeteilt, die wiederum in Ordnungen eingeteilt werden, deren Bezeichnungen mit *-ales* enden (zum Beispiel *Agaricales*). Die

Ordnungen werden in Familien (Fam.) aufgeteilt, deren Bezeichnungen mit *-aceae* enden (zum Beispiel *Agaricaceae*). Die Familien werden in Gattungen eingeteilt, die keine bestimmten Endsilben haben. Beispiele für Gattungen sind Champignons, *Agaricus*, und Täublinge, *Russula*. Wenn wir noch einen Schritt weitergehen wollen, können die Gattungen in Sektionen untergliedert werden. Zuletzt haben wir dann die Arten, die manchmal in Varietäten (var.) und/oder Formen (forma) eingeteilt werden.

WAS IST EINE ART?

Der Begriff „Art" ist schwer zu definieren – auch in Bezug auf Pilze. Meist ist mit einer Art eine Gruppe von Individuen gemeint, die im Großen und Ganzen in Aufbau, Aussehen und Lebensweise miteinander übereinstimmen und durch geschlechtliche Fortpflanzung untereinander fruchtbare Nachkommen erhalten. Jede Art hat einen zweiteiligen (binären) Namen – einen wissenschaftlichen Artnamen, der zum einen den Namen der Gattung und zum anderen das Art-Attribut beinhaltet. Nach einem wissenschaftlichen Artnamen steht manchmal in Klammern die Abkürzung „Syn." gefolgt von einem anderen Artnamen. Dies bedeutet, dass die Namen synonym, das heißt, gleichbedeutend sind, aber der erste verwendet werden sollte, weil er der wissenschaftlich anerkannte Name ist.

Der wissenschaftliche Artname, zum Beispiel *Agaricus arvensis*, ist ursprünglich von einer oder mehreren Personen (Autoren) vergeben worden, die den Pilz eingehend studiert haben. Der Autor hat den Artnamen – üblicherweise auf Griechisch oder Lateinisch – ausgehend von einem bestimmten Kriterium in Verbindung mit genau diesem Pilz konstruiert.

In älteren Pilzbüchern werden die Pilze in einer anderen Ordnung als der heute am meisten verwendeten vorgestellt. Früher folgte man dem von Elias Fries ausgearbeiteten System. Er begann mit Blätterpilzen, und danach kamen Röhrlinge, Porlinge, Stachelpilze, Korallen- bzw. Keulenpilze, Stäublinge, Echte Trüffeln und Morcheln.

In moderneren Pilzbüchern ist das System anders, im Großen und Ganzen kehrt es die Ordnung um. Wir verwenden das moderne System, das auch für den Anfänger gut geeignet ist, unter anderem deshalb, weil die meisten Anfängerpilze in diesem System an erster Stelle kommen.

Der **Rote Heringstäubling**, *Russula xerampelina*, ist ein Beispiel für eine Pilzart. Der wissenschaftliche Name der Art besteht aus dem Namen der Gattung, *Russula*, und dem artspezifischen Attribut, *xerampelina*.

In Deutschland darf man mit Ausnahme von Nationalparks und Naturschutzgebieten in allen frei zugänglichen Gebieten Pilze sammeln. Ausnahmen davon regelt die Bundesartenschutzverordnung.

WANN UND WO?

In Deutschland sind die Betretungsregeln der Wälder in jedem Bundesland anders. Dort, wo man freien Zugang hat, darf man in der Regel auch Pilze und Waldfrüchte für den Eigenbedarf (privaten Verbrauch) sammeln, sofern keine Einschränkungen oder gar Verbote bestehen.

Die grundsätzlich freie Nutzung der Natur gewährt uns Möglichkeiten, und im Gegenzug sollten wir Naturverstand zeigen, wenn wir uns im Pilzwald aufhalten. Man sollte während des Pilzesammelns darauf achten, keine Waldpflanzen und kein Jungholz zu beschädigen. Auch darf man dem Grundeigentümer keinen Schaden und keine Ungelegenheiten bereiten. Achten Sie zum Beispiel darauf, alle Abfälle aus Ihrem Essenspaket mit nach Hause zu nehmen. Die Pilze, die man nicht sammelt, sollten unberührt stehen bleiben. Losgetretene und umhergeworfene Pilze sehen für den, der später kommt, nicht schön aus. Denken Sie daran, dass man Gatter stets wieder schließen sollte, nachdem man sie zum Hindurchgehen geöffnet hat. Vielleicht gibt es Vieh, das andernfalls entweichen kann.

Für alle, die unsere Natur nutzen, sollte eine Regel gelten, die besagt: Nicht stören und nicht zerstören. Seien Sie in der Natur leise – genießen Sie die Stille ganz bewusst!

DIE JAHRESZEIT

„Gegen Ende August kommen die Pilze in besonders großen Mengen vor, und September ist ihr richtiger Hochsommer."
Aus *Svampar* (Pilze) von Waldemar Bülow, 1917

„Die Pilze müssen bei klarem und trockenem Wetter eingesammelt werden."
Aus *Våra bästa Matsvampar* (Unsere besten Speisepilze) von Elias Fries, 1867

Die Pilzsaison variiert von Jahr zu Jahr. Jedes Pilzjahr ist einzigartig. In Deutschland kann die Pilzsaison von Mai bis Oktober oder auch November dauern. Meist setzt im Herbst der Frost der Sammelzeit ein Ende.

Damit die Pilze Fruchtkörper entwickeln können, wird Feuchtigkeit benötigt. Ohne Regen keine Pilze! Aber auch in Jahren, in denen im Juni–Juli Trockenheit geherrscht hat, können Ende August reichlich Pilze auftauchen. Dazu werden Anfang August mehrere Regenfälle von je 20–30 Millimeter benötigt, die den Boden gut durchfeuchten, und danach Regen in regelmäßigen Abständen. Zwei bis drei Wochen nach den ersten Regenfällen fangen dann die Pilze an zu erscheinen. Danach ist eine gleichmäßige Feuchtigkeit wichtig, damit sich das Wachstum fortsetzen kann.

Zur Bildung der Fruchtkörper wird auch Wärme benötigt, aber hier variieren die Anforderungen von Art zu Art. Vermutlich wird die Fruchtkörperbildung von vielen Faktoren beeinflusst, aber man weiß noch nicht sehr viel über ihre Wirkungsweise. Wiesen-Champignons beispielsweise bilden nach trockenen, warmen Sommern und dann einsetzendem Niederschlag mehr Fruchtkörper. Alle Pfifferlingsarten hingegen benötigen längere Feuchteperioden mit gemäßigten Temperaturen.

Eine häufige Frage lautet: Wie oft kann man von einer Pilzstelle ernten? Wie schnell können neue Pilze emporschießen, nachdem man gesammelt hat? Auch hier hängt es vom Wetter ab, aber auch davon, um welchen Pilz es sich handelt. Pfifferlinge wachsen langsam und benötigen mindestens zwei und bis zu zehn Wochen. Röhrlinge wachsen schneller und können mit Abständen von wenigen Tagen geerntet werden. Bei Schopf-Tintlings- und Champignon-Gruppen kann man oft täglich weitere Ernten einsammeln.

Wer mehrere Jahre lang Pilze gesammelt hat, spürt instinktiv, wann es Zeit ist, auf Pilzsuche zu gehen, obwohl keine Saison genau einer früheren gleicht. In manchen Jahren können einige verbreitete Pilze fast vollständig fehlen. In anderen Jahren können einige ungewöhnlichere Arten ziemlich verbreitet sein.

In den folgenden Artbeschreibungen gehen wir auf die individuellen Variationen bei den verschiedenen Speisepilzen und Doppelgängern ein. Zu Beginn der Pilzsaison findet man Speisepilze meist am Waldsaum, entlang der Wege, in Laubwäldern und auf offenen Flächen. Die richtigen Nadelwaldarten erscheinen in der Regel etwas später. Wenn die Laubbäume ihre Blätter abwerfen, hören auch die meisten ihrer Mykorrhizapilze auf, Fruchtkörper zu bilden.

DAS WETTER

Das beste Pilzsammelwetter ist, wenn es bewölkt ist, aber nicht regnet. Wenn es warm und sonnig ist, werden die Pilze schneller durch Maden und Bakterien aufgezehrt. Außerdem sind die Pilze bei starkem Sonnenschein schwieriger zu entdecken, vor allem im Spätherbst, wenn die Sonne tiefer steht. Die Schatten werden schärfer, und wenn man mit der Sonne im Gesicht geht, blendet sie einen leicht. Auch das Sammeln von Pilzen bei Regen empfiehlt sich nicht. Die Pilze sind dann wässrig und schwer zu säubern.

WO SAMMELT MAN?

Es gibt viele verschiedene Arten von Pilzsammlern: Der häufigste ist der Pfifferlingssammler, der gezielt Pfifferlinge sammelt. Ein weiterer ist derjenige, der bei Waldspaziergängen nur zufällig Pilze findet. Ein dritter, nicht

Echte **Urwälder** (oben links) sind sehr selten geworden. Wälder, die mehrere Jahrzehnte nicht abgeholzt wurden, nennen wir **Naturwälder**, und sie rufen bei den meisten Menschen ein Gefühl von Urwald hervor. In diesen Wäldern kann man Pilzarten finden, die eine lange Kontinuität benötigen, um sich zu entwickeln, Arten also, die es ausschließlich in diesen Altwäldern gibt. Der **Fichtenwald** (oben Mitte) ist der häufigste Forstwald in unserem Land. In Fichtenwäldern mit leichter Beimischung von Kiefer und Birke finden sich viele unserer besten Speisepilze, zum Beispiel der abgebildete **Semmel-Stoppelpilz**, aber auch mehrere gefährliche Giftpilze. In **ungedüngten Parkanlagen mit altem Baumbestand** (oben rechts) gibt es sowohl leckere Speisepilze als auch gefährliche Giftpilze.

allzu ungewöhnlicher Pilzsammler ist derjenige, der nur so weit drinnen im Wald sucht, wie er noch den Straßenlärm vernehmen kann. Die Angst, sich zu verlaufen, ist leider für viele eine Realität, die dem Pilzesammeln Grenzen setzt. GPS ist heute eine gebräuchliche Orientierungshilfe, aber es kann trotzdem sinnvoll sein, eine Karte dabeizuhaben, und in dem Fall braucht man auch einen Kompass zur Orientierung.

Mithilfe der Karte kann man leicht erkennen, wo sich die Pilzsuche lohnen könnte. Etwas ältere Misch- und Nadelwälder sind oft gut geeignet. Nordhänge und Gebiete entlang von Bächen und kleinen Flüssen sowie Sumpfränder können in etwas trockeneren Jahren ergiebiger sein. Im nassen Spätsommer und Herbst sind auch flechtenreiche Kiefernheiden und felsiges Gelände gute Sammelgebiete. Wiesen und Weiden haben wie Laubwälder ihre eigene Pilzpopulation mit mehreren Speisepilzen, vor allem zu Beginn der Saison.

Nach Möglichkeit meiden sollte man reine Feuchtgebiete wie Niedermoore und Moore – auch wenn es einige Arten gibt, die üblicherweise genau auf diesen Böden wachsen, zum Beispiel der Starkriechende Trompetenpfifferling, der Apfel-Täubling und einige Röhrlinge. Kahlschläge sollte man definitiv meiden, ebenso Gebiete mit sehr jungem Wald.

DIE AUSRÜSTUNG

Pilze sammelt man am besten in einem **Korb**, vorzugsweise einem Spankorb von der Art, wie man ihn früher auf dem Marktplatz für Obst verwendete. In einem solchen ziemlich großen und flachbodigen Korb

Im **nordischen Birkenwald** gibt es weniger Arten, aber die Menge und Qualität der Pilze ist beeindruckend. Hier wachsen Raufüße, Täublinge, Reifpilz, Semmel-Stoppelpilz, und wenn man Glück hat, kann man auf Stellen mit Gebirgspfifferlingen treffen.

In reinen **Kiefernwäldern** auf Heiden und in Gebirgsgegenden kann es, vor allem in etwas feuchteren Jahren, reichlich Pilze geben. Mehrere Arten von Röhrlingen, Ritterlingen und Täublingen wachsen hier, manchmal auch Pfifferlinge und Trompetenpfifferlinge.

Buchenwälder haben eine spezielle Pilzflora mit mehreren Arten, die nur hier wachsen. Aber man findet auch sowohl die bekannten Speisepilze wie den Blassen Pfifferling, den Brätling, den Sommer-Steinpilz und Giftpilze wie den Grünen Knollenblätterpilz.

Offene **Wiesen und Weiden** gehören zur alten Bauerngesellschaft. Heute sind uns von diesen früher so artenreichen Blumenwiesen nur noch Reste geblieben. Die Pilzflora hier besteht zum großen Teil aus Streusaprobionten wie Saftlingen und Schnecklingen, zum Beispiel dem abgebildeten **Orangefarbenen Wiesen-Ellerling**, Champignons und einigen Weichritterlingen.

liegen die Pilze luftig und werden nicht zerquetscht, wie es in einer (Plastik-)Tüte leicht der Fall ist. Es ist empfehlenswert, den Korb in Fächer einzuteilen, um die Ihnen gut bekannten Arten von noch nicht einwandfrei bestimmten Exemplaren zu trennen. Eine einfache Möglichkeit besteht darin, Wellpappescheiben zu schneiden, die man zwischen den Wänden des Korbes einklemmt, oder ausgespülte Milchpackungen zu verwenden. Eine Plastiktüte ist denkbar ungeeignet, um frisch gesammelte Pilze darin aufzubewahren. In der Wärme und Feuchtigkeit, die sich darin bilden, fühlen sich Bakterien, Schimmelpilze, Insektenlarven usw. wohl und steigern ihre Zersetzungstätigkeit. Unsere schönen Speisepilze werden deshalb in der Plastiktüte ziemlich schnell ruiniert.

Ein **Pilzmesser** ist nach dem Korb das zweitwichtigste Utensil, das Pilzsammler dabeihaben sollten. Es sollte auch eine Bürste besitzen, mit der sich die Pilze im Wald schnell grob vorsäubern lassen. Eine **Haushaltsschere** kann praktisch sein, wenn man zum Beispiel Nelken-Schwindlinge, Stockschwämmchen, Graublättrige Schwefelköpfe, Starkriechende Trompetenpfifferlinge oder Trompetenpfifferlinge sammeln will.

Die Ausrüstungsliste kann, je nachdem, wohin man sich begibt und wie lange man draußen zu bleiben vorhat, noch verlängert werden. Außerdem ist es natürlich sinnvoll, **unempfindliche Kleidung und Schuhe** oder gegebenenfalls **Stiefel** zu tragen. Wenn man länger draußen bleiben will, sollte man entsprechende Verpflegung und Getränke mitnehmen. **Schultertasche** oder **Rucksack** halten die Hände zum Sammeln frei. **Karte** und **Kompass** oder **GPS** können erforderlich sein, sowohl, um eine gute Pilzstelle zu markieren, als auch, um von der Pilzstelle nach Hause – und vielleicht erneut dorthin – zu finden. **Trillerpfeife**, **Pflaster** und **Mobiltelefon** können ebenfalls sinnvoll sein, für alle Fälle …

DAS SAMMELN

Früher hieß es, man solle den Pilz auf Bodenhöhe abschneiden, um das Myzel nicht zu beschädigen. Aber manche Pilze haben wichtige Kennzeichen weit unten am Stiel, die einem entgehen können, wenn der Stiel abgeschnitten wird. Nichts weist darauf hin, dass man das Myzel ernsthaft schädigen würde, wenn man den gesamten Fruchtkörper sammelt. Hingegen gibt es eine Theorie, die besagt, dass, wenn ein junger frischer Fruchtkörper abgeschnitten wird, der verbleibende Teil der Stielbasis schnell von Parasiten befallen wird. Diese können sich dann nach unten in das Myzel ausbreiten und auf diese Weise die Pilzstelle zerstören.

Heute sind sich alle darüber einig, dass die beste Art und Weise, Pilze zu sammeln, darin besteht, den gesamten Pilz vorsichtig herauszudrehen. Wenn man den gesamten Fruchtkörper in der Hand hat und mit absoluter Sicherheit weiß, dass es sich um einen Speisepilz handelt, kann man ihn grob vorsäubern oder gleich putzen, bevor er in den Korb kommt.

HINWEIS: Denken Sie daran, dass Pilze eine Frischware sind, also sammeln Sie nur Speisepilze von guter Qualität. Lieber eine geringe Ernte von guter Qualität als viele und schlechte Pilze. Sammeln Sie auch nicht die allerkleinsten Pilze, lassen Sie sie stehen, damit sie weiterwachsen. In Deutschland gilt als Faustregel für Privatsammler, dass nicht mehr als ein Kilogramm Wildpilze pro Sammler und Tag entnommen werden soll.

 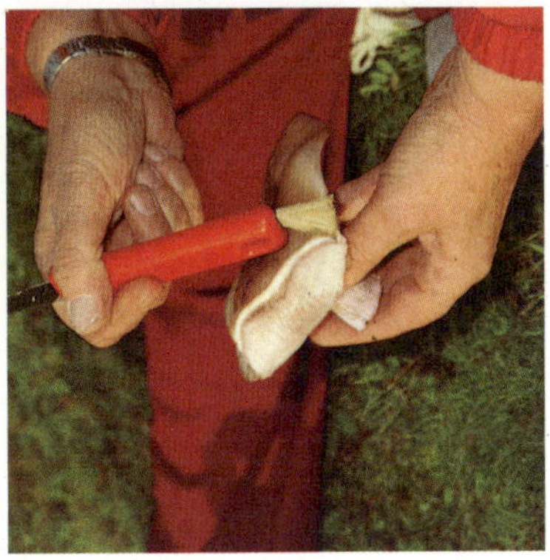

Die Bilder zeigen das grobe Vorsäubern des **Violetten Rötelritterlings**, was am sinnvollsten in der Natur geschehen sollte.

GROBES VORSÄUBERN

- Große Pilze wie zum Beispiel Röhrlinge schneidet man in der Mitte durch und sieht nach, ob sie von Maden befallen sind. Ein einzelner Madengang macht den Pilz nicht ungenießbar, aber wenn das Pilzfleisch von Maden befallen ist, lässt man den Pilz selbstverständlich im Wald. Beim Gemeinen oder Fichten-Steinpilz zum Beispiel kann der Stiel stark angegriffen sein, während der Hut fehlerfrei ist, und umgekehrt. Bei ausgewachsenen Milchlingen und Täublingen sind der Stiel und die Hutmitte oft von Maden befallen, während der äußere Teil des Hutes völlig frei davon ist. Schneiden Sie in diesem Fall die schlechten Teile ab und nehmen Sie die guten mit nach Hause. Mit etwas Erfahrung muss man auch nicht jeden Fruchtkörper ernten und dann nachsehen, sondern kann zum Beispiel durch das Aussehen und etwas Druck auf den Stiel erkennen, ob der Pilz vermadet ist.
- Wenn die Huthaut dick und schleimig ist, sollte sie entfernt werden, am besten in der Natur.
- Meist ist es auch empfehlenswert, den gesamten erdigen Basisteil des Stiels wegzuschneiden, auch wenn es manchmal ausreicht, ihn sauberzuschälen, so wie man es beim Kartoffelschälen tut.
- Feste und schöne Röhren, Stacheln und Lamellen sollten am Pilz belassen werden. Sie schmecken genauso gut wie der übrige Pilz. Manchmal können sie sogar den intensivsten Geschmack aufweisen. Bei Röhrlingen entfernt man allerdings die Röhrenschicht, wenn sie weich ist und leicht vom Hut losgemacht werden kann. (Zu radioaktivem Cäsium in Röhren, Stacheln und Lamellen siehe S. 224.)
- Bürsten Sie die Pilze so gründlich ab, wie es geht, bevor Sie sie in den Korb legen.

Wenn man sie im Wald gut vorgesäubert hat, ist das Feinsäubern zu Hause in der Küche eine deutlich einfachere und weniger zeitraubende Prozedur (S. 214).

Trennen Sie stets die Ihnen gut bekannten Arten von noch nicht einwandfrei bestimmten Exemplaren. Wenn Sie keinen zweiten Korb dabeihaben, dann können Sie diese Arten auch in Kunststoffdosen mitnehmen.

Speisepilze und ihre Doppelgänger

Gruppeneinteilung der Speisepilze S. 31–44

Kurze Vorstellungen der Pilzgruppen, in denen sich Speisepilze befinden. Einige Gruppen sind systematisch einheitlich – der Gruppenname ist der deutsche Name einer einzigen Gattung oder einer einzigen Familie –, während andere Gruppen uneinheitlich sind und Arten umfassen, die mehreren verschiedenen Gattungen und Familien angehören. Zu den systematischen Begriffen und Abkürzungen wird auf S. 20 verwiesen.

Erklärung der Texte und Bilder zu den Arten S. 45–47

Hier wird näher erklärt, wie die Speisepilze und ihre Doppelgänger in Text und Bild vorgestellt werden.

Begriffe und Symbole S. 48–49

Hier werden unser Klassifizierungssystem für Speisepilze sowie unsere Definition einiger Begriffe erklärt, die in den Artbeschreibungen verwendet werden.

Vorstellung der Arten S. 50–204

Gruppeneinteilung der Speisepilze

Schlauchpilze

MORCHELN

Geschätzte Speisepilze sind nur die echten Morcheln der Gattung *Morchella*. Bei den Morcheln befindet sich die Fruchtschicht (Hymenium) an der Hutaußenseite, und alle Morcheln sind vermutlich Saprobionten (Zersetzer). Verwechslungsgefahr besteht mit den Lorcheln, insbesondere die Frühjahrs-Giftlorchel, *Gyromitra esculenta* (S. 52), ist giftig.
Fam. *Morchellaceae*:
Spitz-Morchel *Morchella conica* (Syn. *M. elata*), S. 50 (Bild rechts)
Speise-Morchel *Morchella esculenta* (Syn. *M. rotunda*), S. 51

TRÜFFELN

Vielen läuft das Wasser im Mund zusammen, wenn sie das Wort „Trüffel" hören, aber unter den gut 200 Pilzarten in Europa, die als Trüffeln bezeichnet werden, gibt es nur ein paar, die wir als Speisepilze betrachten.

Systematisch gesehen sind die Trüffelpilze eine sehr uneinheitliche Pilzgruppe. Kartoffelboviste, die Gattung *Scleroderma*, und Wurzeltrüffeln, die Gattung *Rhizopogon*, gehören zur Gruppe der Bauchpilze (siehe auch S. 22, 55 und 204) und sind demnach Ständerpilze. Die essbaren Echten Trüffeln, zu denen die Stachelsporige Mäandertrüffel und die Gourmettrüffeln Perigord-Trüffel, *Tuber melanosporum*, und Sommer-Trüffel, *Tuber aestivum*, gerechnet werden, zählen zu den Schlauchpilzen. Der Sommer-Trüffel wächst mit vielen Laubbaumarten wie Buchen, Hasel, Eichen, Hainbuchen und Linden zusammen.

Allen Trüffeln gemeinsam ist, dass ihre Fruchtkörper rundlich sind und ihre Sporen sich im Inneren der Fruchtkörper entwickeln – und in diesen eingeschlossen bleiben –, bis diese verrotten, vermodern oder von Tieren gefressen werden. Eine weitere Gemeinsamkeit ist, dass sich die Trüffeln unter der Erde entwickeln. Mitunter kommen reife Fruchtkörper mit dem Scheitel an die Erdoberfläche, sodass sie auch ohne einen gut ausgebildeten Trüffelsuchhund auffindbar sind. Die meisten befinden sich aber etwa 10 Zentimeter unter der Erdoberfläche. Alle Echten Trüffeln sind Mykorrhizapilze.
Fam. *Tuberaceae*:
Stachelsporige Mäandertrüffel *Choiromyces meandriformis*, S. 54 (Bild rechts)
Sommer-Trüffel *Tuber aestivum* (Syn. *T. uncinatum*), S. 55

Ständerpilze

SCHWEINSOHR, Gattung *Gomphus*

Zu den Ständerpilzen zählen viele Mykorrhizapilze. Auch die meisten Speisepilze gehören hierzu. Das Schweinsohr oder der Purpurleistling *(Gomphus clavatus)* ist ein Pilz aus der Ordnung der Schweinsohrartigen.

Früher stellte man ihn wegen der leistenartigen Fruchtschicht in die Nähe der Pfifferlingsartigen (Kraterellen), heute gibt es die Familie der Gomphaceae. Die Gattung Gomphus besteht in Europa aus nur einer Art.
Fam. *Gomphaceae*:
Schweinsohr *Gomphus clavatus*, S. 56 (Bild S. 31 unten)

KRATERELLEN, Gattung *Craterellus*

Die Gruppe der Kraterellen war früher aus mehreren Arten zusammengesetzt, die heute unterschiedlichen Gattungen angehören. Zu den Kraterellen rechnen wir heute nur Arten der Gattung *Craterellus*. Sie sind dadurch gekennzeichnet, dass der Fruchtkörper eine deutliche Trichter- oder Trompetenform besitzt, sie sind dünnfleischig und haben einen hohlen Stiel. Das Hymenium befindet sich an der Außenseite der „Trompete", die – im Gegensatz zu den Pfifferlingen (unten) – nur undeutliche Runzeln oder leicht erhöhte Adern aufweisen. Die Kraterellen sind Mykorrhizapilze.
Fam. *Cantharellaceae*:
Totentrompete *Craterellus cornucopioides*, S. 58 (Bild links)

PFIFFERLINGE, Gattung *Cantharellus*

Pfifferlinge unterscheiden sich dadurch von den Schwindlingen (S. 35), dass sie mehr oder weniger deutliche, wiederholt gegabelte Leisten an der Hutunterseite haben. Diese laufen auf den Stiel der Fruchtkörper herab. Die Pfifferlinge sind meist kompakter als die Kraterellen. Sie sind Mykorrhizapilze.
Fam. *Cantharellaceae*:
Starkriechender Trompetenpfifferling *Cantharellus lutescens*, S. 60 (Bild links)
Trompetenpfifferling *Cantharellus tubaeformis*, S. 62
Echter Pfifferling *Cantharellus cibarius* var. *cibarius*, S. 64
Blasser Pfifferling *Cantharellus pallens*, S. 67

STACHELPILZE

Stachelpilze sind eine uneinheitliche Gruppe, da wir Arten zu ihnen rechnen, die mehreren unterschiedlichen Gattungen und Familien angehören, sowohl Holzsaprobionten als auch Mykorrhizapilze.

Nur wenige Stachelpilze sind essbar oder als Würzpilz verwertbar. Mehrere sind sehr zäh und einige sehr scharf oder bitter. Ansonsten sind die Stachelpilze eine Gruppe, die man sehr leicht erkennt. Auf der Unterseite des Hutes hat ein Stachelpilz Stacheln anstelle von Röhren oder Lamellen. An diesen Stacheln entwickeln sich die Sporen.
Fam. *Hydnaceae*:
Semmel-Stoppelpilz *Hydnum repandum*, S. 68
Rotgelber Stoppelpilz *Hydnum rufescens*, S. 69
Fam. *Bankeraceae*:
Habichtspilz *Sarcodon imbricatus*, S. 70 (Bild links)
Schuppiger Stacheling *Sarcodon squamosus*, S. 72

KORALLENPILZE

Auch eine gemischte Gruppe mit mehreren Gattungen und Familien. Für alle kennzeichnend ist, dass die Fruchtkörper korallenähnlich und meist verzweigt sind sowie dass das Hymenium die gesamten oberen Verzweigungen bekleidet. Die Mehrzahl der Korallenpilze lebt als Symbionten.

Gelbe Korallenpilze galten früher als ungefährlich und als gute Speisepilze. Heute wissen wir, dass es mehrere Arten von gelben Korallenpilzen gibt und dass sie sehr schwer zu unterscheiden sind. Einige Arten sind mehr oder weniger bitter und mindestens eine Art ist magen-darmgiftig. Unser Rat an Anfänger lautet deshalb, gelbe Korallenpilze nicht zu sammeln oder zu essen (siehe auch S. 206).
Fam. *Ramariaceae*:
Hahnenkamm-Koralle *Ramaria botrytis*, S. 74 (Bild S. 32 unten)

GLUCKEN, GATTUNG *Sparassis*

Fruchtkörper mit flachgedrückten, blattartigen Zweigen, die früher zusammen mit den Korallenpilzen zu einer als „Astpilze" bezeichneten Gruppe gerechnet wurden. Heute bilden sie eine eigene Gruppe mit zwei Arten in Mitteleuropa, wovon die Tannenglucke nur an Weißtannen (Abies alba) parasitiert. Im Gegensatz zu den Korallenpilzen, deren Hymenium sich an der Außenseite der gesamten Zweige befindet, liegt es bei den Glucken nur an einer Seite der flachgedrückten Zweige. Die Krause Glucke lebt als Parasit an Nadelbäumen, vor allem lebenden Kiefern, oder als Holzsaprobiont an Nadelbaumstümpfen.
Fam. *Sparassidaceae*
Krause Glucke *Sparassis crispa*, S. 76 (Bild rechts)

PORLINGE

Zu den Porlingen wird heute eine große Zahl unterschiedlicher Gattungen gerechnet, die in mehrere Familien untergliedert sind. Den Porlingen gemeinsam ist, dass sie an der Unterseite des Hutes eine Röhrenschicht besitzen, die mit dem Hutfleisch zusammengewachsen ist. Die Röhrenschicht lässt sich – anders als bei den Blätterpilzen – nicht mit Leichtigkeit lösen. Die Porlinge haben oft mehrjährige, mehr oder weniger harte Fruchtkörper. Die meisten wachsen als Parasiten und Saprobionten an Bäumen und Baumstümpfen. Die meist gestielten, weichfleischigen, bodenbewohnenden Arten sind allesamt Mykorrhizapilze. Nur einige wenige einjährige, weichfleischige Porlinge rechnen wir zu den Speisepilzen.
Fam. *Albatrellaceae*:
Schaf-Porling *Albatrellus ovinus*, S. 78
Semmel-Porling *Albatrellus confluens*, S. 80
Rötender Schaf-Porling *Albatrellus subrubescens*, S. 80 (Bild rechts)
Zitronenporling *Albatrellus citrinus*, S. 80

RÖHRLINGE

Hutunterseite eines **Kuh-Röhrlings**

Röhrlinge erkennt man daran, dass die Hutunterseite senkrecht gestellte Röhren hat. Wenn man einen Röhrling umdreht, sieht man folglich eine Röhrenschicht, die eine große Zahl kleiner Röhrenmündungen oder Poren aufweist (siehe Bild rechts). An der Innenseite jedes Röhrchens befindet sich das Hymenium, in dem die Sporen gebildet werden. Nach der Reifung fallen die Sporen heraus und werden vom Wind verbreitet. Die Farbe der Röhrenschicht und die Größe und Form der Röhrenmündungen variieren zum einen von Art zu Art sowie zum anderen mit dem Alter des Fruchtkörpers. Diese Kennzeichen sind wichtig zur Artbestimmung, ebenso, ob die Oberseite des Hutes schleimig, klebrig, trocken oder filzig ist.

Auch Oberflächenstruktur und Musterung des Stiels variieren stark von Art zu Art. Der Stiel kann glatt, längsfädig, netzgemustert, mehr oder we-

Sommer-Steinpilz
Boletus reticulatus

niger geschuppt, gepunktet usw. sein. Dies sind wichtige Gattungs- und Arteigenschaften. Das Fleisch ist meist einfarbig, aber bei einigen Arten kommt es zu mehr oder weniger schnellen Farbveränderungen, wenn man darüberfährt oder hineinschneidet, was ein wichtiges Merkmal bei der Bestimmung ist. Darüber hinaus ist der Geschmack des Pilzes im rohen Zustand wichtig. Einige ungenießbare oder magen-darmgiftige Arten haben einen scharfen oder bitteren Geschmack.

Für denjenigen, der noch nicht so viele Pilze gesammelt hat, sind die Röhrlinge eine sehr gute Gruppe, um mit dem Sammeln zu beginnen. Hier gibt es viele gute Speisepilze und nur wenige, die nicht essbar sind. In Deutschland gibt es unter den Röhrlingen nur wenige giftige oder unverträgliche Arten wie zum Beispiel den Satans-Röhrling (S. 87 und 237). Einige gute Regeln für den Anfänger sind:

- Gelbe Röhren und Röhrenmündungen bei ausgewachsenen Fruchtkörpern sind oft ein gutes Zeichen. Unter diesen befinden sich viele gute Speisepilze. Aber auch bittere Arten wie der Schönfuß-Röhrling und der Wurzelnde Bitter-Röhrling haben gelbe Röhrenmündungen.
- Passen Sie auf bei Röhrlingen mit rötlichem Stiel und roten oder rosafarbenen Röhrenmündungen bei ausgewachsenen Fruchtkörpern. Unter diesen befinden sich mehrere nicht essbare Arten und eben auch der giftige Satans-Röhrling (S. 87).

Mit einigen wenigen Ausnahmen sind die Vertreter der großen Gruppe der Röhrlinge Mykorrhizapilze. Mehrere sind an eine Baumart gebunden, zum Beispiel der Butterpilz an Kiefern, der Birkenpilz an Birken und der Gold-Röhrling an Lärchen. Andere Arten können mit verschiedenen Bäumen zusammenleben.

Viele Dick-Röhrlinge werden mit dem Alter groß und schwer und sind dann entsprechend oft von Maden befallen. Säubern Sie die Röhrlinge besser im Wald grob vor, damit Sie nicht verdorbene Exemplare unnötig nach Hause tragen. Schneiden Sie das größte Exemplar durch und entfernen Sie die Röhrenschicht, wenn sie sich leicht vom Hutfleisch löst. In

Schweden gibt es unter Pilzsammlern eine Tradition, die Röhrenschicht beim Säubern zu entfernen. In Festlandeuropa ist man der Ansicht, dass ein Großteil des guten Geschmacks und der Mineralien genau in der Röhrenschicht angesiedelt ist.

Die meisten essbaren Röhrlinge haben zubereitet einen milden Geschmack, und der wird oft noch besser und herzhafter, wenn die Pilze zuvor getrocknet wurden. Wenn man Röhrlinge trocknen will, ist es wichtig, so fehlerfreie Exemplare zu verwenden wie möglich. Sie sollten in höchstens 0,5 Zentimeter dicke Scheiben geschnitten werden, bevor sie auf spezielle Trockengestelle gelegt werden. Es wird in der Regel zusätzliche Wärme und Luftzufuhr benötigt, um getrocknete Röhrlinge von guter Qualität zu erhalten. Vorzugsweise sollten sie im Zeitraum von einem oder zwei Tagen völlig durchtrocknen, dann werden sie am besten.

Wenn man die Frühlingspilze ausnimmt, gehören die Röhrlinge zu den ersten Speisepilzen der Saison, in manchen Jahren erscheinen sie bereits ab Mitte bis Ende Mai. Die Röhrlinge gehören unterschiedlichen Familien an und sind in rund zehn verschiedene Gattungen untergliedert.

Fam. *Boletaceae* (Dickröhrlingsverwandte)
Edelpilze, Gattung *Boletus* einschließlich *Xerocomus:*

Raufüße, Gattung *Leccinum* (Allgemeiner Text über Raufüße S. 90):

Fam. *Gomphidiaceae*
Schmierröhrlinge, Gattung *Suillus*:

SCHMIERLINGSVERWANDTE, Fam. *Gomphidiaceae* (ohne *Suillus*)
Die Schmierlingsverwandten sind eine kleine Gruppe, die in älteren Pilzbüchern meist zu den Blätterpilzen gerechnet wurden, weil sie Lamellen besitzen. Systematisch betrachtet stehen sie jedoch den Röhrlingen näher. Ihr Name geht darauf zurück, dass der Hut schleimig oder klebrig ist. Die Lamellen laufen am Stiel herab und verfärben sich durch die schwarzen Sporen mit der Zeit grau bis schwarz. Sie leben als Mykorrhizapilze.
Fam. *Gomphidiaceae*:

Großer Schmierling *Gomphidius glutinosus*, S. 104 (Bild links)
Rosenroter Schmierling *Gomphidius roseus*, S. 105

Blätterpilze

Blätterpilze ist eine Sammelbezeichnung für den Hauptteil der Pilze, die an der Unterseite des Hutes Blätter = Lamellen haben. Der Sporen bildende Teil befindet sich auf den Lamellenflächen.

In Mitteleuropa gibt es mindestens 2 500 verschiedene Arten von Blätterpilzen. Rund 150 von ihnen sind gute und schmackhafte Speisepilze, aber es gibt auch einige sehr giftige Arten. Der Pilzsammler, der sich auf das Sammeln von Blätterpilzen einlässt, begibt sich daher auf das größte und schwierigste Gebiet. Wir ermahnen folglich zu besonderer Vorsicht und besonderem Respekt, aber man braucht aus diesem Grund nicht auf das Sammeln dieser Pilze zu verzichten. Mit zunehmenden Kenntnissen kann man gute Blätterpilze mit der gleichen Sicherheit sammeln, mit der man Pfifferlinge oder Röhrlinge sammelt.

Bei einer gebräuchlichen Art, die Blätterpilze in kleinere Gruppen einzuteilen, wird nach der **Farbe der reifen Sporenmasse** verfahren. Etwas vereinfacht dargestellt kann diese weiß, braun, schwarz, creme, gelb oder rosa sein. Die größten Gruppen sind die Weiß- und die Braunsporigen. Danach kommen die Schwarzsporigen, und die kleinste Gruppe bilden die Rosasporigen.

An ausgewachsenen Fruchtkörpern kann man meist sehen, welche Farbe die Sporen haben, weil sie den Lamellen ihre Farbe verleihen. Sind die Lamellen weiß, so hat der Pilz demnach weiße Sporen. Die rosasporigen Blätterpilze haben Lamellen in verschiedenen, schwach rötlichen Nuancen. Unter den Rosasporigen befindet sich lediglich ein guter Speisepilz, der Mehl-Räsling (S. 40 und 138). Hingegen gibt es mehrere Rosasporige, die giftig sind, zum Beispiel der Riesen-Rötling (S. 131 und 236).

Im Folgenden wird in dieser Gruppenvorstellung für jede Gruppe von Blätterpilzen die Farbe der Sporenmasse angegeben:
○ (weiß oder schwach gefärbt) ● (braun) ● (schwarz) ● (rosa)

Sporenfarbenprobe

Wenn Sie unsicher sind, welche Sporenfarbe ein Pilz hat, gehen Sie wie folgt vor:

- Schneiden Sie einen oder mehrere Hüte ausgewachsener, reifer Exemplare des zu untersuchenden Pilzes ab.
- Legen Sie einen Hut mit den Lamellen nach unten auf ein weißes Blatt Papier. Stellen Sie eine Schüssel oder Glocke über die Pilzhüte.
- Nach ein paar Stunden – oder spätestens am nächsten Morgen – heben Sie die Schüssel und den Hut ganz vorsichtig hoch. Die Sporen sind

dann in so großer Menge herausgefallen, dass Sie die Sporenfarbe in einem schönen Muster auf dem Papier sehen können.

Wenn Sie den gleichen Versuch mit jungen Exemplaren unternehmen, kann es schwierig sein, die Sporenfarbe zu sehen, weil sich die unreifen Sporen noch nicht von den Lamellen gelöst haben und herausgefallen sind. Auch ihre endgültige Farbe haben sie noch nicht.

Sprödes oder faseriges Fleisch

Den etwas geübten Pilzsammlern, die bereits bei den Speisepilzen, die wir zuvor beschrieben haben, sicher sind, empfehlen wir, mit Milchlingen (S. 42) und Täublingen (S. 42) anzufangen. Diesen ist gemeinsam, dass sie ein Pilzfleisch mit spröder Konsistenz besitzen. Wir bezeichnen Täublinge und Milchlinge deshalb als Sprödblättler, weil die Lamellen bei Berührung meist leicht zersplittern. Wenn man einen solchen Pilz zerteilt, bricht das Fleisch leicht auf, vergleichbar mit einem Apfel oder einer Möhre. Weitere Einzelheiten finden Sie auf S. 180.

Als Sprödblättler werden Täublinge und Milchlinge bezeichnet, die spröde, leicht zerbrechliche Lamellen haben.

Die große Mehrzahl der Blätterpilze hat ein Pilzfleisch mit faseriger Konsistenz, man nennt sie auch Faserpilze. Insbesondere das Pilzfleisch des Stiels lässt sich in lange, zähe Stücke, Fäden oder Fasern reißen.

SAFTLINGE UND SCHNECKLINGE, Familie *Hygrophoraceae* ○

Die Saftlinge – oder Schnecklinge – sind eine interessante Gruppe mit über 100 Arten. Sie haben eine weiße Sporenmasse, und viele schöne, farbenfrohe Arten gehören dazu. Mehrere sind auch gute Speisepilze, und die Gruppe enthält keine gefährlichen Giftpilze.

Den Saftlingen, die heute gewöhnlich in mehrere Gattungen eingeteilt werden, ist gemeinsam, dass sie helle, entferntstehende, dicke und wachsartige Lamellen besitzen. Der wachsartige Charakter ist deutlich zu sehen und zu spüren, wenn man mit den Fingerspitzen über die Lamellen streicht. Bei manchen Arten fühlt sich der gesamte Fruchtkörper wachsartig an. Die Lamellen sitzen so dünn, dass man sieht, dass jede zweite Lamelle lang und jede zweite Lamelle kurz ist. Dies ist an und für sich kein unverwechselbares Kennzeichen für die Saftlinge, aber man sieht es bei ihnen besonders gut.

Die Saftlinge gehören der Gattung *Hygrocybe* an und ernähren sich entweder als Saprobionten oder gehen mit krautigen Pflanzen und Gräsern Verbindungen ein. Man findet die Saftlinge in Nadelwäldern, Laubwäldern und auf naturnahem, kaum gedüngtem Grasland. Im Herbst drücken sie oft alten Weide- und Wiesenflächen ihren Stempel auf.

Schnecklinge sind Mykorrhizapilze der Gattung *Hygrophorus*.

Fam. *Hygrophoraceae*:

Graubrauner Schneckling *Hygrophorus camarophyllus*, S. 106 (Bild rechts)
Olivbrauner Schneckling *Hygrophorus olivaceoalbus*, S. 108
Finnischer Schneckling *Hygrophorus korhonenii*, S. 109
Olivbraungestielter Schneckling *Hygrophorus persoonii*, S. 109
Frost-Schneckling *Hygrophorus hypothejus*, S. 110 (Bild rechts)
Granatroter Saftling *Hygrophorus punicea*, S. 112
Orangefarbener Wiesen-Ellerling *Cuphophyllus (Camarophyllus) pratensis*, S. 114
Goldzahnschneckling *Hygrophorus chrysodon, S. 115*

SEITLINGE ○ (AUSNAHME *Crepidotus*, DIE ●-SPORIG SIND)

Die schwedische Bezeichnung „Mussling" (Seitling) ist mehreren Blätterpilzen verliehen worden, die aus dem Blickwinkel der Systematik sehr unterschiedlichen Gattungen und Familien angehören. Außerdem sind die Mykologen geteilter Meinung darüber, wo im System die verschiedenen Gattungen einzuordnen sind. Alle wachsen auf lebenden oder toten Bäumen und auf Holz und sind weißsporig – mit Ausnahme der Gattung der Stummelfüßchen, *Crepidotus*, die braunsporig sind. Ein weiteres Kennzeichen für die Gruppe ist, dass der Stiel entweder fehlt oder kurz und seitlich angewachsen ist.

Es gibt keinen Seitling, der dafür bekannt ist, giftig zu sein. Hingegen gibt es einige Arten, die sehr zäh, bitter oder übel riechend sind.

Fam. *Pleurotaceae*:
Austern-Seitling *Pleurotus ostreatus*, S. 116 (Bild links)
Lungen-Seitling *Pleurotus pulmonarius*, S. 117
Fam. *Tricholomataceae*:
Ohrförmiger Seitling *Phyllotus porrigens*, S. 117

RITTERLINGE ○

Maipilz *Calocybe gambosa*

Der Name „Ritterlinge" wird – zumindest von älteren Pilzsammlern – mit dem Gedanken an gute Speisepilze verknüpft. Vor allem in der Literatur des 19. Jahrhunderts werden Ritterlinge als eine Gruppe mit vielen ausgezeichneten und wohlschmeckenden Speisepilzen hervorgehoben. Heute ist das Bild aus verschiedenen Gründen komplizierter.

Die Pilze sind jetzt in mehrere Gattungen untergliedert. Das Sporenpulver ist weiß oder schwach rosa. Die eigentlichen Ritterlinge, die Gattung *Tricholoma*, sind Mykorrhizapilze und haben oft recht große Fruchtkörper mit *ausgebuchteten* Lamellen (siehe S. 4/5) und üblicherweise ringlose Stiele. Die Ritterlinge erinnern an Täublinge, haben aber ein faseriges Pilzfleisch, insbesondere am Stiel, der leicht in Fasern gerissen werden kann.

Weitere Ritterlingsgattungen, die Speisepilze beinhalten, sind *Lepista*, der der Violette Rötelritterling angehört, und *Calocybe* mit dem Maipilz. Beide Gattungen sind Streuzersetzer.

Fam. *Tricholomataceae*:
Violetter Rötelritterling *Lepista nuda*, S. 118
Seidiger Ritterling *Tricholoma columbetta*, S. 121
Pappel-Grünling *Tricholoma frondosae*, S. 122
Kiefernwald-Grünling *Tricholoma auratum*, S. 123
Matsutake *Tricholoma nauseosum* (Syn. *T. nauseosum*), S. 124
Schwarzfaseriger Ritterling *Tricholoma portentosum*, S. 126
Maipilz *Calocybe gambosa*, S. 129

SAMTFUSSRÜBLINGE, GATTUNG *Flammulina* ○

Diese Gruppe umfasst lediglich eine Gattung mit wenigen in Mitteleuropa vorkommenden Arten. Der Gemeine Samtfußrübling bzw. Winter-Samtfußrübling, ein älterer Name dieser weißsporigen Art, wächst als Holzsaprobiont auf Baumstümpfen sowie auf toten Ästen und Stämmen von Laubbäumen. Er hat eine ungewöhnliche Saison von September bis April. Oft kann man den eigentümlichen und schönen Pilz in milden Wintern alle Wintermonate über sammeln. Der Gemeine Samtfußrüb-

Schwarzfaseriger Ritterling *Tricholoma portentosum*

ling verträgt mehrere Minusgrade. Wenn er auftaut, kann er sein Wachstum fortsetzen. Als Speisepilz ist er nur wenig bekannt, aber in Japan und China wird er seit Jahrhunderten kultiviert und verzehrt.
Fam. *Physalacriaceae*:
Samtfußrübling *Flammulina velutipes agg.*, S. 132 (Bild S. 38 unten)

SCHWINDLINGE, GATTUNG *Marasmius* ○

Weißsporige Streuzersetzer mit kleinen, zählen Fruchtkörpern, die bei Trockenheit leicht einschrumpfen. Da sie bei Nässe ihre frühere Form schnell zurückerhalten und außerdem ihr Wachstum fortsetzen, erscheinen die Schwindlinge beinahe magisch. Die hellen Lamellen an der Unterseite des Hutes sind entferntstehend, und Schwindlinge geben oft starke Gerüche ab. Auf Rasen lebende Arten wachsen oft in sogenannten Hexenringen (siehe Bild S. 18).
Fam. *Marasmiaceae*:
Nelken-Schwindling *Marasmius oreades*, S. 134 (Bild rechts)

RÖTENDER WACHSTRICHTERLING *Cantharellula umbonata* ○

Zu dieser „Gruppe" gehört eine einzige Gattung mit einer einzigen nordeuropäischen Art. Es ist ein weißsporiger Spätherbstpilz mit zwei typischen Eigenschaften. 1. Die Lamellen, die am Stiel herablaufen und heller sind als die Hutoberseite, bekommen mit der Zeit oft markante, dunkelrote Flecken. 2. Außerdem sind die Lamellen zwischen Stiel und Hutkante ein paar Mal deutlich gegabelt. Er ist zwar meist ein kleiner Pilz, kann aber manchmal in größeren Ansammlungen gefunden werden.
Fam. *Tricholomataceae*:
Rötender Wachstrichterling *Cantharellula umbonata*, S. 136 (Bild rechts)

RÄSLINGE, GATTUNG *Clitopilus* ●

Räslinge sind rosasporige Streuzersetzer mit am Stiel herablaufenden Lamellen. Der Mehl-Räsling ist ein klassischer Speisepilz, der jedoch nicht zu den Anfängerpilzen gehört. Es gibt offensichtliche Verwechslungsrisiken mit giftigen Trichterlingsarten, wenn man ihn sammeln und verzeh-

ren will. Der Mehl-Räsling kommt in Parks und auf Grasland sowohl in Laub- als auch Nadelwäldern ziemlich häufig vor.
Fam. *Entolomataceae*:
Mehl-Räsling, *Clitopilus prunulus*, S. 138 (Bild S. 39 unten)

CHAMPIGNONS, GATTUNG *Agaricus* ●

Champignons, unter Pilzkundlern auch Egerlinge genannt, sind schwarzsporige Streuzersetzer, die am Stiel meist einen deutlichen Ring aufweisen. Dieser besitzt jedoch an der Basis keine Volva (Scheide) und lässt sich leicht vom Hut trennen. Man trifft Champignons vom Vorsommer bis weit in den Herbst hinein in Wäldern und auf Wiesen an. Die Lamellen sind anfangs hell, grauweiß oder schwach rosa. Mit der Sporenreife verdunkeln sie ins Dunkelbraune, Rotbraune oder fast ins Schwarze. Manche Anis-Egerling-Arten haben auch im ausgewachsenen Zustand deutlich hellere Lamellen.

Die Gattung eines Champignons zu bestimmen, ist relativ einfach, aber die Bestimmung der Art ist deutlich schwieriger.

Unter der Überschrift „Schwermetalle in Pilzen" (S. 223) haben wir von einem Problem mit hohen Kadmiumgehalten in einigen der gilbenden Champignon-Arten berichtet, auf das man Ende der 1970er-Jahre aufmerksam wurde. Diese Alarmmeldungen haben natürlich zu einer Abkühlung des Interesses an Champignons beigetragen, aber es ist wichtig darauf hinzuweisen, dass ausschließlich diese gilbenden Champignon-Arten, also der Weiße Anis-Champignon und der Riesen-Champignon, erhöhte Kadmiumwerte aufweisen können. Zucht-Champignons, Wiesen- und Kleine Wald-Champignons, die sogenannten rötenden Champignon-Arten, haben nie hohe Kadmiumgehalte aufgewiesen.

Unter den Champignons gibt es viele gute Speisepilze, aber auch ein paar giftige Arten, den **Karbol-Champignon** (S. 151) und den **Perlhuhn-Champignon** (S. 143). Siehe auch den allgemeinen Text über Champignons, S. 140.

Fam. *Agaricaceae*:
Kleiner Wald-Champignon *Agaricus silvaticus*, S. 144
Großsporiger Blut-Champignon *Agaricus langei*, S. 144
Wiesen-Champignon *Agaricus campestris*, S. 146
Riesen-Champignon *Agaricus augustus*, S. 148 (Bild links)
Weißer Anis-Champignon *Agaricus arvensis*, S. 150
Dünnfleischiger Anis-Egerling *Agaricus silvicola* (Syn. *A. abruptibulbus*), S. 151

SCHIRMLINGE ○

Mehrere Arten, die früher der großen Gattung der Schirmlinge, *Lepiota*, angehörten, werden derzeit in eigenen Gattungen geführt. Schirmlinge ist deshalb heute ein Sammelname für eine vielfältige Gruppe von streubewohnenden, weißsporigen Pilzen mit beringtem Stiel und schuppigem Hut. Ein weiteres Kennzeichen dieser Gruppe ist, dass sich der Stiel mit Leichtigkeit vom Hut trennen lässt.

Für viele Pilzsammler bedeutet das Wort „Schirmling" etwas Besonderes. Viele denken dabei an den Gemeinen Riesenschirmling. Der Gemeine Safranschirmling, *Chlorophyllum rachodes*, war früher ein angesehener Speisepilz, hat aber leichtere Vergiftungen hervorgerufen (siehe auch S. 155 und 209). Unter den kleineren *Lepiota*-Arten gibt es mehrere gifti-

ge Arten. Nur die Riesenschirmlinge (Makrolepiota, Chlorophyllum) mit verschiebbarem Stielring kommen daher als Speisepilze in Betracht.
Fam. *Agaricaceae*:
Gemeiner Riesenschirmling *Macrolepiota procera*, S. 154 (Bild S. 40 unten)

TINTLINGE ●

Tintlinge sind Saprobionten, die von Erde, Dung und morschem Holz leben. Typisch ist, dass sie sehr kurzlebige Fruchtkörper haben und sich der Stiel leicht vom Hut lösen lässt. Sie schießen schnell aus dem Boden und verbreiten ihre schwarzen Sporen, und die meisten Arten zerfließen mit der Sporenreife zu einer tintenähnlichen Flüssigkeit. Es gibt rund 200 verschiedene Tintlingsarten in Mitteleuropa, die heute in mehrere verschiedene Gattungen untergliedert sind. Eine einzige Art rechnen wir zu den guten Speisepilzen.
Fam. *Coprinaceae*:
Schopf-Tintling *Coprinus comatus*, S. 158 (Bild rechts)

SCHWEFELKÖPFE, GATTUNG *Hypholoma* ●

Die Schwefelköpfe sind eine saprotroph lebende Gattung mit nur einem guten Speisepilz und mindestens einer giftigen Art. Der Name Schleier-Blätterpilz stammt daher, dass junge Fruchtkörper einen sehr dünnen Fadenschleier, die *Cortina*, zwischen der Hutkante und dem Stiel haben. An ausgewachsenen Exemplaren kann man oft Reste dieses Schleiers als dünnen Fadenkranz am Stiel und an der Hutkante sehen. Die Lamellen sind zunächst blass und mehr oder weniger gelb. Durch die dunklen Sporen erhalten die Lamellen bei ausgewachsenen Exemplaren eine braunschwarze Farbe.
Fam. *Strophariaceae*:
Graublättriger Schwefelkopf *Hypholoma capnoides*, S. 160 (Bild rechts)

SCHÜPPLINGE, GATTUNG *Pholiota* ●

Holzsaprobionten mit braunen Sporen und Ring am Stiel sind lange zur Gruppe der Schüpplinge gerechnet worden. Zu dieser Gruppe wird ein guter Speisepilz gerechnet, das Gemeine Stockschwämmchen. Einige Mykologen sind der Ansicht, dass der „veränderliche" (mutabilis) Pilz zur Gattung *Kuehneromyces*, Stockschwämmchen, gehöre, während andere ihn in die Gattung *Pholiota*, Schüpplinge, einordnen.
Fam. *Strophariaceae*:
Gemeines Stockschwämmchen *Pholiota mutabilis*, S. 162 (Bild rechts)

REIFPILZ, GATTUNG *Cortinarius* ●

„Reifpilz" und „Zigeuner" sind die Volksnamen für den wohlbekannten Speisepilz Gerunzelter Schüppling, einen braunsporigen Mykorrhizapilz. Früher wurde er zur Gruppe der Schüpplinge, Gattung *Pholiota*, gerechnet. Danach hat er (als einziger Vertreter der Art in Nordeuropa) der Gattung *Rozites* angehört, wird jetzt aber zur Gattung *Cortinarius*, Schleierlinge, gerechnet. In den letzten Jahren ist unter Pilzexperten eine Debatte darüber geführt worden, ob der Reifpilz als Speisepilz betrachtet werden kann oder nicht. Wir sind nicht zu der Überzeugung gelangt, dass wir vor diesem schmackhaften und immer beliebteren Speisepilz warnen sollen.
Fam. *Cortinariaceae*:
Reifpilz *Cortinarius caperatus*, S. 165 (Bild rechts)

MILCHLINGE, GATTUNG *Lactarius* ○

In der Einleitung zum Abschnitt über Milchlinge haben wir den etwas ungeübten Pilzsammlern empfohlen – was Blätterpilze angeht –, mit Täublingen und Milchlingen zu beginnen, die wir aufgrund ihrer spröden Konsistenz als Sprödblätter bezeichnen (siehe Bild S. 35). Ähnlich wie die Mehrzahl der Ritterlinge besitzen die Milchlinge einen Stiel, dem sowohl Ring als auch Volva fehlen, und die ausgebuchteten, angehefteten oder herablaufenden Lamellen (siehe S. 4/5) sind hell (das heißt weiß, hellbeige oder grau) oder orange – niemals braun, schwarz oder rot.

Was die Milchlinge – neben der spröden Konsistenz des Fleisches – vor allem kennzeichnet, ist, dass bei einem frischen Milchling eine farbige oder wasserklare Flüssigkeit austritt, wenn er verletzt wird. Meist ist diese Flüssigkeit weiß, milchfarben. Die austretende Flüssigkeit nimmt oft nach einer Weile eine andere Farbe an. Je nach Luftzugang erfolgt nämlich eine Oxidation, die sich oft in Farbveränderungen zeigt. Die zuvor weiße Flüssigkeit kann zum Beispiel grau, gelb oder violett werden.

Verglichen mit den Täublingen, die eine sehr farbenfrohe Gruppe von Pilzen sind, sind die Milchlinge diskret. Braune und graue Nuancen dominieren. Sowohl Milchlinge als auch Täublinge sind Mykorrhizapilze, und zusammen machen sie einen dominierenden Teil der Pilzflora in unseren Wäldern aus. Es gibt Beschreibungen von gut 80 verschiedenen Arten von Milchlingen in Nordeuropa.

Die Milchlinge sind seit langer Zeit wichtige Speisepilze in Finnland. In den meisten anderen Ländern sind früher nur die Reizker und der Brätling als wirklich gute Speisepilze betrachtet worden, aber wir sind langsam dabei, uns die finnische Tradition, auch andere Arten zu essen, anzueignen (weitere Einzelheiten auf S. 175).

Fam. *Russulaceae*:

TÄUBLINGE, GATTUNG *Russula* ○

Täublinge sind Sprödblättler, die im Gegensatz zu den Milchlingen (oben) keinen Saft abgeben, wenn man sie aufbricht.

In Mitteleuropa gibt es über 260 verschiedene Arten von Täublingen, die in zwei Untergattungen und insgesamt 11 Sektionen untergliedert sind. Einige dieser Arten sind gute Speisepilze. Siehe auch den allgemeinen Text über Täublinge, S. 180. Fam. *Russulaceae*:

Frauen-Täubling *Russula cyanoxantha*, S. 188
Grasgrüner Täubling *Russula aeruginea*, S. 189
Gold-Täubling *Russula aurea*, S. 192
Allgemeiner Text über Heringstäublinge, S. 193
Roter Heringstäubling *Russula xerampelina*, S. 194
Fleischvioletter Heringstäubling *Russula graveolens*, S. 195
Dryas-Heringstäubling *Russula pascua*, S. 195
Gebirgs-Heringstäubling *Russula favrei*, S. 196 (Bild Mitte)
Grüner Nadelwald-Heringstäubling *Russula clavipes*, S. 197
Brauner Leder-Täubling *Russula integra* (Syn. *R. polychroma*), S. 198
Apfel-Täubling *Russula paludosa*, S. 200

Gebirgs-Heringstäubling
Russula favrei

STÄUBLINGE UND BOVISTE

STÄUBLINGE, GATTUNGEN *Calvatia (Großstäublinge)* und *Lycoperdon (Stäublinge)*

Die Stäublinge sind eine gemischte Gruppe von Streuzersetzern, die mehrere verschiedene Gattungen umfassen. Sie haben rundliche Fruchtkörper, die keinen ausgeprägten Hut und Stiel haben, und gehören zur Gruppe der Bauchpilze (S. 22), deren Sporen sich im „Bauch" des Fruchtkörpers entwickeln. Wenn die Sporen reifen, beginnt das weiße feste Fleisch im oberen, fertilen Teil, der *Gleba*, gelb und gleichzeitig weicher zu werden. Wenn die Fruchtkörper der Stäublinge reif sind, sind große Teile der Fruchtmasse zu Sporen umgewandelt. Diese werden dann durch ein kleines Loch oben im Pilz oder durch Aufbrechen des Fruchtkörpers freigesetzt. Stäublinge bleiben oft lange an ihrer Wachstumsstelle stehen und mumifizieren quasi, vor allem der untere, sterile Teil. Die braunen faltigen Reste kann man noch bis zu einem Jahr, nachdem sie ihr Wachstum beendet haben, in der Natur sehen.

Stäublinge, die ein weißes und festes Pilzfleisch haben, sind essbar. Dies besagt eine alte Pilzregel, die auch heute noch gültig ist.

Die Stäublinge, die wir empfehlen, sind auch für Anfänger geeignet. Der Flaschen-Stäubling kommt häufig vor und ist mit seinen Warzen gut zu erkennen, und der Riesenbovist ist dank seiner Größe leicht zu identifizieren.

Fam. *Agaricaceae*:

Flaschen-Stäubling *Lycoperdon perlatum*, S. 202 (Bild S. 43 unten)

Riesenbovist *Calvatia* (*Langermannia*) *gigantea*, S. 203

BOVISTE, GATTUNG *Bovista*

Die Boviste sind streubewohnende Bauchpilze, die an die oben beschriebenen Stäublinge erinnern. Die Sporenbildung verläuft ähnlich wie bei den Stäublingen, aber im Gegensatz zu diesen haben die Fruchtkörper der Boviste einen sehr kleinen sterilen, unteren Teil. Sie liegen wie Eier auf dem Boden und kommen häufig auf Rasen und Weideland vor.

Alle Boviste sind essbar, sofern das Pilzfleisch völlig weiß und fest ist. Es gibt jedoch einige seltene Arten, die auf der Roten Liste stehen. Mehrere andere eiförmige Pilze können mit den Bovisten verwechselt werden, und unter diesen Doppelgängern gibt es auch einige schwach giftige Arten wie beispielsweise der Kartoffelbovist (*Scleroderma*) (S. 55).

Fam. *Agaricaceae*:

Schwärzender Bovist *Bovista nigrescens*, S. 204 (Bild links)

Die nebenstehenden Hüte zeigen einen Teil des enormen Variationsreichtums, den die Welt der Pilze beinhaltet.

Erklärung der Texte und Bilder zu den Arten

Wir haben uns entschieden, rund 100 Pilzarten vorzustellen, die unserer Meinung nach geeignet sind, um sie zur Essenszubereitung zu verwenden. Jeder Speisepilz wird in Text und Bild vorgestellt. Die meisten werden auf einer ganzen Doppelseite behandelt, aber in einigen Fällen hat die gesamte Art auf einer Seite oder einem Teil einer Seite Platz, und einige Arten erfordern mehr als zwei Seiten.

Wir haben versucht, jeden Speisepilz nach einem bestimmten Muster zu beschreiben, aber es ist natürlich nicht ganz einfach, einem festen Raster von Art zu Art zu folgen. Deshalb ist es sehr bald zu einem Thema mit Variationen geworden. In einigen Fällen, zum Beispiel bei den Röhrlingen und Champignons, werden nahestehende Arten gruppiert und unter einer Hauptart vorgestellt. Die Birken-Rotkappe auf S. 91 ist eine solche Hauptart, unter der Weißstielige Rotkappe, Eichen-Rotkappe (die laut Mykologen heute als Weißstielige Rotkappe eingestuft wird), Kiefern-Rotkappe und Fichten-Rotkappe als nahestehende Speisepilze aufgenommen wurden.

Die Texte zu den Arten

- Was die Pilznamen angeht, folgen wir weitgehend den Werken *Funga nordica* (2012), *Nordic Macromycetes,* Bd. 1–3 (1992–2000) sowie der deutschen Referenzliste auf www.pilze-deutschland.de (Deutsche Pilznamen).
- In den allermeisten Fällen haben wir unter dem Hauptbild die Bedeutung des wissenschaftlichen Artnamens angegeben.
- Viele wichtige Informationen über eine Art sind in der Textbeschreibung der Gruppe zu finden, der die Art angehört (S. 30–44). Aus diesem Grund steht am Anfang der Vorstellungen der Speisepilze ein Rückverweis auf diesen Text, zum Beispiel „Gruppe Seite 30".
- Zu jedem Speisepilz-Text gibt es einen einleitenden Abschnitt, in dem wir einen geschichtlichen Rückblick darauf geben, wie andere Pilzbuchverfasser die Art beurteilt haben, oft mit einem interessanten Zitat. Ferner gibt es dort Informationen zum Verbreitungsgebiet und zum Vorkommen (Häufigkeit). Wir geben an, welche Anforderungen der Pilz an seinen Wuchsort stellt, zum Beispiel, ob er sich auf sauren Böden wohlfühlt, das heißt Böden mit niedrigem pH-Wert, oder ob er einen kalkreichen Boden bevorzugt.
- Im Übrigen geben die verschiedenen Überschriften unter den Arttexten an, was in den verschiedenen Abschnitten behandelt wird: wichtige Kennzeichen, Sammeln und Säubern sowie Zubereitung und Konservierung.
- Angaben zum Geruch. Für einen Pilzsammler ist der Geruchssinn genauso wichtig wie für einen Weinkenner. Die allermeisten Pilze haben einen speziellen Geruch. Aber wonach riechen sie? Wir nehmen Düfte unterschiedlich wahr; was manche als angenehm empfinden, wirkt auf andere schlecht. Ein Beispiel geben wir, wenn wir versuchen, den sehr typischen Duft des Pfifferlings zu beschreiben (S. 64). Wenn wir

Der **Frost-Schneckling** ist einer der letzten Speisepilze, die man im Spätherbst sammeln kann, bevor Frost und Schnee der Pilzsaison ein Ende setzen.

die Arten beschreiben, nehmen wir oft den Geruch des Pilzes unter die wichtigen Kennzeichen auf. Unsere Beurteilungen stützen sich auf unsere eigenen Erfahrungen und natürlich auch die von uns festgestellten mehrheitlichen Meinungen.

- Angaben zum Geschmack. Wenn wir unter den wichtigen Kennzeichen den Geschmack angeben, meinen wir den Geschmack des rohen Pilzes. **HINWEIS:** Mit Ausnahme der Täublinge (siehe S. 180) sagt der Geschmack des rohen Pilzes nichts über dessen Essbarkeit aus! Potenziell hochgiftige Arten wie der Knollenblätterpilz dürfen auf keinen Fall probiert werden!
- Ein ungewöhnlich großer Teil der Speisepilz-Vorstellungen ist den Doppelgängern gewidmet. Vom Bildmaterial her gibt es mehr oder genauso viele Bilder von den Doppelgängern wie von den Speisepilzen. Eine Definition dessen, was ein Doppelgänger ist, ist nicht leicht zu geben. Unserer Auffassung nach ist sie sehr individuell. Manchmal sagen wir, sie ist wie ein Gummiband, das man beliebig weit dehnen kann (weitere Einzelheiten in unseren Definitionen auf S. 48–49).
- In den Artbeschreibungen – wie in den übrigen Texten des Buches – gibt es Wörter und Begriffe, die nicht jedes Mal, wenn sie vorkommen, erklärt werden. Anstelle eines Glossar-Abschnitts verweisen wir auf das umfassende Register am Ende des Buches. Symbole und gewisse Begriffe, die sich speziell auf die Artbeschreibungen beziehen, werden auf S. 23 und 48–49 erklärt.

Das Aussehen der Pilze variiert

In unseren Artbeschreibungen kommt häufig das Wort „oft" vor. Weshalb? Wer seit vielen Jahren Pilze sammelt, ist sich bewusst, wie verschieden Pilze derselben Art an unterschiedlichen Orten und in unterschiedlichen Jahren aussehen können. Wir, die wir als Ausbilder, Kreis- und Kursleiter gearbeitet haben, wissen auch, wie sich Anfänger die Illustrationen der Pilzbücher ansehen, und manchmal bekommen wir zu hören, die Bilder seien schlecht. Gewiss gibt es Pilzbücher mit weniger guten Illustrationen, aber oftmals liegt der „Fehler" beim Pilz. Es ist ganz einfach so, dass eine Pilzart aus Individuen besteht, die vom Aussehen her untereinander stark variieren können. Wir versuchen, in Wort und Bild ein wenig auf diese Variationsbreite hinzuweisen, und dort schleicht sich häufig auch leicht das Wort „oft" ein.

Nicht zuletzt die Witterung, zum Beispiel viel Regen, leichter Frost oder extreme Trockenheit, kann das Aussehen stark variieren lassen.

Die deutschen Karten

Die Verbreitungskarten sind auf Basis der ehrenamtlich erstellten Kartierungsdaten der Deutschen Gesellschaft für Mykologie (www.pilze-deutschland.de) zusammengestellt worden. Wir möchten jedoch darauf hinweisen, dass sie lediglich als grobe Orientierung betrachtet werden sollten. Manche Art kann auch außerhalb des markierten Gebiets angetroffen werden, und ebenso kann sie in dem auf der Karte grün dargestellten Gebiet selten zu finden sein.

Die Bilder zu den Arten

Wir zeigen zwei verschiedene Arten von Bildern: Natur- und Studioaufnahmen. Erstere zeigen die Pilze in ihrer natürlichen Umgebung – die klassische Art und Weise, Pilze zu fotografieren. Der Nachteil bei solchen Bildern ist, dass es schwierig sein kann, die Farben der Pilze richtig wiederzugeben sowie Details und das variierende Aussehen ein- und derselben Art darzustellen. Diese Nachteile vermeiden wir, indem wir zusätzlich im Studio fotografieren.

Wir sammeln eine größere Anzahl frischer Pilze, schneiden einen Fruchtkörper durch, lösen einige Hüte und platzieren alles auf einem neutralen grauen Hintergrund. Darüber hinaus legen wir Pflanzenteile von dem Ort dazu, an dem der Pilz gepflückt wurde, um die Art des Wachstumsmilieus anzudeuten. Um die beste und gleichmäßigste Beleuchtung und folglich auch die beste Farbwiedergabe der Pilze zu erzielen, haben wir alsdann standardisiertes Kunstlicht verwendet.

Bedrohte Pilze

Die deutsche Regierung hat sich verpflichtet, sich für den Erhalt der biologischen Vielfalt in unserem Land einzusetzen.

Ende des Jahres 2016 wurde vom Bundesamt für Naturschutz (BfN) die aktuelle Rote Liste der Großpilze Deutschlands herausgegeben. Die Informationen dafür hat die Deutsche Gesellschaft für Mykologie gesammelt und zusammengetragen.

„Die größte Gefahr für die heimischen Großpilze besteht derzeit in der intensiven Landnutzung in der Forst- und Landwirtschaft. Die immensen und anhaltenden Überfrachtungen mit Nährstoffen beeinträchtigen die Pilze nicht nur über den Boden, sondern auch über die Luft – und das sogar in Schutzgebieten", sagte dazu BfN-Präsidentin Professorin Beate Jessel.

„Die Großpilze gehören zu den beiden artenreichsten Gruppen der Echten Pilze, den Ständerpilzen (Basidiomycota) und den Schlauchpilzen (Ascomycota). Für 3 025 der in der Liste enthaltenen 6 120 Arten konnte die Gefährdungssituation bewertet werden. Über 27 Prozent dieser Arten sind bestandsgefährdet. Weitere 728 Arten sind aufgrund ihrer extremen Seltenheit latent bedroht. Bei etwa der Hälfte der Pilzarten reichten die bisherigen Kenntnisse für eine Bewertung noch nicht aus." (Auszug aus der offiziellen Pressemitteilung von BfN und DGfM)

Der wichtigste Schutz, den wir Pilzen geben können, sind also der Erhalt und die Wiederherstellung ihrer Lebensräume. Arten der Roten Listen sind nicht gesetzlich geschützt. In Deutschland gilt die Bundesartenschutzverordnung für den Pilzschutz. Darüber hinaus sind Pilze in Nationalparks und Naturschutzgebieten geschützt. Da das Sammeln von Fruchtkörpern den eigentlichen Pilz im Boden oder Holz wenig beeinträchtigt, wird der Einfluss des Sammelns auf unter ein Prozent der gesamten menschlichen Beeinträchtigungen geschätzt. Bei seltenen Arten entfernen wir jedoch die Verbreitungsorgane der Pilze und würden so zur weiteren Schwächung der Population beitragen. Aus diesem Grund sollten wir alle gefährdeten Arten schonen. Denn was nutzt ein geernteter Pilze heute, wenn ich ihn dafür künftig gar nicht mehr genießen kann?

Einige der von uns in diesem Buch vorgestellten Speisepilze gehören in Deutschland bereits zu den vom Aussterben bedrohten oder den stark gefährdeten Arten, zum Beispiel das Schweinsohr (S. 56) und der Echte Krokodil-Ritterling (S. 124). Die Sommer-Trüffel (S. 55) hingegen ist wie alle Echten Trüffeln der Gattung Tuber über die Bundesartenschutzverordnung als besonders geschützte Art mit einem generellen Sammelverbot belegt, obwohl sie in Deutschland relativ verbreitet ist.

Begriffe und Symbole

SPEISEPILZE sind mit einer **weißen** Ziffer in einem **grünen** Kreis markiert, der von einem **grünen** (= Anfängerpilze), **blauen** oder **roten** Quadrat umgeben ist.

Speisepilz

Mit Speisepilz meinen wir eine Pilzart, die nicht aus irgendeinem Grund zur Verwendung bei der Essenszubereitung ungeeignet ist. Ein wichtiges Kriterium ist, dass der Pilz Geschmacksstoffe enthalten muss, die nach der Zubereitung als in irgendeiner Weise angenehm oder interessant erlebt werden.

Nahestehender Speisepilz

Die Art ist aus systematischer Sicht eng mit dem Speisepilz verwandt.

Doppelgänger

Einen Pilz, der vor allem durch sein Aussehen leicht mit einem bestimmten Speisepilz verwechselt werden kann, bezeichnen wir als einen Doppelgänger des betreffenden Speisepilzes. Doppelgänger können sowohl andere Speisepilze als auch solche Pilze sein, die man nicht essen sollte, weil sie giftig oder aus anderen Gründen ungeeignet sind.

Verwechslungsrisiko

Wenn ein Doppelgänger eines Speisepilzes aus dem einen oder anderen Grund zum Verzehr ungeeignet ist, birgt das Sammeln und Essen dieses Speisepilzes ein Risiko. Aus diesem Grund haben wir im Buch die Speisepilze in vier Risikogruppen eingestuft und diese auf die folgende Weise markiert:

1 **Speisepilz – Anfängerpilz –**, der nur mit anderen Speisepilzen verwechselt werden kann.

2 **Speisepilz – Anfängerpilz –**, der mit Pilzen verwechselt werden kann, die aus einem anderen Grund als Giftigkeit zum Verzehr ungeeignet sind.

3 **Speisepilz,** der mit **schwach giftigen Pilzen** verwechselt werden kann.

4 **Speisepilz,** der mit **gefährlich giftigen Pilzen** verwechselt werden kann.

SPEISEPILZE? sind mit einem weißen Fragezeichen in einem grünen Quadrat markiert.

Neben den Pilzarten, die wir in diesem Buch als Speisepilze vorstellen, werden in unserem Land auch noch andere Arten zum Verzehr genutzt. Das sind Pilze, die traditionell oder von bestimmten Pilzexperten als gute Speisepilze angesehen werden. Aus verschiedenen Gründen stellen wir den Wert dieser Arten als Speisepilze infrage und haben sie **nicht** unter die Speisepilze aufgenommen (weitere Einzelheiten auf S. 205–211).

KEIN SPEISEPILZ rotes oder gelbes Quadrat

Giftpilz

Eine große Anzahl von Pilzarten enthält von den Pilzen selbst produzierte Stoffe, die wir als Pilzgifte bezeichnen. Einen Pilz, der – für den Menschen und andere Säugetiere – schädliche Mengen solcher Stoffe enthält, bezeichnen wir als Giftpilz.

Gefährlich giftige Pilze, vor allem solche, die zellschädigende Stoffe oder große Mengen auf das Nervensystem einwirkender Stoffe enthalten, sind mit einem weißen Kreuz markiert.

Pilze, die aus anderen Gründen als wegen ihrer Giftigkeit nicht zum Verzehr geeignet sind

Der allergrößte Teil unserer Großpilze gehört in diese Gruppe. Die gesammelten Erfahrungen reichen nicht aus, um uns zu einer eventuellen Essbarkeit des Pilzes äußern zu können. Die Verwechslungskandidaten oder Doppelgänger, die wir auf diese Weise gelb markiert haben, gehören einer oder mehreren der folgenden vier Kategorien an:

1. **Unzureichend erforschter Pilz**
2. **Unappetitlicher Pilz**
3. **Wertloser Pilz** (in Bezug auf den Verzehr; zum Beispiel klein, dünnfleischig, zäh, geschmacklos)
4. **Essbarer, aber seltener bzw. gefährdeter Pilz** (HINWEIS: Kann jedoch in Ländern, in denen er stark verbreitet ist, als Speisepilz betrachtet werden.)

4 Spitz-Morchel *Morchella (elata) conica*

GRUPPE SEITE 31

Vermutlich aus dem Althochdeutschen „morhel“ (kleine Möhre) und gr. *konos* (Kegel oder Konus)

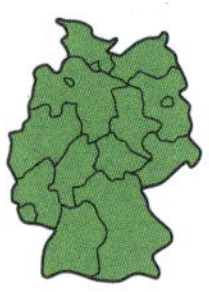

In Mitteleuropa haben die Morcheln dieser Gattung immer einen hohen Rang als Gourmetpilze gehabt. Auch in der älteren schwedischen Literatur wurden sie mit Zusätzen wie „echt“ oder „wohlschmeckend“ versehen. Demnach sind die Pilze dieser Gattung gemeint, wenn man von der Delikatesse „Morcheln“ spricht. Im übrigen Europa ist das auch heute noch so. Eigentlich nur in Schweden und Finnland hat die gefährliche Giftlorchel (siehe S. 52) noch eine Relevanz als Speisepilz.

Es gibt es mehrere Arten von Giftlorcheln. Sie sehen einander sehr ähnlich, sind aber schlecht erforscht. Es sind Fälle von Vergiftungen vorgekommen, aber die Ursachen wurden nicht festgestellt. Dem Anschein nach werden Beschwerden vor allem durch schlecht zubereitete Pilze verursacht. Die hier von uns beschriebene Art, die Spitz-Morchel, *M. elata* (Syn. *M. conica*), ist die häufigste und im ganzen Land verbreitet. Sie bildet Fruchtkörper, wenn sich der Frühling anschickt, in den Sommer überzugehen, aber das Vorkommen variiert von Jahr zu Jahr stark.

Spitz-Morchel

Die Speisepilze der Gattung *Morchella* sind Streuzersetzer und können sowohl in Laubwäldern und Nadelwäldern als auch auf offenem Kulturland wachsen. Oft findet man sie auf Wiesen und Weiden, in Parks und in Gärten. Sie wachsen auch an vor Kurzem verletzten Böden entlang von Forststraßen, neben Bauholzstapeln unter Rinden und Sägespänen sowie an Brandstellen. Die verschiedenen Morchella-Arten haben wahrscheinlich unterschiedliche Umgebungsanforderungen. Einige scheinen an kalkreichere Böden gebunden zu sein.

Wichtige Kennzeichen

- Der Hut bzw. die Mütze ist konisch, oft mit lang gezogener Spitze.
- Die Außenseite des Hutes besitzt ein sehr typisches Netzmuster mit tiefen Taschen zwischen erhöhten, längsverlaufenden Rippen. Die Unterkante des Hutes ist nach innen gefaltet und mit dem Stiel verwachsen.
- Sowohl der Hut als auch der Stiel sind hohl.
- Angenehmer Geruch.

Sammeln und Säubern

Drehen Sie die Fruchtkörper vorsichtig heraus, sie haben sprödes Fleisch, und schneiden Sie die erdige Stielbasis ab. Morcheln sind sowohl bei Schnecken als auch bei Insektenlarven begehrt. Schnecken können sich in der inneren Höhlung des Pilzes verstecken.

Zubereitung und Konservierung

Als bekannt wurde, dass die Giftlorchel ein tödliches Gift enthält, das beim Abkochen größtenteils verschwindet, war es naheliegend, auch bei der Morchel ein Abkochen zu empfehlen. Man hat in ihr jedoch nicht das Gift der Giftlorchel gefunden. Aber da Morcheln weiter erforscht werden müssen, ist der Pilzsammler gut beraten, wenn er sie mit einer gewissen Vorsicht handhabt und die Entwicklung verfolgt.

NAHESTEHENDER SPEISEPILZ

④ **Speise-Morchel** (unten)
Morchella esculenta

Diese Art hat einen runden (sphärischen) und hellbraunen Hut. Die Kammern sind unregelmäßig rundlich, und der Hut hat keine Längsrippen. Wächst weniger häufig in Parks, Gärten und auf grasigem Waldboden und bevorzugt vermutlich kalkhaltige Böden.

DOPPELGÄNGER

Morcheln können mit den Frühjahrs- und Vorsommerpilzen **Giftlorchel** und **Riesen-Lorchel**, die auf der nächsten Doppelseite vorgestellt werden, sowie mit den folgenden Arten verwechselt werden:

Fingerhut-Verpel
Verpa conica
Runzel-Verpel
Verpa (Ptychoverpa) bohemica

Diese Verpeln wachsen in der gleichen Jahreszeit wie die Morcheln. Dadurch, dass die Unterkante des Hutes frei, das heißt frei hängend, und der helle Stiel im Verhältnis zum Hut länger ist, lassen sie sich leicht von den Morcheln unterscheiden.

Da die Verpeln selten sind und ihr Speisewert unsicher ist – auch wenn sie in die Positivliste der DGfM aufgenommen worden sind – empfehlen wir sie nicht als Speisepilze.

Speise-Morchel

Speise-Morchel

Frühjahrs-Giftlorchel *Gyromitra esculenta* GRUPPE SEITE 31

Doppelgänger zu den Morcheln auf der vorigen Doppelseite:

Aus gr. *gyros* (Windung) und *mitra* (Mütze oder Zipfelkappe) und lat. *esculentus* (essbar)

Giftgehalt, Symptome, Behandlung usw. S. 229.

Die Frühjahrs-Giftlorchel, die von manchen als einer der größten Pilzleckerbissen betrachtet wird, hat in den letzten Jahren eine Neubewertung durchgemacht, die ihresgleichen sucht. Unser Wissen über die Art hat nämlich zugenommen. Somit ist nicht, wie man annehmen könnte, der Pilz giftiger geworden. Er ist die ganze Zeit gleich giftig gewesen.

Ein im Jahr 1994 von einer Gruppe aus sieben nordischen Lebensmitteltoxikologen erarbeiteter Bericht stellte fest, dass es angesichts der gegenwärtigen Kenntnisse „... wissenschaftlich vernünftig ist, den Verzehr von Frühjahrs-Giftlorcheln als für den Verbraucher bedenklich zu betrachten." Auf S. 206 finden Sie einen längeren Auszug aus ihrem Gutachten.

Wir raten sehr davon ab, die Frühjahrs-Giftlorchel als Speisepilz zu nutzen. Von Ausbildungs-, Ausstellungsleitern und Kursteilnehmern usw. ist uns ein Vergiftungsfall nach dem anderen beschrieben worden. Es ist vorgekommen, dass Menschen allein dadurch Vergiftungen erlitten haben, dass sie sich in Räumen mit frischen Frühjahrs-Giftlorcheln aufhielten. Frühjahrs-Giftlorcheln drinnen abzukochen oder eine längere Strecke in einem mit diesen Pilzen beladenen Auto zu fahren, kann geradezu gesundheitsgefährlich sein.

Wer es trotzdem darauf anlegt, unbedingt Frühjahrs-Giftlorcheln essen zu müssen, muss wissen, wie man sie so giftfrei wie möglich macht: Nachdem man die Frühjahrs-Giftlorcheln gesäubert und in Stücke geschnitten hat, legt man sie in einen Kochtopf mit kaltem Wasser. Aufkochen und mindestens 10 Minuten lang kochen lassen, während die Dunstabzugshaube mit maximaler Einstellung läuft. Die abgekochten Lorcheln in einen Durchschlag geben und erneut gemäß den Anweisungen oben mit reichlich kaltem Wasser abkochen.

Getrocknete Frühjahrs-Giftlorcheln sollten auf die gleiche Weise behandelt werden wie frische und zweimal abgekocht werden.

Wichtige Kennzeichen

- Der Hut hat eine unregelmäßige, runzlige Oberfläche, die an Hirnwindungen erinnert, und seine Farbe variiert von Hell- bis Dunkelbraun. Die Hutkante ist nach innen gefaltet und am Stiel angewachsen.
- Der Stiel ist heller als der Hut mit einem braunen, grauen oder violetten Ton.
- Sowohl der Hut als auch der Stiel sind im Querschnitt unregelmäßig gekammert.
- Der Geruch ist stark und wird von den meisten als angenehm betrachtet.

Die Frühjahrs-Giftlorchel kann potenziell in ganz Deutschland gefunden werden, bevorzugt aber bodensaure Gebiete wie zum Beispiel den Bayerischen Wald. Zwei bis drei Jahre alte Holzschläge, Wege, Forststraßen und Entrindungsplätze sind typische Fundstellen.

Die Frühjahrs-Giftlorchel ist ein Frühjahrspilz, der eine oder ein paar Wochen nach der Schneeschmelze auftaucht. Angaben, dass sie im Herbst Fruchtkörper bilde, sind sehr fraglich. Meist handelt es sich in diesen Fällen um der Frühjahrs-Giftlorchel ähnlich sehende Bischofsmützen (S. 206).

Frühjahrs-Giftlorcheln, weiße Form

Frühjahrs-Giftlorchel

Riesen-Lorchel

Gyromitra gigas

(Siehe auch S. 206)

Diese Art erinnert im Aussehen stark an die Frühjahrs-Giftlorchel. Es gibt keine Untersuchungsergebnisse, die darauf hindeuten, dass die Riesen-Lorchel das Gift Gyromitrin enthält. Von der Speisetauglichkeit her sollte die Riesen-Lorchel jedoch genauso betrachtet werden wie die Frühjahrs-Giftlorchel. Darüber hinaus ist die Riesen-Lorchel im zubereiteten Zustand geschmacklos, sodass sie auch vom Geschmack her nicht als Speisepilz betrachtet werden kann.

Die Hutkante hängt frei neben dem Stiel und ist nicht an diesem angewachsen (vgl. Frühjahrs-Giftlorchel).

Die Riesen-Lorchel hat ungefähr dasselbe Verbreitungsgebiet wie die Frühjahrs-Giftlorchel, kommt aber weniger häufig vor als diese und wächst bevorzugt auf oder in der Nähe von morschem Nadelholz.

Riesen-Lorchel

Riesen-Lorchel

3 Stachelsporige Mäandertrüffel

Choiromyces meandriformis

Aus gr. *choiros* (Schwein) und *mykes* (Pilz) sowie lat. *meandriformis* (in Windungen geformt)

In Deutschland ist der Pilz als Bauerntrüffel bekannt und hat in Süddeutschland seinen Verbreitungsschwerpunkt. Die Trüffel kann mithilfe von darauf abgerichteten Trüffelhunden aufgespürt werden.

In manchen Jahren kann sie in ihrem begrenzten Verbreitungsgebiet unter kleinen Erdhügeln oder teilweise sichtbar an der Erdoberfläche auf nacktem oder grasbewachsenem Lehmboden in Laubbaumgehölzen, Parks, Gärten sowie an Wegrändern und auf Ackerland vereinzelt angetroffen werden.

Stachelsporige Mäandertrüffel in einem Laubgehölz

Wichtige Kennzeichen

- Der kartoffelähnliche Fruchtkörper kann in der Größe von einer Frühkartoffel in der Hochsommerzeit bis zu einer richtig großen Backkartoffel variieren.
- Wenn man die Trüffel durchschneidet, sieht man, dass das weiße oder weißliche, feste Pilzfleisch in gewundenen Adern marmoriert ist.
- Reife Fruchtkörper verbreiten einen Geruch, der von verschiedenen Personen höchst unterschiedlich beschrieben wird. Manche nennen ihn stark und lieblich, andere absonderlich und ekelerregend. Der Mäandertrüffel ist in Deutschland nicht auf der Liste der empfohlenen Speisepilze.

Sammeln und Säubern

Da diese Trüffel meist gut an der Erdoberfläche zu sehen ist, sind sie leicht auszugraben. Unter fließendem Wasser abspülen und die erdige Außenschicht abschälen.

Zubereitung und Konservierung

Die Stachelsporige Mäandertrüffel wurde und wird heute noch als Würzpilz verwendet. Roh und in größeren Mengen kann der Verzehr des Pilzes aber Verdauungsstörungen unterschiedlicher Intensität verursachen. Der frische Pilz wird mit einer Raspel in Soßen und Suppen gerieben. Man kann die Trüffel auch in ziemlich dicken Scheiben trocknen und dann pulverisiert zum Würzen verschiedener Speisen nutzen.

NAHESTEHENDER SPEISEPILZ

③ Sommer-Trüffel

Tuber aestivum

Diese Gourmet-Trüffel wird in Deutschland in der Bundesartenschutzverordnung als besonders geschützte Art geführt und darf nicht gesammelt werden! Die Sommer- oder Burgunder-Trüffel ist an ihrer dunklen, braunschwarzen und rauen Außenhülle zu erkennen. Vermutlich ist sie kalkabhängig und wärmeliebend. Sie geht eine Mykorrhiza mit Buchen, Haseln, Eichen und weiteren Laubbäumen ein. Sie kann nur durch gezieltes Suchen, zum Beispiel mit Trüffelhunden, gefunden werden. Die Echten Trüffeln der Gattung Tuber entwickeln zur Reife sehr aromatische Düfte.

Sommer-Trüffel

Gelbbräunliche Wurzeltrüffel

Rötlichbrauner Kartoffelbovist

DOPPELGÄNGER

Es gibt mehrere ungenießbare falsche Trüffeln wie den ■ **Gemeinen Erbsenstreuling (Böhmische Trüffel)** (*Pisolithus*), die ■ **Hirschtrüffeln** (*Elaphomyces*), die ■ **Wurzeltrüffeln** (*Rhizopogon*), die ■ **Schleimtrüffeln** (*Melanogaster*) und die ■ **Kartoffelboviste** (*Scleroderma*). Erbsenstreulinge, Hirschtrüffeln und Kartoffelboviste bilden bei der Reife auffälligen Sporenstaub.

■ Gelbbräunliche Wurzeltrüffel

Rhizopogon obtextus

In sandigem Waldboden, bevorzugt unter Kiefern, wächst diese Art mit Ausnahme der Berge im ganzen Land ziemlich verbreitet. Durchgeschnitten ist der Sporen bildende Teil (die Gleba) schon bei den jungen Pilzen gelblich bis olivfarben. Am Ende wird das Innere grüngelb, locker und übel riechend.

■ Rötlichbrauner Kartoffelbovist

Scleroderma bovista

Die Art wächst in denselben Lebensräumen wie die Stachelsporige Mäandertrüffel, und ihr Inneres (die Gleba) wird in einem frühen Stadium dunkel. Der gesamten Gattung gemeinsam ist, dass die Arten schwach giftig sind und einen kleinen Basisteil mit kräftigen Myzelsträngen haben, die „Wurzel". Die Kartoffelboviste wachsen in der Regel oberirdisch.

1 Schweinsohr *Gomphus clavatus*

GRUPPE SEITE 31

Aus gr. *gomphos* (Pflock) und lat. *clavatus* (keulenförmig)

Früher wurde diese Art als „Keulenförmige Kraterelle" bezeichnet, aber ähnlich wie der Starkriechende Trompetenpfifferling wird sie heute nicht länger den Kraterellen zugeordnet. Das Schweinsohr war früher als Marktpilz geschätzt, ist heute in Deutschland aber nur noch an wenigen Stellen außerhalb der Nördlichen Kalkalpen anzutreffen. Elias Fries weist jedoch in seinem reich illustrierten Werk „Schwedens essbare und giftige Pilze" von 1865 darauf hin, dass die „keulenförmige Kraterelle" von der Speisetauglichkeit her mit dem Echten Pfifferling vergleichbar sei, der seiner Meinung nach jedoch ein zäheres Fleisch besitze.

Das Schweinsohr wächst als Mykorrhizapilz in kalkreichen Waldböden, in Gemeinschaft mit Buchen, Eichen, Fichten und Tannen. An seinen Wachstumsplätzen ist es oft in zahlreichen großen Gruppen, Reihen oder Hexenringen anzutreffen.

Wichtige Kennzeichen

- Das Schweinsohr ist kompakt, fleischig und ähnelt in seiner Form einer umgedrehten Birne, „aber mit mehr oder weniger schief abgeschnittenem Oberteil" (Bengt Cortin 1956).
- Die Farbe der Hutoberseite kann von mattgelben Tönen bis zu oliv- oder graulilafarbenen Nuancen variieren. Junge Exemplare sind meist tief blauviolett.
- Die Außenseite – oder Hutunterseite – ist zunächst fast glatt. An älteren Exemplaren sieht man runzlige oder netzaderige Leisten. Die Außenseite hat die gleiche Farbe wie die Hutoberseite, allerdings oft mit einem schönen rotvioletten Ton.
- Der Stiel ist kurz und kompakt.

Sammeln und Säubern

Das Schweinsohr lässt sich leicht sammeln, da die Fruchtkörper oft locker im Boden sitzen und zusammen in großen Gruppen wachsen. Lassen Sie jedoch die größeren Exemplare stehen, zum einen

Schweinsohren (oben), zusammen mit einem Korallenpilz wachsend, der an der Außenseite des Fruchtkörpers die gleiche schwach gelbviolette Farbe aufweist.

wegen der Sporenverbreitung, zum anderen, weil sie oft einen bitteren Geschmack haben.

HINWEIS: Das Schweinsohr ist eine Zeigerart für kalk- und krautreiche Laubwälder, und man sollte daher darauf Rücksicht nehmen, indem man mit Vorsicht sammelt und Fruchtkörper stehen lässt, damit sie ihre Sporen verbreiten können (weitere Einzelheiten auf S. 47).

Zubereitung und Konservierung

Das Schweinsohr lässt sich gut braten, für helle Soßen ist es weniger gut geeignet. Es hat einen milden Geschmack und ist gut mit anderen Pilzen zu kombinieren.

Eine gute Konservierungsmethode für das Schweinsohr ist das Trocknen, aber der Pilz muss in mehrere Stücke zerschnitten werden, weil er so fleischig ist.

DOPPELGÄNGER

Keine. Wer diesen sehr eigenen Pilz zu erkennen gelernt hat, wird ihn nie wieder vergessen oder mit einer anderen Art verwechseln.

Schweinsohren

2 Toten- oder Herbsttrompete

GRUPPE SEITE 32

Craterellus cornucopioides

Aus gr. *krater* (Becher) und lat. *cornucopioides* (füllhornähnlich)

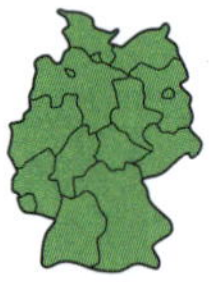

Trotz ihres eher düsteren Aussehens ist die Totentrompete ein guter Speisepilz, der von vielen sogar als einer der besten Speisepilze betrachtet wird. So leicht dieser Pilz wiederzuerkennen ist, so schwer kann er zwischen vorjährigem Laub und Gras zu entdecken sein, wo er in großen Gruppen bei Buchen als Mykorrhizapilz wächst. Am häufigsten kommt er in Laub- und Mischwäldern vor, meist auf etwas fruchtbareren Böden, aber auch in moosreichen Nadelwäldern.

Wichtige Kennzeichen

- Abhängig vom Feuchtigkeitsgrad kann die tief trichterförmige und mit Schüppchen besetzte behaarte Hutoberseite, die Innenseite des Fruchtkörpers, farblich stark variieren: blauschwarz in feuchtem und graubraun in trockenem Zustand.
- Die Unterseite des Hutes, das heißt die Außenseite des Fruchtkörpers, ist blaugrau bis grauschwarz und runzlig mit schwachen Adern.
- Der unterste Teil des hohen Stiels ist schwarz und hat eine holzige Konsistenz.
- Das Pilzfleisch ist dünn und etwas zäh, filzartig.

Sammeln und Säubern

Beim Sammeln von Herbsttrompeten ist der Einsatz einer Haushaltsschere sinnvoll. Schneiden Sie den Pilz gleich oberhalb des schwarzen unteren Stielteils ab. Entfernen Sie beim groben Vorsäubern in einem Durchgang gründlich Gras und Laub. Die Totentrompete wird selten von Insektenlarven oder Schnecken befallen. Hingegen können sich unten im Trichter oft kleine Eier, Schnecken und anderes Kleingetier befinden. Daher sollten Sie bei der Feinsäuberung den Trichter aufreißen oder -schneiden, um nachzusehen.

Nach Frost oder einer Trockenperiode mit anschließendem Regen kann man Exemplare finden, die eine sehr schlaffe Konsistenz besitzen. Vermeiden Sie es, diese alten Pilze zu sammeln, es kann bereits eine Fäulnis eingesetzt haben.

Zubereitung und Konservierung

Zur Essenszubereitung wird der gesamte Fruchtkörper ohne den unteren, schwarzen und holzigen Teil des Stiels genutzt. Große Pilze werden in sechs bis sieben Stücke zerteilt. Die Totentrompete passt zu vielen Gerichten, entweder separat oder mit anderen Pilzen kombiniert. Wir bevorzugen sie in braunen oder weißen Soßen, wo ihr würziger Geschmack zur Geltung kommt. Besonders aromatisch wird die weiße Soße, wenn sie bei schwacher Hitze köcheln darf, gern bis zu 30 Minuten.

Man kann die Herbsttrompete sowohl einfrieren als auch einmachen, aber dann am besten zusammen mit einem anderen schmackhaften Pilz.

Die einfachste und vielleicht gängigste Art und Weise, Totentrompeten zu konservieren, ist jedoch das Trocknen. Dazu brauchen sie nicht in Stücke geschnitten, sondern nur in zwei Hälften zerteilt werden. Der getrocknete Pilz hat einen sehr intensiven Geschmack, der – wenn man ältere Fruchtkörper genommen hat – fast bitter sein kann. Die Einweichzeit beträgt 15–20 Minuten, und man kann das Einweichwasser wegschütten, wenn man einen etwas milderen Geschmack möchte.

Wie der Trompetenpfifferling kann diese Art getrocknet und pulverisiert als Gewürz in Soßen, Suppen usw. verwendet werden.

Toten- bzw. Herbsttrompete

DOPPELGÄNGER

Die Totentrompete kann lediglich mit zwei weiteren essbaren Leistlingsarten verwechselt werden: der **Grauen Kraterelle** und der ■ **Krausen Kraterelle** (S. 63), die früher auch Kleine Kraterelle genannt wurde. Beide wachsen gern bei Buchen in Laubwäldern – oft zusammen mit der Totentrompete –, aber beide Arten haben auf der Außenseite des Hutes Leisten, so wie normale Pfifferlinge.

■ Graue Kraterelle

Craterellus cinereus

Wächst auf nährstoffreichen Laubwaldböden. Auf der Hutunterseite sind die typischen, gegabelten „Pfifferlingsleisten" zu sehen, die sie von der Totentrompete unterscheiden, die ja nur schwach geädert ist.

Auf dem Kontinent, zum Beispiel in Frankreich, kommt die Graue Kraterelle häufig vor und ist ein geschätzter Speisepilz. Bei uns ist sie hingegen sehr selten, weshalb wir die Graue Kraterelle nicht als Speisepilz betrachten.

② Starkriechender Trompetenpfifferling *Cantharellus lutescens*

GRUPPE SEITE 32

Aus lat. *cantharum* (Bäcker) und *lutescens* (gilbend)

Der Starkriechende Trompetenpfifferling erinnert stark an den Trompetenpfifferling und kann leicht mit ihm verwechselt werden. Das spielt jedoch keine Rolle, weil beide gute Speisepilze sind. Die wichtigsten Unterschiede im Aussehen sind, dass dem Starkriechenden Trompetenpfifferling die Leisten auf der Hutunterseite fehlen und dass er nicht dieselbe scharfe Grenze zwischen Hymenium und Stiel hat wie der Trompetenfifferling. Der Starkriechende Trompetenpfifferling wächst in der Regel auf etwas feuchteren Böden, zum Beispiel zwischen Moos an Sumpfrändern, und er scheint etwas größere Nährstoffansprüche zu haben als der Trompetenpfifferling. Der Starkriechende Trompetenpfifferling wächst mit Kiefern zwischen Flechten auf Kalkgrund. Ähnlich wie der Trompetenpfifferling findet man ihn in großen Ansammlungen, oft massenweise auf mehrere Quadratmeter großen Flächen.

Wichtige Kennzeichen

- Die Hutoberseite ist mit Schüppchen besetzt und rotbraun bis gelbbraun. Bei ausgewachsenen Fruchtkörpern ist die Hutkante dünn und unregelmäßig gewellt bis kraus.
- Die Hutunterseite ist hellgelb bis orange und kontrastiert stark mit der dunkleren Oberseite. Die gegabelten Leisten sind undeutlich und weniger ausgeprägt als beim Trompetenpfifferling.
- Der hohle Stiel ist gelb bis goldgelb. Kein scharfer Farbkontrast zwischen Hymenium und Stiel.
- Der Geruch ist charakteristisch, angenehm fruchtig wie nach Aprikosen.

HINWEIS: Dem Starkriechenden Trompetenpfifferling kann ein Farbpigment fehlen. Deshalb sieht man manchmal in einem Gebiet mit normal gefärbten Fruchtkörpern kleinere Gruppen von Fruchtkörpern, die hellgelb oder einfarbig grauschwarz sind.

Starkriechender Trompetenpfifferling

Sammeln und Säubern

Beachten Sie noch einmal, dass der Starkriechende Trompetenpfifferling oft an Sumpfrändern wächst, einem Lebensraum, wo sonst nur wenige Speisepilze zu finden sind. Der Starkriechende Trompetenpfifferling ist zudem schwer zu entdecken, weil er gern an schattigen Stellen zwischen Restholz und Sträuchern wächst, oft tief unten im Moos. Man sieht häufig nur die braunen Hüte, die welkem Laub ähneln. Wie beim Trompetenpfifferling und der Totentrompete ist beim Sammeln des Starkriechenden Trompetenpfifferlings der Einsatz einer Haushaltsschere sinnvoll. Das Einzige, was man entfernen muss, ist nämlich die erdige Stielbasis. Ziehen Sie große Fruchtkörper in zwei Hälften auseinander und bürsten Sie das Trichterinnere sauber.

Hat man eine Stelle gefunden, so gilt es, im näheren Umkreis zu suchen und dann während der Saison dieselbe Stelle noch ein paar Mal aufzusuchen. Eine einzige Stelle kann sehr ergiebig sein.

Der Starkriechende Trompetenpfifferling kann sich nach dem Sammeln mehrere Tage lang frisch halten, wenn er luftig und kühl aufbewahrt wird.

Zubereitung und Konservierung

Bei der Essenszubereitung wird der ganze Fruchtkörper verwendet. Ein Fruchtkörper von normaler Größe wird in 3–4 Stücke zerteilt. Der Starkriechende Trompetenpfifferling hat einen milden, feinen Geschmack und passt zu vielen Gerichten, entweder separat oder mit anderen Pilzen kombiniert. Das Gericht sieht zudem schön aus, weil der rotgelbe Stiel und die Hutunterseite meist ihre helle Farbe behalten.

Dieser dünnfleischige Pilz lässt sich am besten durch Trocknen konservieren. Gehen Sie hierzu so vor wie unter Totentrompete beschrieben, S. 59.

DOPPELGÄNGER

Neben dem Trompetenpfifferling (siehe nächste Doppelseite) kann die folgende, ungenießbare Art mit dem Starkriechenden Trompetenpfifferling verwechselt werden:

Grüngelbes Gallertkäppchen

Leotia lubrica

Diese Art ähnelt jungen Exemplaren sowohl des Starkriechenden Trompetenpfifferlings als auch des Trompetenpfifferlings. Das Grüngelbe Gallertkäppchen hat jedoch eine geleeartige Konsistenz, und der Hut ist eine bucklige Mütze mit eingerollter Kante ohne Leisten auf der Unterseite. Es hat auch keine trichterähnliche Form. Das Grüngelbe Gallertkäppchen ist zäh und unappetitlich, aber vermutlich nicht giftig. Es wächst oft auf feuchten Waldböden, manchmal zusammen mit dem Starkriechenden Trompetenpfifferling und dem Trompetenpfifferling. In manchen Jahren kommt das Grüngelbe Gallertkäppchen sehr häufig vor.

2 Trompetenpfifferling

GRUPPE SEITE 32

Cantharellus tubaeformis

Aus lat. *cantharum* (Bäcker) und *tubaeformis* (trompetenförmig)

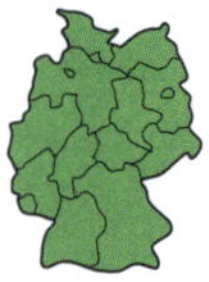

Der Trompetenpfifferling fühlt sich auf mäßig sauren (niedriger pH-Wert) Waldböden wohl und ist heute in den meisten Nadelwäldern häufig anzutreffen.

Der Trompetenpfifferling zeigt sich im Spätherbst, das heißt, später als der Echte Pfifferling, und wird deshalb im Volksmund auch Herbstpfifferling genannt.

Wichtige Kennzeichen

- Die Farbe der Hutoberseite variiert von hellem Graubraun bis Braunschwarz. Der Hut ist tief genabelt oder trichterförmig und hat auf der Unterseite deutliche, entferntstehende und gegabelte „Pfifferlings"-Leisten, die bis zum Stiel hinunterlaufen.
- Zu Anfang ist die Hutunterseite gelb, später wird sie grau. Ältere Fruchtkörper haben einen weißen Sporenüberzug auf den Leisten, und die Grenze zwischen dem grauen Hymenium und dem gelben Stiel ist deutlicher ausgeprägt.
- Der schmale Stiel ist hohl und braungelb bis gelb, wobei das Gelb zur Basis hin am intensivsten ist.
- Das Pilzfleisch ist dünn, hellgelb bis braungelb.

HINWEIS: Dem Trompetenpfifferling kann ein Farbpigment fehlen. Deshalb kann man manchmal kleinere Gruppen von Fruchtkörpern sehen, die vollkommen gelb oder einfarbig grauschwarz sind.

Sammeln und Säubern

Der Trompetenpfifferling ist schwer zu entdecken, aber wo man einmal einige gefunden hat, findet man bald noch mehr. Er wächst oft in großen Mengen – manchmal als ganze Matten – zwischen Heidelbeersträuchern und Moos. Beim Sammeln von Trompetenpfifferlingen ist der Einsatz einer Haushaltsschere sinnvoll. Lassen Sie die ältesten Exemplare im Wald stehen. Sie haben oft etwas von ihrem feinen Geschmack verloren und können sogar bitter schmecken.

Diese Spätherbstdelikatesse kann man sehr gut in gefrorenem Zustand sammeln, muss sie dann aber sofort verarbeiten, wenn man ins Warme kommt. Trompetenpfifferlinge, die gefroren waren und aufgetaut sind, eignen sich nicht zum Trocknen, können aber ansonsten ganz normal verwendet werden, sofern sie noch festfleischig und nicht zersetzt sind. Trompetenpfifferlinge, die nicht gefroren waren, halten sich nach dem Sammeln mehrere Tage lang frisch, wenn sie kühl und luftig aufbewahrt werden.

Zubereitung und Konservierung

Bei der Essenszubereitung wird der ganze Fruchtkörper verwendet. Meist zerteilt man einen Trompetenpfifferling von normaler Größe in 3–4 Stücke. Wenn er trocken ist, kann man beim Vordünsten etwas Wasser hinzufügen.

Auch wenn der Trompetenpfifferling nicht genauso geschmacksintensiv ist wie der Echte Pfifferling, rechnen wir ihn zu den Würzpilzen, vor allem nach der Trocknung. In Gebieten mit hoher Cäsiumbelastung können Trompetenpfifferlinge mit 3 000 Bq/kg teils deutlich über dem amtlichen Grenzwert von 600 Bq/kg liegen.

Am einfachsten und besten werden Trompetenpfifferlinge durch Trocknen konserviert. Mittelgroße und große Exemplare werden vor dem Trocknen zerteilt. Wie andere Pilze hat der Trompetenpfifferling nach dem Trocknen einen intensiveren Geschmack. Getrocknete Trompetenpfifferlinge müssen vor dem Zubereiten nicht mehr als 15–20 Minuten eingeweicht werden. Getrockneter und pulverisierter Trompetenpfifferling ist ein ausgezeichnetes Pilzgewürz in Suppen, Soßen, Eintöpfen und Pasteten.

DOPPELGÄNGER

In einigen beachteten Fällen ist es vorgekommen, dass Personen, die in der Natur Trompetenpfifferlinge sammeln wollten, aus Zufall oder völliger Unkenntnis den tödlich giftigen **Spitzgebuckelten Raukopf** (S. 231) gesammelt haben. Dieser wächst in der gleichen Art von Waldboden wie der Trompetenpfifferling, aber diese Pilze ähneln einander kaum. Denken Sie daran, dass eine Trompete eine Trompete ist und ein Buckel ein Buckel! Der Name beschreibt das Aussehen.

Neben dem **Starkriechendem Trompetenpfifferling** (S. 60) können das **Grüngelbe Gallertkäppchen** (S. 61), die **Graue Kraterelle** (S. 59) sowie die folgenden beiden Arten als Doppelgänger des Trompetenpfifferlings betrachtet werden:

Krause Kraterelle

Craterellus sinuosus

Diese Art wächst auf humusreichen Böden vor allem bei Eichen und Haseln. Sie ist essbar, sollte aber stehen gelassen werden, da sie so selten ist. Die Krause Kraterelle ist graubraun und an der krausen Hutkante und der blaugrauen, schwach geäderten Hutaußenseite zu erkennen. Sie wächst oft in dichten Ansammlungen (siehe auch S. 59).

Krause Kraterelle

Goldblättriger Gelbnabeling

Chrysomphalina chrysophylla

Erinnert von oben an den Trompetenpfifferling, aber auf der Hutunterseite sitzen entferntstehende und ungegabelte goldgelbe Lamellen. Der Goldblättrige Gelbnabeling wächst oft in kleinen Ansammlungen auf morschen Baumstümpfen und ist kein Speisepilz. In Deutschland wird die Art als stark gefährdet eingestuft.

Goldblättriger Gelbnabeling

② Echter Pfifferling *Cantharellus cibarius*

GRUPPE SEITE 32

Aus lat. *cantharum* (Bäcker) und *cibarius* (Essen oder Nahrung)

Unser beliebtester Speisepilz, der den meisten Pilzfreunden wohlbekannt ist. Kein anderer Speisepilz hat so lange Saison – vom Vorsommer bis weit in den Spätherbst. Der Echte Pfifferling wächst in vielen verschiedenen Waldarten: Buchenwälder, Mischwälder, reine Fichtenwälder und Birken-Gebirgswälder.

Da der Echte Pfifferling leicht zu erkennen und zu finden ist, ist es nicht so verwunderlich, dass er allgemein beliebt ist. Zudem wird er selten von Maden befallen. Manchmal kann man jedoch in Echten Pfifferlingen große orangefarbene harte Larven finden. Das fertig entwickelte Insekt ist ein Käfer, Eucnemis capucina.

Am bedeutendsten für die Beliebtheit des Echten Pfifferlings ist aber wohl sein würziges Aroma.

Jedoch scheinen nicht alle gleich enthusiastisch gewesen zu sein. Einar Ingelström (1935) sagt: „Durch schöne Farbe, ausgesuchten Duft und Fehlen jeglichen Insektenbefalls ist er unleugbar eine

Echte Pfifferlinge

sympathische Bekanntschaft – aber als kulinarische Kost betrachtet zweifellos ein wenig überbewertet." Dies führte dazu, dass der Pilz nur zwei Sterne erhielt.

Wichtige Kennzeichen

- Die Unterseite des Hutes hat gegabelte Leisten, die am Stiel herablaufen.
- Das Fleisch ist gelbweiß.
- Pfeffrig-scharfer Geschmack im Rohzustand und ein ganz besonderer Duft, der auf viele verschiedene Arten beschrieben werden kann: zum Beispiel als der Geruch von getrockneten Aprikosen oder eines neuen Wettex-Schwammtuchs. Er ist auch mit dem Duft der Haut nach dem Sonnenbaden im Solarium verglichen worden. Aber die beste Beschreibung ist vielleicht ganz einfach die, dass er nach Pfifferling riecht!

Sammeln und Säubern

Echte Pfifferlinge benötigen viel Regen und wachsen verglichen mit den meisten anderen Speisepilzen ungewöhnlich langsam. Vor allem diejenigen, die früh im Sommer erscheinen, können das Wachstum unterbrechen, wenn eine Trockenperiode kommt.

Der Echte Pfifferling ist leicht zu säubern. Selten muss mehr als die erdige Stielbasis entfernt werden. Der Echte Pfifferling hält sich nach dem Sammeln mehrere Tage lang frisch, wenn er kühl und luftig aufbewahrt wird.

Zubereitung und Konservierung

Viele sind der Ansicht, dass der Pilz so eigentümlich und schmackhaft sei, dass er für sich zubereitet werden solle, am besten in Butter gebraten und nur mit etwas Salz gewürzt. Andere behaupten, dass der leicht scharfe Geschmack sich am besten in Mischpilzgerichten mache.

Getrocknete Echte Pfifferlinge sind oft hart oder etwas zäh und haben einen zu intensiven Geschmack, der dann als zu scharf oder bitter empfunden wird. Deshalb stellt man entweder Konserven her oder friert die geputzten oder gleich zubereiteten Pilze ein.

Weiße Pfifferlinge

Es scheint in der Gattung Cantharellus nicht ganz ungewöhnlich zu sein, dass ein bestimmtes Farbpigment, zum Beispiel Gelb oder Schwarz, fehlt. Das Phänomen sorgt stets für Aufmerksamkeit.

Weißer Pfifferling

Manchmal kann man eine Gruppe von Pfifferlingen antreffen, die eine viel hellere Farbe haben als üblich. Sie können fast völlig weiß sein, das heißt, ihnen fehlt das gelbe Farbpigment. Das ist eine Albinoform des Echten Pfifferlings, die jedoch riecht und schmeckt wie die normale Farbvariante.

„Gebirgspfifferling"

Die in den Gebirgsgebieten gesammelten Pfifferlinge werden im Volksmund „Gebirgspfifferlinge" genannt und weichen in ihrer Form etwas von den Pfifferlingen aus anderen Teilen des Landes ab. Gebirgspfifferlinge sind oft weniger fleischig und haben einen etwas längeren und schmaleren Stiel. In geschmacklicher Hinsicht sind die beiden Formen völlig vergleichbar.

Gebirgspfifferling

DOPPELGÄNGER

Die einzigen Doppelgänger sind der **Blasse Pfifferling** (nächste Seite), der essbare **Orangefarbene Wiesen-Ellerling** (S. 114), der ■ **Wald-Schneckling** (S. 115) und die folgenden Arten:

■ Violettschuppiger Pfifferling

Cantharellus amethysteus

Diese Varietät des Echten Pfifferlings (einige Mykologen sind der Ansicht, dass er eine eigene Art bildet) unterscheidet sich dadurch von unseren „normalen" Pfifferlingen, dass die Hutkante krauser ist, ältere Fruchtkörper Schüppchen auf der Hutoberseite haben und die Farbe stellenweise mehr oder weniger lila (amethystfarben) ist.

Der Violettschuppige Pfifferling, der wärmeliebend ist und auf dem Kontinent relativ häufig vorkommt, ist in Laubwäldern angetroffen worden, vor allem in Gemeinschaft mit Buchen, Haseln und Birken. Er ist vermutlich mit dem normalen Pfifferling verwechselt worden und kommt daher sicherlich häufiger vor, als man zunächst geglaubt hat. Der Speisewert entspricht dem des Echten Pfifferlings.

■ Falscher Pfifferling

Hygrophoropsis aurantiaca

Weitere Namen dieser Art sind Orangegelber Gabelblättling und Orangebrauner oder Gemeiner Afterleistling. Dass er in die Nähe der Trichterlinge gerückt wurde, liegt an seinem trichterartigen Aussehen und den dünnen, dichten Lamellen. Die Lamellen sind wie beim Echten Pfifferling gegabelt und meist orange. Die Hutoberseite der jungen Fruchtkörper ist fein filzig gelb oder orange und bisweilen etwas dunkler mit einem braunen Ton, den auch der dünne Stiel aufweisen kann. Der Geruch ist schwach, und das Fleisch ist dünn, weich und gelbrot bis blassgelb mit mildem Geschmack.

Der Falsche Pfifferling, der trotz seines Namens nicht zu den Pfifferlingen gehört, wächst oft auf Baumstümpfen, anderen Holzresten und auf Holzschnitzeln an Trimm-dich-Pfaden. Er ist also ein Holzzersetzer. Der Pfifferling wächst ja, wie Sie wissen, in Gemeinschaft mit Bäumen in einer Symbiosebeziehung. Sie haben also unterschiedliche Lebensweisen, und die Lebensbedingungen, die den Echten Pfifferling begünstigen, scheinen für den Falschen Pfifferling nachteilig zu sein; Gleiches gilt auch umgekehrt.

Der Falsche Pfifferling ist nicht als Giftpilz bekannt, aber er ist auch kein Speisepilz, unter anderem, weil er geschmackslos ist.

Violettschuppiger Pfifferling

Falscher Pfifferling

Großporiger Afterleistling

Eine Form des Falschen Pfifferlings hat eine blassere Farbe, vor allem an den Lamellen, und wird zeitweise als eigene Art betrachtet: der ■ **Großporige Afterleistling**, *H. pallida*. Im Aussehen erinnert er am ehesten an sehr dünne Exemplare des **Blassen Pfifferlings** (nächste Seite), und er wächst meist in ausgetrockneten Senken auf Grasland und in bewaldeten Niedermooren mit Torfmoos. Er ist im ganzen Land weniger verbreitet.

2 **Blasser Pfifferling** *Cantharellus pallens*

GRUPPE SEITE 32

Aus lat. *cantharum* (Bäcker) und *pallens* (blass)

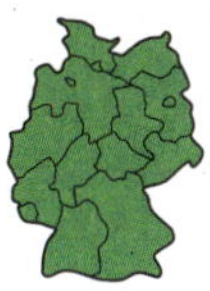

Der Blasse Pfifferling ist ziemlich leicht vom Echten Pfifferling zu unterscheiden. Dennoch dauerte es bis zu den 1970er-Jahren, bis er einen eigenen systematischen Status erhielt. Davor sprach man stattdessen von einer frühen Form des Echten Pfifferlings, der im Juli–August erscheine und Sommerpfifferling oder Hasel-Pfifferling (*Cantharellus corylus*) genannt wurde. Heute wird er als eigene Art angesehen.

Der Blasse Pfifferling wächst gern in Büscheln oder kleinen Gruppen und stets in Gemeinschaft mit Laubbäumen, zum Beispiel Buchen, Eichen und Haseln. Oft wachsen Leberblümchen und Blasse Pfifferlinge auf denselben Böden. Beide Arten benötigen nährstoffreiche Erde.

Blasser Pfifferling

Wichtige Kennzeichen, die den Blassen Pfifferling vom Echten Pfifferling unterscheiden:

- Der gesamte Fruchtkörper ist kräftiger, bei jungen Exemplaren pflockähnlich, mit kurzem und dickem Stiel.
- Die Hutkante bleibt lange eingerollt – das heißt, auch bei älteren Fruchtkörpern.
- Die Hutoberseite ist blassgelb bis weißlich. Er bekommt bei Druck und bei Trockenheit gelbe Flecken.

Sammeln, Säubern, Zubereitung und Konservierung

Siehe Echter Pfifferling, S. 64. Wir betrachten den Echten Pfifferling und den Blassen Pfifferling in Geschmack und Speisewert als gleichwertig.

DOPPELGÄNGER

Neben dem **Echten Pfifferling** (S. 64) können sowohl ein essbarer, aber seltener Schneckling, der ■ **Wald-Schneckling** (S. 115), als auch der ■ **Großporige Afterleistling** (vorige Seite) dem Blassen Pfifferling ähneln.

2 Semmel-Stoppelpilz *Hydnum repandum* GRUPPE SEITE 32

Aus gr. *hydnon* (ursprüngliche Bedeutung „Trüffel", aber später auf Stoppelpilze übertragen) und lat. *repandus* (nach oben gebogen)

Der Semmel-Stoppelpilz ist schmackhaft, selten von Maden befallen, leicht zu erkennen, hat keine gefährlichen Doppelgänger, ist im ganzen Land häufig anzutreffen und wächst in ungewöhnlich vielen verschiedenen Lebensräumen. All dies erklärt, warum der Semmel-Stoppelpilz ein beliebter Speisepilz ist.

Im Buchenwald, in Mischwäldern und reinen Nadelwäldern kann man den Semmel-Stoppelpilz in Gruppen oder langen Reihen wachsend antreffen. Der Stoppelpilz, den man in den Bergen sammelt, sieht oft ein wenig anders aus. Der Hut ist schlecht entwickelt und der Fruchtkörper besteht zum größten Teil aus einem langen und kräftigen Stiel.

Eine weitere Eigenschaft, die den Semmel-Stoppelpilz so beliebt macht, ist, dass er eine lange Saison hat; man kann ihn oft zusammen mit dem Trompetenpfifferling bis weit in den Spätherbst sammeln.

Wichtige Kennzeichen

- Der gesamte Fruchtkörper hat ein und dieselbe Farbe, die von reinweiß über blass sämischlederfarben, manchmal mit schwach rosafarbenen Akzenten, bis schwach rotgelb variiert. Die Hutoberseite ist stumpfmatt.
- Die spröden Stacheln auf der Hutunterseite reichen (üblicherweise) ein Stück weit den Stiel hinunter. Die Stacheln sind bei älteren Fruchtkörpern am sprödesten.
- Das Pilzfleisch hat einen etwas scharfen Geschmack, der bei der Zubereitung verschwindet.

Sammeln und Säubern

Der Semmel-Stoppelpilz ist leicht zu säubern. Drehen Sie den Fruchtkörper heraus und schneiden Sie die erdige Stielbasis ab. Die Stacheln ausgewachsener Exemplare kann man abschaben oder abbürsten, bei jüngeren Exemplaren hingegen müssen sie nicht entfernt werden. Alte und große Fruchtkörper können etwas bitter schmecken.

Semmel-Stoppelpilze wachsen oft in langen Reihen in moosigen Fichtenwäldern.

Lassen Sie deshalb die allergrößten stehen. Das spröde Pilzfleisch ist in Hut und Stiel von gleicher guter Qualität.

Zubereitung und Konservierung

Semmel-Stoppelpilze sind sehr schmackhaft und können entweder für sich oder zusammen mit anderen Pilzen zubereitet werden, wir schlagen den Echten Pfifferling vor (50/50). Wir finden, dass Semmel-Stoppelpilze sich am besten zum Tiefgefrieren oder Einmachen eignen. Getrocknete Semmel-Stoppelpilze haben ein kräftiges Aroma, das leicht für einen bitteren Nachgeschmack sorgt. Sie lassen sich auch gut in Essig einlegen, einsalzen oder silieren (einsäuern). Semmel-Stoppelpilze gehören seit dem Unglück in Tschernobyl zu den am stärksten belasteten Speisepilzen. Je nach Region können die amtlichen Grenzwerte von 600 Bq/kg um das Fünffache überschritten werden.

DOPPELGÄNGER

Es gibt ein paar Stachelpilze, die mit dem Semmel-Stoppelpilz verwechselt werden können, nämlich der nahestehende Speisepilz **Rotgelber Stoppelpilz** und der ■ **Weiße Stoppelpilz**, *Hydnum albidum*. Letzterer ist komplett weiß und wächst selten mit Kiefern auf Kalkböden. Er hat eine kompaktere Form als der Semmel-Stoppelpilz und dichtere Stacheln, die nicht auf den Stiel herablaufen.

NAHESTEHENDER SPEISEPILZ

① Rotgelber Stoppelpilz

Hydnum rufescens

Dieser Stachelpilz wird als ein etwas schlechterer Speisepilz als der Semmel-Stoppelpilz betrachtet. Zum einen, weil er etwas bitter sein kann, zum anderen, weil er weniger fleischig ist.

Die Hutoberseite des Rotgelben Stoppelpilzes ist meist dunkler als die Stacheln und der Stiel, und die Stacheln reichen nicht bis auf den Stiel herab, sondern lassen eine freie Zone zwischen Hut und Stiel. Wächst meist einzeln in kleinen, spärlichen Gruppen und ist sowohl in Nadel- als auch in Laubwäldern im ganzen Land anzutreffen.

Es ist folglich nicht so einfach, den Unterschied zwischen diesen beiden Stoppelpilzen zu sehen, aber sollte man sich vertun, so schadet das nichts. Beide sind schließlich Speisepilze.

Rotgelber Stoppelpilz

2 Habichtspilz *Sarcodon imbricatus*

Aus gr. *sarxos* (Fleisch) und lat. *imbricatus* (mit ziegelartig angeordneten Schuppen)

Während des Zweiten Weltkriegs erlebte der Habichtspilz einen Aufschwung als Speisepilz. Zu dieser Zeit, als vieles rationiert war, galt es, Fantasie zu haben und zu tun, wie es in dem berühmten Cajsa-Warg-Zitat empfohlen wird: „Man nimmt, was man hat." Pilze und Pilzesammeln waren sehr beliebt, und in den Zeitungen wurden zahlreiche Rezepte abgedruckt. Es galt, sichere Speisepilze zu empfehlen, die fast unmöglich mit irgendeinem gefährlichen Giftpilz zu verwechseln waren, und der Habichtspilz ist ein solcher Pilz. Darüber hinaus ist er groß und fleischig und selten von Insekten und Schnecken befallen.

In den meisten Pilzbüchern jüngeren Datums erhält der Habichtspilz keine positiven Bewertungen als Speisepilz. Irgendwie hat der Krisenzeit-Stempel seine Spuren an dem Pilz hinterlassen, was unserer Meinung nach ein wenig ungerecht ist. Wenn der Habichtspilz gesammelt wird, bevor er allzu alt ist, und auf die richtige Weise zubereitet wird, ist er ein durchaus verwendbarer Speisepilz, mit dem man schmackhafte Speisen zubereiten kann.

Der Habichtspilz wächst in großen Ringen und Reihen und ist in Fichtenwäldern besonders in Süddeutschland im Alpen- und Voralpenland anzutreffen.

Wichtige Kennzeichen

- Die Grundfarbe von Hut, Stacheln und Stiel ist Grau, ältere Fruchtkörper haben einen braunen Einschlag.
- Die Hutoberseite ist graubraun mit derben, braunen Schuppen, die an der Spitze am dunkelsten sind. Sie erinnerten die Namengeber an das Federkleid von Habichten. Ausgewachsene Fruchtkörper haben eine imposante Hutbreite von 20–30 cm.
- Das Pilzfleisch ist zunächst weißgrau, bei älteren Exemplaren grau bis graubraun. Der Geschmack

des jungen Pilzes ist mild, bei älteren Exemplaren scharf bis bitter. Der Geruch ist schwach und angenehm.

Sammeln und Säubern

Es ist leicht, an einer einzigen Fundstelle einen ganzen Pilzkorb mit Habichtspilzen zu füllen. Wie große Exemplare man sammeln sollte, richtet sich danach, wofür sie verwendet werden sollen. Um sie ohne Abkochen zu braten, müssen es kleine junge Exemplare mit einem Hutdurchmesser von weniger als 10 cm sein. Wenn sie gekocht und eingelegt werden sollen, kann man auch größere Fruchtkörper sammeln. Weder Insektenlarven noch Schnecken scheinen sich für den Habichtspilz zu interessieren.

Zubereitung und Konservierung

In älteren Pilzbüchern, in die der Habichtspilz als Speisepilz aufgenommen wurde, wird häufig betont, dass er nicht mit anderen Pilzen kombiniert werden dürfe. Nils Suber (1950) schreibt Folgendes über den Habichtspilz: „Es kann indes nicht oft genug darauf hingewiesen werden, dass der Habichtspilz einen so intensiven und eigentümlichen Geschmack hat, dass schon ein geringer Teil Habichtspilz in einer Mischung bewirkt, dass das Aroma eines anderen Pilzes nicht zu seinem Recht kommt."

Wenn man einmal jungen Habichtspilz gegessen und ihn für schmackhaft befunden hat, kann man ihn natürlich beim nächsten Mal probeweise mit anderen milden Pilzen mischen. Wir finden, dass er gebraten am besten schmeckt, vorzugsweise mit gelben Gemüsezwiebeln. Zusammen mit einigen Kartoffeln ergibt dies ein gutes Pfannengericht.

Eine klassische Art, Habichtspilze zu nutzen, besteht darin, sie auf die gleiche Weise einzulegen, wie man es mit Hering in Essiglake tut: mit roten Zwiebeln, Lorbeerblättern, Dill, Zucker, Nelkenpfeffer und Salz. Zunächst müssen die Pilze jedoch gesäubert, in große Stücke geschnitten und abgekocht werden. Die Pilze sollten mindestens ein paar Tage in der Essiglake bleiben, bevor man sie verzehrt.

Man kann Habichtspilze auch in Streifen trocknen, die dann zu einem geschmacksintensiven Pilzmehl pulverisiert werden, das sich hervorragend als Gewürz zum Beispiel in Suppen und Soßen verwenden lässt.

Schuppiger Stacheling

Der Habichtspilz wird in zwei Arten untergliedert: Habichtspilz und Schuppiger Stacheling (siehe nächste Doppelseite). Am einfachsten unterscheidet man sie voneinander, indem man die Wachstumsstelle beobachtet – der Habichtspilz wächst in Fichten- und der Schuppige Stacheling in Kiefernwäldern.

2 Schuppiger Stacheling oder Kiefern-Habichtspilz *Sarcodon squamosus*

GRUPPE SEITE 32

Nahestehender Speisepilz

Aus gr. *sarxos* (Fleisch) und lat. *squamosus* (schuppig)

Der Schuppige Stacheling wächst in Gemeinschaft mit Fichten und wurde erstmals von 1753 von Carl von Linné beschrieben. Weniger als ein Vierteljahrhundert später, 1774, wurde von dem Deutschen Jacob Christian Schäffer zum ersten Mal eine Beschreibung der „Kiefernform" dieser Pilzart veröffentlicht. Danach wurden diese beiden Arten fast 200 Jahre lang in der Pilzliteratur voneinander getrennt, aber Mitte des 20. Jahrhunderts wurden die Arten dann wieder unter dem Namen *Sarcodon imbricatus* zusammengefasst.

Erst in den 1990er-Jahren war wieder die Rede davon, den Habichtspilz erneut in zwei Arten zu unterteilen. Dies ist zum großen Teil der Vorsitzenden der schwedischen Pilzfärbergesellschaft „Svampfärgarsällskapet", Hjördis Lundmark, Sundsval, zu verdanken, die bemerkte, dass der Habichtspilz, der in Gemeinschaft mit Kiefern vor allem auf sandigen Heiden in Norrland wächst, Wollgarn eine blaue Farbe verleihen konnte. Weiterhin hat sich gezeigt, dass die „Kiefernart" im Geschmack deutlich besser ist als die „Fichtenart", sowohl gebraten als auch in Essig eingelegt (S. 220). Der Schuppige Stacheling wächst auch auf felsigem Gelände und in auf Podsolen mit einer obersten Bodenschicht aus Streu und Humus wachsenden Kiefernwäldern.

Er unterscheidet sich dadurch von der „Fichtenart" (S. 70), dass die dunklen Schuppen auf dem Hut zur Hutmitte hin konzentriert sind, dass die Hutkante lange eingerollt ist und dass der Stiel an der Basis oft etwas geschwollen ist. Das Fleisch ist heller, fast völlig weiß, mit mildem Geschmack – auch bei älteren Exemplaren.

Blaufüßiger Braunsporstacheling

DOPPELGÄNGER

sowohl zur „Kiefernart" als auch zur „Fichtenart" der vorigen Doppelseite:

Im Herbst kann man sowohl in moosigen Kiefernwäldern als auch in flechtenreichen Fichtenwäldern mehrere bräunliche Stachelpilze finden, die nicht zum Verzehr geeignet sind. Die meisten von ihnen sind eher selten anzutreffen, aber sie können ähnlich – wie die beiden Arten – in Ringen und Gruppen wachsen. Geben Sie bei denjenigen acht, die an der Stielbasis oder im Pilzfleisch eine bläuliche Farbe haben, und bei solchen, die glatt sind oder nur schwache Schuppen auf der Hutoberseite haben. Das Pilzfleisch darf nicht bitter oder scharf schmecken, und es sollte von gleichmäßig heller Farbe sein und sich leicht mit dem Messer schneiden lassen, das heißt, es darf nicht zäh sein. Denken Sie daran, diese Doppelgänger mit Vorsicht zu behandeln, mehrere von ihnen sind selten.

Blaufüßiger Braunsporstacheling

Sarcodon glaucopus

Diese Art erinnert in Größe und Farbe an den Schuppigen Stacheling, aber die Hutoberseite ist fast glatt, das heißt, mit nur undeutlichen Schuppen, oder sie hat grobe Risse. Sie wächst vor allem auf Kiefernheiden und ist in Deutschland sehr selten geworden. Der spitz zulaufende, kurze Stiel hat an der Basis einen dunklen blaugrünen Ton. Der Pilz schmeckt sehr bitter und riecht nach Mehl.

Gallenstacheling

Sarcodon scabrosus

Der Gallenstacheling ähnelt dem Habichtspilz (*Sarcodon imbricatus*) in Farbe und Größe mit bis zu 12 (15) cm großen Hüten, hat jedoch keine so stark schuppig aufreißende Huthaut, sondern im Alter nur gelegentlich grobe Risse. Im Zweifel kann man eine kleine Kostprobe nehmen und man wird bald den gallenbitteren, sehr scharfen Geschmack wahrnehmen. Der Geruch ist mehlartig. Die Vorkommen in Deutschland sind auf nährstoffarme Kiefern-Nadelwälder zwischen Nordbayern und Brandenburg beschränkt.

Gallenstacheling

3 Hahnenkamm-Koralle *Ramaria botrytis* GRUPPE SEITE 32

Aus lat. *ramosus* (verzweigt) und *botrytis* (traubenartig)

Die Hahnenkamm-Koralle wächst hauptsächlich in Laub- und Mischwäldern. Dort, wo sie vorkommt, kann sie manchmal große Bestände bilden.

Die Hahnenkamm-Koralle hat im Laufe der Zeit viele positive Beurteilungen erhalten. Eine der originelleren stammt von Gunnar Kock, aus dem Buch „Die Doppelgänger der Pilze" aus dem Jahr 1935: „Es läuft mir so richtig das Wasser im Mund zusammen, denn die Hahnenkamm-Koralle ist fast wie russischer Kaviar."

Wichtige Kennzeichen

- Der strauchähnliche Fruchtkörper hat keine deutliche Untergliederung in Hut und Stiel.
- Die hellen Zweige haben rosafarbene bis rotviolette, stumpfe Spitzen. Mit dem Alter wird ihre Farbe matter und erreicht ein schwaches Schmutziggelb.
- Der Geschmack ist mild, aber bei alten Fruchtkörpern etwas bitter, vor allem an den Spitzen.

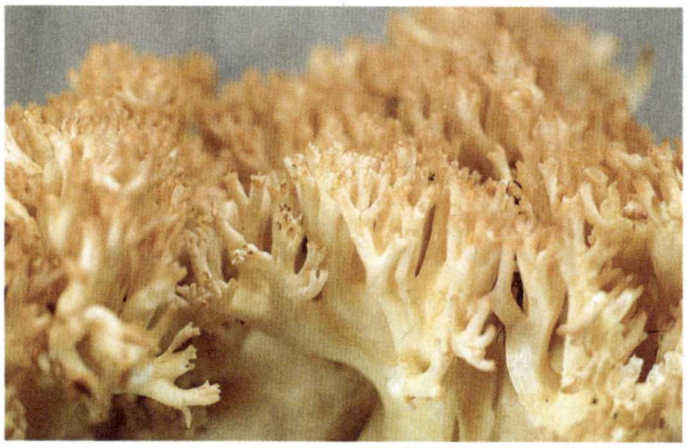

Hahnenkamm-Korallen verlieren mit dem Alter den rotvioletten Farbton der Zweigspitzen.

Sammeln und Säubern

In Deutschland sollten diese vielerorts selten gewordenen Korallen geschont werden. Beim Sammeln von Hahnenkamm-Korallen ist ein Pilzmesser hilfreich, um den gesamten Fruchtkörper herauszulösen. Der fleischige, schmackhafte Stiel kann weit unten in der Erde sitzen. Entfernen Sie mit dem Messer die erdige Außenschicht vom Stiel.

Doppelgänger **Bauchweh-Koralle**

Die attraktiv rotgefärbten Zweigspitzen junger Exemplare verlieren beim Wachstum an Farbintensität. Dann kann es sehr schwierig sein, sie von großen, gelben Korallen zu unterscheiden. Da ältere Exemplare der Hahnenkamm-Koralle außerdem auch zubereitet einen etwas bitteren Nachgeschmack haben können, sollte man ausschließlich junge Hahnenkamm-Korallen mit noch lebhaft rotgefärbten Zweigspitzen sammeln.

Bei der Feinsäuberung des Pilzes kann es sein, dass man ihn unter fließendem kalten Wasser spülen muss. Wenn die Zweige wertlos sind, was oft der Fall ist, kann man den Fruchtkörper in kleinere Teile brechen und sie mit kaltem Wasser abspülen.

Zubereitung und Konservierung

Der gesamte Fruchtkörper kann zur Essenszubereitung verwendet werden, die Hahnenkamm-Koralle passt zu den meisten Gerichten, sowohl separat als auch als Mischpilz. Frittiert ist sie eine Delikatesse!

Die Hahnenkamm-Koralle lässt sich sowohl einfrieren als auch einmachen. Getrocknet schmeckt sie weniger gut, da der Geschmack dann zu intensiv werden kann, und als etwas bitter empfunden wird. Sie eignet sich hervorragend zum Einlegen und ist dann auf dem Teller sehr dekorativ.

DOPPELGÄNGER

Ältere Exemplare der Hahnenkamm-Koralle werden etwas gelblich und verlieren an den Zweigspitzen die rote Farbe. In diesem Stadium kann sie mit anderen Korallenpilzen verwechselt werden, zum Beispiel älteren, ■ **blassen Formen gelber Korallen** (S. 206) und mit der ■ **Bauchweh-Koralle** (oben), die schwach giftig ist.

■ Bauchweh-Koralle

Ramaria mairei

Diese Art, die schwach giftig ist und Übelkeit verursachen kann, kann an kleine, entfärbte Exemplare der Hahnenkamm-Koralle erinnern. Die Bauchweh-Koralle hat spitze Zweigspitzen mit einem schwach lilafarbenen Ton und einen leicht bitteren Geschmack. Sie wächst in ähnlichen Lebensräumen wie die Hahnenkamm-Koralle, ist aber weniger verbreitet.

① Krause Glucke *Sparassis crispa*

GRUPPE SEITE 33

Aus gr. *sparaxis* (Zerreißen) und lat. *crispus* (kraus)

Die Krause Glucke kann wohl als einer unserer skurrilsten Pilze betrachtet werden, sowohl durch ihr Aussehen als auch durch ihre Lebensweise. Früher wurde sie den Korallen zugeordnet, aber heute bildet sie eine eigene Gruppe. Man findet sie üblicherweise dicht neben dem Stamm großer, alter Kiefern am Boden wachsend. Dort lebt sie als Wurzelparasit der Kiefer, aber sie kann auch als Holzsaprobiont auf alten morschen Kiefernstümpfen leben. In Kieferngebieten ist sie weit verbreitet und kann in manchen Jahren häufiger vorkommen.

Die Krause Glucke ist lange Zeit als einer unserer besten Speisepilze betrachtet worden, weil sie ein guter Würzpilz und leicht zu erkennen ist und selten oder nie befallen wird. Ein Fruchtkörper kann mehrere Kilogramm wiegen, und daher kann ein einziger Fund eine ansehnliche Ernte bedeuten.

Wichtige Kennzeichen

- Der große Fruchtkörper hat keine deutliche Untergliederung in Hut und Stiel, sondern ist kopfförmig und kann mit einer krausen Koralle mit zugespitzter Wurzelpartie verglichen werden.
- Die flachgedrückten, krausen Zweige sind zunächst beige und später eher gelbbraun.
- Der Geruch ist aromareich. Viele finden, dass der Pilz einen starken Nadelwaldduft verströmt. Der Mykologe Nils Suber (1890–1985) pflegte den Geruch mit dem Duft zu vergleichen, der einem begegnet, wenn man ein Schuhgeschäft betritt, also dem Geruch nach Leder und Häuten.

Sammeln und Säubern

Es sollten nur junge helle Fruchtkörper gesammelt werden. Alte gelbbraune Exemplare können leicht ein wenig bitter sein. Schneiden Sie den Fruchtkörper vorsichtig über der Erde ab. Leider ist die Krause Glucke schwer zu säubern. Nadeln, andere Pflanzenreste, Erde usw. haben sich meist ordentlich im Gezweig festgesetzt, und der Wurzelteil ist immer erdig. Am einfachsten entfernt man dies, indem man den Pilz in kleinere Stücke teilt und ihn unter fließendem kalten Wasser spült.

Junge Exemplare der **Krausen Glucke** sind zum Verzehr am besten geeignet. Ältere können etwas bitter sein.

Zubereitung und Konservierung

Die Krause Glucke lässt sich ausgezeichnet braten, frittieren und mit heller Soße zubereiten. Als Gewürz kann sie auch in kleinen Mengen einem Gericht ihren Charakter verleihen. Eine Eigenschaft der Krausen Glucken, die von vielen beanstandet wird, ist ihre „knorpelige" Konsistenz.

Die Krause Glucke wird am besten frisch zubereitet. Beim Einfrieren verliert sie viel von ihrem charakteristischen Würzgeschmack, und getrocknet ist sie etwas bitter. In Essig eingelegt kommt leider der einzigartige Geschmack der Krausen Glucke nicht so gut zur Geltung.

DOPPELGÄNGER

Ein unerfahrener Pilzsammler könnte die Krause Glucke mit einer großen und alten Koralle verwechseln. Korallen haben jedoch spitze Zweigenenden, bei der Krausen Glucke sind sie flachgedrückt. Bei alten Tannen kommt in Süddeutschland die Breitblättrige oder Tannen-Glucke vor. Sie wird deutlich größer, ist aber nicht so schmackhaft wie die Krause Glucke.

Die Krause Glucke kann sowohl als Saprobiont auf toten Nadelbaumstümpfen (Bild oben) als auch als Parasit leben. Als Parasit gehört die Krause Glucke nicht zu den aggressiveren, die ihren Wirt in ein paar Jahren töten, aber sie verursacht trotzdem sogenannte Braunfäule in der Stammbasis.

② Schaf-Porling *Albatrellus ovinus*

GRUPPE SEITE 33

Aus lat. *albatus* (weißgekleidet) und *ovinus* (Schaf-)

In Krisenzeiten ist der Schaf-Porling früher auf dem Markt verkauft und als Verlängerung der knappen Fleischrationen geschätzt worden.

Der Schaf-Porling bildet eine Mykorrhiza mit Fichten und wächst verbreitet in etwas älteren, vorzugsweise moosigen Wäldern. Seinen Namen soll er aufgrund des schwachen Duftes nach frischem Schafstalg erhalten haben, der entstehen soll, wenn man ihn zerbricht. Wer Gelegenheit dazu hat, möge daran riechen!

Wichtige Kennzeichen

- Die Hutoberseite ist im Grunde weiß, kann aber unter anderem aufgrund des Alters von Grauweiß bis Hellbraun variieren, oft mit gelben Flecken. Ausgewachsene Fruchtkörper haben im Hutzentrum oft eine unregelmäßig aufgesprungene Huthaut.
- Die weiße, dünne und hart festsitzende Röhrenschicht auf der Unterseite des Hutes reicht auf den Stiel herab.
- Das Pilzfleisch ist bei ausgewachsenen Fruchtkörpern weiß mit einem gelbweißen Ton. Ein wichtiges Kennzeichen ist, dass der Schaf-Porling beim Erhitzen entweder schwach grüngelb oder – wenn man eine Eisenpfanne verwendet – schwarz wird.

Sammeln und Säubern

In Deutschland stehen alle Albatrellus-Arten in der Bundesartenschutzverordnung. Die Gattung ist vielerorts zurückgegangen und sollte daher geschont werden.

Der Schaf-Porling wächst oft in großen Ansammlungen und man kann beim Sammeln wählerisch sein. Nehmen Sie am besten Exemplare mit einem Hutdurchmesser von höchstens 10 cm, schneiden Sie die erdige Stielbasis ab und zerteilen Sie den gesamten Fruchtkörper. Der Schaf-Porling wird manchmal von großen weißen Sumpfmückenlarven befallen. Wenn man vorhat, die Hüte zu panieren und zu braten, schneidet man den Stiel direkt unter dem Hut ab und ebnet die Oberseite des Hutes, indem man einen Teil des Pilzfleisches wegschneidet. Die dünne Röhrenschicht darf dranbleiben. Richtig gesammelte Schaf-Porlinge können sich, wenn sie luftig und kühl aufbewahrt werden, mindestens einige Tage halten.

Zubereitung und Konservierung

Der Schaf-Porling lässt sich vielseitig verwenden und ist dank seines festen Fleisches sehr sättigend. Er hat einen milden, aber dennoch eigenen Geschmack, der allerdings nicht jedem zusagt. Wenn er bitter wird, liegt das daran, dass man einige allzu alte Fruchtkörper mitgenommen hat oder aus Versehen ältere Exemplare des Semmel-Porlings (siehe nächste Seite) mitgesammelt hat.

Als Fleischersatz-Pilz ist diese Art klassisch. Panierter gebratener Schaf-Porling mit Zwiebeln ist ein Rezept, das sich in etlichen Pilzbüchern findet. Braten Sie Schaf-Porlinge mit etwas Molkenbutter, und Sie erhalten einen Eindruck von gebratener Leber.

Was wir außerdem empfehlen können, ist Schaf-Porlings-Hack. Vorgedünsteter Schaf-Porling wird durch den Fleischwolf gedreht oder in der Küchenmaschine zerkleinert. Es sieht etwas eigenartig aus, wenn aus dem Fleischwolf ein eher grau gefärbtes Hack herauskommt. Der Pilz ist dann von dem Eisen im Fleischwolf beeinflusst worden, aber das ist kein Grund zur Beunruhigung. Lassen Sie das Pilzhack etwas abtropfen.

Dieses Hack lässt sich ausgezeichnet mit Hackfleisch zu Fleischklößchen und Frikadellen verarbeiten. Das Mengenverhältnis von Pilz und Fleisch kann man nach Geschmack variieren. Bei einem größeren Pilzanteil kann es sein, dass man zusätzlich ein Ei benötigt, um das Hack zu binden. Diese Fleischpilzklößchen sind saftig und schmackhaft.

Der Schaf-Porling lässt sich mit den meisten Methoden konservieren. Getrockneter Schaf-Porling ist jedoch sehr hart und benötigt eine besonders lange Einweichzeit, weshalb wir vom Trocknen abraten. Frieren oder machen Sie ihn ein, gern zusammen mit einem anderen Pilz. Schaf-Porling lässt sich ausgezeichnet einsalzen und in Essig einlegen. Außerdem lässt er sich gut silieren.

DOPPELGÄNGER

Einige andere Arten unter den bodenlebenden, weichfleischigen Porlingen können als Doppelgänger des Schaf-Porlings betrachtet werden. Zwei von ihnen sind nahestehende Speisepilze, der **Semmel-Porling** und der **Rötende Schaf-Porling**, die auf der nächsten Seite vorgestellt werden. Auch **Albatrellus citrinus** ist ähnlich, den man in erster Linie in kraut- und kalkreichen Fichtenwäldern findet. Zwei Arten, der **Bittere Rußporling** und der ■ **Gelbgezonte Filzporling** (*Albatrellus syringæ*), sind hingegen keine Speisepilze. Der Gelbgezonte Filzporling erinnert an einen kleinen, dünnfleischigen Schaf-Porling, ist aber trichterförmig, auf der Hutoberseite gezont und wächst selten auf Grasland.

■ Bitterer Rußporling

Boletopsis grisea

Junge Exemplare dieses Porlings sind völlig weiß bis grauweiß mit eingerollter Hutkante. Ältere Fruchtkörper, die Durchmesser von bis zu 20 cm erreichen können, sind auf der Hutoberseite flam-

Der **Bittere Rußporling** ist ein ausgezeichneter Färbepilz, der Wollgarn grüne Farbtöne verleiht. Da er nur vereinzelt vorkommt, sollte er geschont werden.

Die Bilder oben zeigen den **Semmel-Porling**, auch Büschel-Porling genannt, weil er oft in dichten Büscheln wächst.

mig braunschwarz mit braunen Akzenten und oft aufgerissen. Er ist ein Mykorrhizapilz und wächst in großen Hexenringen, Reihen oder Gruppen in flechtenreichen Kiefernwäldern. Selten außer auf sandigen Kiefernheiden. Der Geschmack ist mild, aber er wird dennoch nicht zu den Speisepilzen gerechnet.

NAHESTEHENDE SPEISEPILZE
zum Schaf-Porling auf der vorigen Doppelseite:

(2) Semmel-Porling

Albatrellus confluens

Wird leicht mit dem Schaf-Porling verwechselt Er wächst auf ähnlichen Waldböden, aber der Semmel-Porling hat eine schwach gelb-orangefarbene Hutoberseite, die nicht wie beim Schaf-Porling aufgerissen ist, sondern kleine Löcher auf der Oberfläche aufweist. Er wächst oft in dichten Büscheln und wird auch als „Büschel-Porling" bezeichnet. Röhrenschicht und Stiel sind weiß, aber bei Druck und im Alter werden sie orangefleckig.

Ganz oben: **Rötende Schaf-Porlinge**, oben: zwischen Preiselbeersträuchern und Moosen auf einer Kiefernheide wachsend

Ältere Semmel-Porlinge sind oft bitter, während junge einen milden, guten Geschmack besitzen. Zum Einlegen, gerne nach dem Abkochen, eignet sich der Semmel-Porling ausgezeichnet. Junge mit Zwiebeln oder anderen Zutaten gebratene Pilze schmecken unserer Meinung nach aber am besten.

(2) Rötender Schaf-Porling

Albatrellus subrubescens

Diese Art ist für die meisten Pilzsammler völlig unbekannt. Deshalb wird der Rötende Schaf-Porling oft übersehen. Wir haben ihn sowohl auf kalkreichen als auch auf magereren Kiefernheiden gefunden. Er sieht dem Schaf-Porling sehr ähnlich, ist aber kleiner, hat einen dünneren Hut und eine hellere Farbe. Stielbasis und Röhrenschicht haben oft orangefarbene bis rotbraune Flecken. In Süddeutschland und den Alpen kommt der Zitronenporling *(Albatrellus citrinus)* bei Fichten häufiger vor als der Schaf-Porling und wird dort als Speisepilz verwendet.

② Fichten-Steinpilz / Herrenpilz

GRUPPE SEITE 33

Boletus edulis

Aus gr. *bolos* (Klumpen) und lat. *edulis* (essbar)

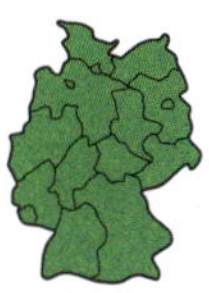

Der Fichten-Steinpilz ist für viele Pilzkenner der König unter den Speisepilzen. Und gewiss ist er mit seinem Aussehen und seinem wunderbaren Geschmack ein Symbol für gute Speisepilze.

Sein schwedischer Beiname „Karljohann" geht auf König Karl XIV. Johann zurück, und in der Pilzliteratur des 19. Jahrhunderts heißt es, dass der König den „essbaren Röhrenpilz" (wie er zu der Zeit in Schweden genannt wurde) so sehr liebte, dass er den Pilz im Eichenwaldpark bei Schloss Rosersberg anbauen ließ.

Heute sind die Steinpilze in mehrere Arten untergliedert, und die Art, die im Schlosspark Rosersberg wächst, ist mit großer Wahrscheinlichkeit der Sommer-Steinpilz und nicht der Fichten-Steinpilz, den man in Schweden heute „Karljohann" nennt. Im Übrigen ist es sehr schwierig, Mykorrhizapilze zu kultivieren. Hingegen kann man unter anderem den Sommer-Steinpilz in den Wäldern unterstützen, indem man die Böden relativ offen und gleichzeitig natürlich die Bäume stehen lässt.

In „Schwedische Pilznamen" von Lundqvist-Persson aus dem Jahr 1987 werden die schwedischen Namen von etwa 2 200 Arten festgeschrieben. Nur ganz wenige Arten haben in dieser richtungsweisenden Veröffentlichung gleich zwei schwedische Namen. Der bekannteste von ihnen ist der Fichten-Steinpilz oder „Herrenpilz".

Den Fichten-Steinpilz findet man im ganzen Land in verschiedenen Waldarten. Er wächst vorzugsweise an Waldsäumen, am Straßenrand und entlang von Wegen, aber oft trifft man ihn auch in dichten Fichtenpflanzungen an. Wenn der Herrenpilz „loslegt", kann man große Mengen finden, aber oft nur im Zeitraum von einer Woche bis zehn Tage. Anschließend kann er an derselben Stelle einige Wochen später in einer neuen Welle erscheinen.

Unter günstigen Verhältnissen kann der Fichten-Steinpilz ein Gewicht von über 2 kg erreichen. Wenn solche Exemplare in der Natur vorkommen, sind sie in der Regel meist von guter Qualität.

Junger von Goldschimmel befallener **Fichten-Steinpilz**

HINWEIS: Der Gemeine Steinpilz ist nicht nur bei Insektenlarven, Schnecken, Waldmäusen, Rehen, Wildschweinen und Eichhörnchen beliebt, sondern es gibt auch einen Parasitenpilz, den **Goldschimmel**, *Hypomyces chrysospermus* (Bild oben), der oft großen Schaden an den Fruchtkörpern verursacht. Bei befallenen Exemplaren stellt der Hut das Wachstum ein, während der Stiel abnorm anschwillt. Nach und nach wird der gesamte Pilz von einer Haut überzogen, die dem Camembert-Schimmel ähnelt. Solche Pilze sind nicht essbar, der Goldschimmel gilt als krebserregend. Zuletzt fallen die befallenen Pilze in sich zusammen und werden goldgelb, lose und übel riechend.

Wichtige Kennzeichen

- Die Hutoberseite kann von Hellbraun bis Dunkelbraun mit einer schmalen weißen Kante am äußersten Rand variieren (siehe Bild auf der nächsten Seite). Zur Kante hin ist der Hut oft unregelmäßig gefurcht oder runzlig.
- Die Huthaut wird nach Regen schmierig und ist feucht etwas klebrig.
- Junge Exemplare haben eine grauweiße Röhrenschicht, die bei älteren gelb bis grüngelb wird.
- Der gesamte meist stark angeschwollene Stiel hat ein helles Adernetz, das oben am Stiel am deutlichsten zu sehen ist (vgl. das Detailbild auf der nächsten Seite). Der Fichten-Steinpilz kann manchmal jedoch einen relativ schmalen Stiel haben, besonders bei Exemplaren, die in tiefem Waldmoos wachsen. Folglich kann man ihn nicht allein anhand des dicken Stiels identifizieren. Wie immer bei Pilzen müssen alle wichtigen Kennzeichen übereinstimmen, damit man sich sicher sein kann.
- Das Fleisch unmittelbar unter der Huthaut ist schwach braunviolett (siehe das Bild auf der nächsten Seite), ansonsten im Schnitt aber reinweiß und nicht verfärbend.
- Der Geschmack ist mild mit einem süßen Nachgeschmack.

Sammeln und Säubern

Der Herrenpilz sollte bereits im Wald grob vorgesäubert werden. Beim Sammeln dreht man vorsichtig den Fruchtkörper heraus, sodass der gesamte fleischige Stiel mitkommt. Schälen Sie den Stiel, so wie Sie eine Kartoffel schälen. Es wäre schade, ihn abzuschneiden, weil Sie damit viel gutes Pilzfleisch verlieren würden. Manchmal kann der unterste Teil des Stiels durch Goldschimmel gelb gefärbt sein. Schneiden Sie solche Partien großzügig weg, oder lassen Sie diese Pilze gleich im Wald. Schneiden Sie ausgewachsene Exemplare durch und entfernen Sie die weiche, gelbe Röhrenschicht.

Wenn man große und schwere Steinpilze sammelt, sollte man sie nicht zusammen mit spröden Pilzen in einen Behälter legen, da diese sonst zerdrückt würden. Legen Sie große Pilze in einen eigenen Korb oder in ein Fach für sich. Vermeiden Sie es außerdem, Steinpilze bei Regenwetter zu sammeln. Die Fruchtkörper saugen das Regenwasser auf und die Qualität verschlechtert sich rasch.

Zubereitung und Konservierung

Der Fichten-Steinpilz lässt sich gut auf alle denkbaren Arten zubereiten und passt zu den meisten Gerichten. Wir wollen jedoch empfindlichen Personen davon abraten, Steinpilze roh zu verzehren, was bis vor Kurzem noch allgemein empfohlen wurde. Gewiss hat der Herrenpilz einen süßen und guten Geschmack, aber er kann roh Übelkeit und Magen-Darm-Störungen verursachen.

Auch bei der Konservierung können fast alle Methoden angewendet werden. Wie die Mehrzahl der anderen Röhrlinge gewinnt der Gemeine Steinpilz durch Trocknung, aber trocknen Sie ausschließlich erstklassige Exemplare. Damit das fertige Produkt von guter Qualität ist, wird eine Trockenvorrichtung mit Möglichkeit zur Wärmeregulierung benötigt. Die Einweichzeit getrockneter Steinpilze ist erstaunlich kurz, 15 Minuten reichen aus.

Die Hutoberseite kann von Hellbraun bis Dunkelbraun mit einer schmalen weißen Kante am äußersten Rand variieren.

Das weiße Adernetz am Stiel ist ein wichtiges Kennzeichen aller Steinpilze. Hier eine Detailaufnahme eines **Kiefern-Steinpilzes** (S. 85).

Steinpilze können sehr groß und über ein Kilogramm schwer werden.

Der Doppelgänger **Gallenröhrling** ist magen-darmgiftig und hat einen sehr bitteren Geschmack.

DOPPELGÄNGER

Außer dem Gallenröhrling (unten rechts), der ungenießbar bitter ist, sowie dem Sommer-Steinpilz und dem Kiefern-Steinpilz, die beide gleich gute Speisepilze sind (nächste Doppelseite), gibt es noch mehrere weitere kräftige Röhrlinge, die an den Herrenpilz erinnern. Um keine Verwechslung mit diesen zu riskieren, kann man sich nach den folgenden Regeln richten:

- Meiden Sie Röhrlinge, die Partien mit roter Farbe aufweisen (Ausnahme: Flockenstieliger Hexen-Röhrling, S. 86).
- Meiden Sie Röhrlinge, deren Stiele kein helles Adernetz auf braunem Grund haben.
- Meiden Sie Röhrlinge, die einen bitteren Geschmack haben.

Gallenröhrling

Tylopilus felleus

Dies ist der klassische Doppelgänger des Gemeinen Steinpilzes. Er hat einen hellbraunen, sämischlederfarbenen Hut, Röhren, die zunächst grau sind und dann rosa werden, und einen Stiel mit einem groben, dunklen Adernetz.

HINWEIS: In einer schmalen Zone gleich unter dem Hut ist das Adernetz jedoch etwas heller.

Der Gallenröhrling hat einen sehr bitteren Gallengeschmack, der jedes Pilzgericht ruinieren kann. Er wächst in Gemeinschaft mit Fichten und Kiefern auf mageren Böden.

② Sommer-Steinpilz *Boletus reticulatus*

GRUPPE SEITE 33

Aus gr. *bolos* (Klumpen) und lat. *reticulatum* (kleines Netz)

Diese Art wird Sommer-Steinpilz genannt, weil sie schon im Juni–Juli gefunden werden kann. Sie wächst relativ verbreitet in Gemeinschaft mit Eichen und Buchen. Sicher haben viele Pilzsammler sie für einen Gemeinen Steinpilz gehalten. Das spielt für den Pilzsammler keine große Rolle, weil der Sommer-Steinpilz ein ebenso guter Speisepilz ist wie der Fichten-Steinpilz.

Wichtige Kennzeichen verglichen mit dem Fichten-Steinpilz

- Der Hut ist graugelb bis hellbraun gefärbt, das heißt, nicht so kräftig braun wie beim Herrenpilz. Darüber hinaus ist vor allem bei jungen Exemplaren der Hut fein behaart – daher der schwedische Hauptname „Finluden stensopp" (fein behaarter Steinpilz). Dem Sommer-Steinpilz fehlt die schmale, weißliche Hutkante.
- Bei Trockenheit bricht die Huthaut oft in einem Rautenmuster auf und enthüllt, dass das Hutfleisch komplett weiß ist. Der Fichten-Steinpilz hat direkt unter der Huthaut schwach braunviolettes Fleisch.
- Wie alle Steinpilze hat der Sommer-Steinpilz ein helles Adernetz am Stiel (vgl. Detailbild auf S. 83).

Sammeln, Säubern, Zubereitung, Konservierung und Doppelgänger

Siehe Fichten-Steinpilz, S. 81–83.

② Kiefern-Steinpilz *Boletus pinophilus*

GRUPPE SEITE 33

Aus gr. *bolos* (Klumpen) und lat. *pinicola* (bei Kiefern wachsend)

Ein anderer Name dieser Art ist „Rothütiger Steinpilz". Ein neuer umgangssprachlicher schwedischer Name ist „Tallkalle" (in etwa: Kiefern-Karl), weil der Pilz oft in Gemeinschaft mit Kiefern wächst. Er kann auch in reinen Fichtenwäldern angetroffen werden, kommt aber am häufigsten auf flechtenreichen Kiefernheiden vor.

Wichtige Kennzeichen

- Der Hut ist in einem dunklen Rotbraun gefärbt, dunkler als die zwei zuvor vorgestellten Steinpilze. Der Hut ist lange Zeit gewölbt und an der Oberfläche oft unregelmäßig runzlig.
- Die Röhrenschicht ist lange Zeit hellgrau, färbt sich aber allmählich goldgelb. Mit dem Alter werden die Röhrenmündungen rotbräunlich.
- Der Stiel wird frühzeitig rotbraun wie die Hutoberseite und hat ein deutliches, weißes und grobmaschiges Adernetz (siehe Bild auf S. 83).
- Das Pilzfleisch sowohl des Hutes als auch des Stiels ist weiß und fest. Direkt unter der Huthaut ist es schwach rotbraun gefärbt wie beim Gemeinen Steinpilz.

Sammeln, Säubern, Zubereitung und Konservierung
Siehe Gemeiner Steinpilz, S. 81–83.

DOPPELGÄNGER

Auch was die Verwechslungsmöglichkeiten angeht, gilt das Gleiche, was bereits unter „Fichten-Steinpilz" ausgeführt wurde, mit dem Zusatz, dass der **Maronen-Röhrling** (S. 88), der ebenfalls oft in Gemeinschaft mit Kiefern wächst, an kleine Exemplare des Kiefern-Steinpilzes erinnern kann. Aber auch hier macht ein eventuelles Versehen nichts – der Maronen-Röhrling erinnert im Geschmack an die Steinpilze.

3 Flockenstieliger Hexen-Röhrling

GRUPPE SEITE 33

Boletus erythropus

Aus gr. *bolos* (Klumpen) und lat. *luridiformis* (in der Form dem luridus, dem Netzstieligen Hexen-Röhrling, ähnelnd)

Seit den Tagen von Elias Fries sind Röhrlinge mit roten Röhrenmündungen in schwedischen Pilzbüchern stets mit Misstrauen betrachtet worden. Für den Anfänger ist es sinnvoll, bei Röhrlingen, die an den Röhrenmündungen und am Stiel rot sind, vorsichtig zu sein. Hierzu gehören sowohl giftige Arten wie der Satans-Röhrling als auch mehrere zweifelhafte und ungenießbare Arten. In „Svampflora" (Pilzflora), einem aus dem Dänischen übersetzten Buch des Autors M. Lange aus dem Jahr 1964, ist der Flockenstielige Hexen-Röhrling als essbar aufgeführt und mit dem Zusatz versehen: „... der beste und am einfachsten zu erkennende der roten Röhrlinge."

In dem ins Schwedische übersetzten Buch des Autors A. Neuner aus dem Jahr 1977 steht unter Flockenstieliger Hexen-Röhrling: „... wird mancherorts in Mitteleuropa sogar mehr geschätzt als der Steinpilz."

Der Flockenstielige Hexen-Röhrling ist in Mitteleuropa recht verbreitet. Die Nordgrenze verläuft ungefähr an der nördlichen Verbreitungsgrenze der Eiche und der Linde. Außer mit diesen Laubbäumen wächst der Flockenstielige Hexen-Röhrling in Gemeinschaft mit Buchen, Fichten und Kiefern. Die Saison dauert von Juni bis weit in den Herbst.

Wichtige Kennzeichen

- Der Flockenstielige Hexen-Röhrling hat einen dunkelbraunen Hut, der als zigarren- oder kastanienbraun beschrieben worden ist. Die Huthaut ist fein filzig-behaart.
- Die Farbe der Röhren, die beim Durchschneiden sichtbar wird, ist gelb bis grüngelb, und die Röhrenmündungen selbst sind rot. Bei Druck und Sauerstoffkontakt färben sich die Röhren blau.
- Der Stiel ist kräftig und wird zur Basis hin breiter. Der im Grunde gelbliche Stiel ist dicht mit roten Punkten besetzt (wie mit „roten Blutkörperchen").

Netzstieliger Hexenröhrling (links), **Flockenstieliger Hexen-Röhrling** (rechts)

Sammeln, Säubern, Zubereitung und Konservierung
Siehe Gemeiner Steinpilz, S. 81–83. Es muss jedoch betont werden, dass der Flockenstielige Hexen-Röhrling gut durchgegart werden muss. Roh verzehrt oder schlecht gegart sind alle Hexenröhrlingsverwandten magen-darmgiftig.

DOPPELGÄNGER

Netzstieliger Hexen-Röhrling
Boletus luridus
Erinnert an den Flockenstieligen Hexen-Röhrling, auch wenn die Hutfarbe oft einen helleren Wildlederton aufweist. Der wichtigste Unterschied ist, dass der Netzstielige Hexen-Röhrling ein rotbraunes Adernetz besitzt. Ein Detail, das auch ein gutes Unterscheidungsmerkmal ist, ist, dass beim Durchschneiden des Hutes zwischen Röhren und Hutfleisch eine rote Linie entsteht. Der Netzstielige Hexen-Röhrling ist in basenreichen Gebieten weit verbreitet.

Der Netzstielige Hexen-Röhrling galt früher als Giftpilz, aber auch hier haben die kontinentalen Erfahrungen begonnen, sich auszubreiten. In rohem Zustand ist er schwach giftig, aber gut gegart (mindestens 15 Minuten bei 80 °C) wird er vielerorts als Speisepilz betrachtet.

Schönfuß-Röhrling
Boletus calopus
Wird auch als Dickfuß-Röhrling bezeichnet und ist ein Doppelgänger des Flockenstieligen Hexen-Röhrlings, jedoch mit bitterem Geschmack und gelben Röhrenmündungen.

Satans-Röhrling
Boletus satanas
Giftgehalt, Symptome und Behandlung, S. 237.
Viele Pilzsammler sind von den zwei Kreuzen für „tödlich giftig" eingeschüchtert worden, mit denen der Satans-Röhrling in älteren Pilzbüchern gekennzeichnet war. Er wird auch heute noch als giftig betrachtet, aber der Tödlichkeitsstempel wurde entfernt. Vor allem roh verzehrt hat er heftige Magen-Darm-Beschwerden hervorgerufen.

Wichtige Kennzeichen
- Der Hut ist trocken und silbergrau bis fast weiß.
- Die Röhrenschicht ausgewachsener Fruchtkörper hat blutrote Röhrenmündungen. Bei ganz jungen Pilzen sind sie in einem schönen Zitronengelb gefärbt.
- Der kräftige Stiel hat eine karminrote Farbe durch ein feinmaschiges Adernetz.
- Das Pilzfleisch ist weiß, im Schnitt und nach Druck schwach blauend. Der Geschmack ist mild und süß.
- Der Geruch ist unangenehm, vor allem bei älteren Exemplaren urinartig.

Netzstieliger Hexen-Röhrling

Der **Satans-Röhrling** ist giftig, aber nicht tödlich.

1 Maronen-Röhrling *Xerocomus badius*

GRUPPE SEITE 33

Aus lat. *xero* (trocken) und *comus* (behaart) sowie *badius* (kastanienbraun)

Der Maronen-Röhrling ist ein ausgezeichneter, dem Gemeinen Steinpilz ebenbürtiger Speisepilz. Früher hat er aufgrund seines Blauens keinen guten Ruf gehabt, weil man es für ein schlechtes Zeichen hielt. Diese Auffassung hat sich bis in unsere Zeit gehalten, aber es gibt keinen Zusammenhang zwischen blauenden Röhrlingen und Giftigkeit, außer dass alle Arten roh unbekömmlich bis magen-darmgiftig sind.

Der Maronen-Röhrling ist verbreitet. Üblicherweise wächst er in Gemeinschaft mit Kiefern und Fichten, aber er kann auch in Gemeinschaft mit Eichen wachsen. Die Saison variiert von Jahr zu Jahr. In manchen Jahren kann er im Juli–August am häufigsten sein, in anderen Jahren kann er seine Hochsaison im Oktober haben. Der Maronen-Röhrling ist einer der winterhärtesten Röhrlinge.

Wichtige Kennzeichen

- Der braune Hut ist bei Jungpilzen fein behaart, danach kahl und bei Nässe etwas klebrig.
- Die Röhren sind zunächst hellgelb, werden aber recht bald gelb bis gelbgrün und färben sich bei Berührung grünblau. Bei älteren Pilzen können die Röhrenmündungen etwas braunfleckig sein.
- Der Stiel ist flammig gelbbraun, gleichmäßig dick, oft gebogen und zur Basis hin verjüngend.

Sammeln und Säubern

Wenn der unterste, erdige Teil des Stiels weggeschnitten ist, muss der Maronen-Röhrling nur feingesäubert werden. Die Röhrenschicht wird ziemlich schnell weich und kann dann leicht vom Hutfleisch getrennt werden. Beim Säubern kann das Pilzfleisch schwach blauen.

Zubereitung und Konservierung

Maronen-Röhrlinge gehören immer noch zu den am stärksten radioaktiv belasteten Speisepilzen. Je nach Region können die amtlichen Grenzwerte von 600 Bq/kg um das Fünffache überschritten werden. Der Maronen-Röhrling hat einen milden, feinen Geschmack und kann auf alle denkbaren

Der Maronen-Röhrling ist einer der Röhrlinge, die zum Ende der Pilzsaison gesammelt werden können.

Arten zubereitet und konserviert werden. Roh ist er wie die meisten Pilzarten unbekömmlich. Die blaue Farbe, die entsteht, wenn man ihn schneidet, verschwindet bald, in zubereitetem Zustand ist das Fleisch blassgelb. Die beste Konservierungsmethode ist unserer Meinung nach das Trocknen.

NAHESTEHENDE SPEISEPILZE

Es gibt keine giftigen oder ungenießbaren Doppelgänger des Maronen-Röhrlings, aber er erinnert an die folgenden zwei nahestehenden Speisepilze. Für beide Arten gilt, dass der Stiel holzig ist und entfernt werden sollte.

① Ziegenlippe
Xerocomus subtomentosus
Hat einen samtig behaarten Hut und eine Röhrenschicht, die zunächst gelb ist und später einen gelbgrünen Ton aufweist. Der gelb- bis rotbraune Stiel hat manchmal ein schwaches Adernetz. Kommt im ganzen Land häufig vor, sowohl in Laub- als auch in Nadelwäldern.

① Gemeiner Rotfußröhrling
Xerocomellus chrysenteron s.l.
Hat ebenfalls einen fein samtig behaarten, braunen Hut, der bei älteren Exemplaren eine aufgerissene Huthaut hat. In Rissen und Schneckenfraßstellen sieht man, dass das Fleisch direkt unter der Huthaut karminrot ist. Im Übrigen ist das Fleisch blassgelb. Die zunächst gelben, später grüngelben Röhren färben sich bei Berührung schwach blau. Der Stiel hat einen roten Ton bis auf den Abschnitt unter dem Hut, wo er gelb ist. Wächst in Laubwäldern, meist mit Buchen und Eichen.

Ziegenlippe

Gemeiner Rotfußröhrling

Raufüße Gattung *Leccinum*

Pilze der Röhrlingsgattung *Leccinum* sind leicht zu erkennen und von den übrigen Röhrlingen zu unterscheiden. Wenn man vorsichtig mit den Fingern über den Stiel eines Raufußes fährt, entsteht ein Eindruck von Rauheit, daher der Name (vor allem gilt dies für etwas größere Pilze). An dem Stiel sitzen nämlich kleine Schuppen. Diese Schuppen oder Stielpusteln haben bei unterschiedlichen Arten unterschiedliche Farben und sind bei der Artbestimmung wichtige Charaktermerkmale.

Die Hutoberseite hat je nach Art stark variierende Farben. Von Weiß bis Schwarz über verschiedene Nuancen von Braun, Rot, Orange und Gelb. Ja, sogar schwache Grüntöne kommen vor.

Die Röhrenschicht ist weiß, grau oder hellbraun.

Das Pilzfleisch ist in der Regel anfangs hell, aber wenn man den Pilz bricht oder schneidet, kommt es meist zu einer mehr oder weniger raschen Farbveränderung. Das Fleisch kann so dunkel werden, dass es fast schwarz ist, oder es kann röten oder blauen. Keine dieser Farbveränderungen hat nachteilige Auswirkungen auf die Speisequalität des Pilzes.

Die Raufüße sind Mykorrhizapilze und leben in Gemeinschaft mit vielen unserer häufigsten Baumarten. Viele Arten haben einen Namen, der auf die Baumart anspielt, mit der der Pilz zusammenlebt, zum Beispiel die Birken-Rotkappe.

Die Gattung umfasst mindestens 30 nordeuropäische Arten, die alle essbar sind. Zum Verzehr eignen sich junge Exemplare mit festem Fleisch am besten. Ältere Fruchtkörper können leicht etwas weicheres Fleisch haben, und zudem sind bei allen Arten die größeren Exemplare oft von Insekten befallen, oder von Schnecken, Vögeln oder kleineren Säugetieren wie Mäusen und Eichhörnchen angefressen.

Der Geschmack in zubereitetem Zustand variiert von Art zu Art nicht viel. Alle haben einen milden Geschmack und eignen sich gut als Mischpilze.

Raufüße sind folglich sehr gute Speisepilze – leicht zu erkennen, leicht zu finden, angenehm zu sammeln, gute Ausbeute für den Pilzkorb, vielseitig zuzubereiten und schmackhaft. In Deutschland sind alle Arten der Gattung *Leccinum* = Raufüße besonders gesetzlich geschützt. Es dürfen daher nur geringe Mengen für den Eigenbedarf gesammelt werden.

1 Birken-Rotkappe *Leccinum versipelle*

GRUPPE SEITE 33

Aus ital. *leccino* (eine Raufuß-Art) und lat. *versipellis* (wechselt die Haut)

Die Birken-Rotkappe behält auch bei etwas älteren Fruchtkörpern eine gute Konsistenz bei, im Unterschied zu den meisten anderen Raufüßen. Der „Ziegelrote Birkenpilz", wie er früher hieß, ist im ganzen Land verbreitet. In den Gebirgsgebieten kann er zusammen mit anderen Raufüßen die Pilzflora dominieren. Die Birken-Rotkappe erscheint früh und hat ihre Hochsaison bereits im August.

Wichtige Kennzeichen

- Der Hut ist orangebraun und die Huthaut ragt ein paar Millimeter über die Hutkante hinaus (überhängend!)
- Die Röhrenschicht ist bei jungen Exemplaren etwas dunkler in der Farbe als bei älteren.
- Der kräftige Stiel ist weiß mit schwarzen Stielpusteln. Bei sehr jungen Fruchtkörpern ist der Stiel fast schwarz.
- Das Pilzfleisch ist im Anschnitt weiß, färbt sich aber bald rot und danach dunkelgrau.

Sammeln und Säubern

Am besten sind die jungen Exemplare, aber auch ausgewachsene können, wenn sie nicht allzu sehr von Maden befallen sind, sowohl eine gute Konsistenz als auch einen guten Geschmack haben. Madengänge sind sehr deutlich zu sehen, weil das Pilzfleisch um sie herum dunkler wird. Nachdem man den ganzen Fruchtkörper, der oft tief unten im Moos sitzt, herausgedreht hat, schält man die erdige Basis vom Stiel ab, so wie man eine Kartoffel schält. Entfernen Sie die Röhrenschicht bereits im Wald, wenn sie weich ist.

Zubereitung und Konservierung

Die Birken-Rotkappe ist ein sehr guter Mischpilz und passt zu den meisten Gerichten. Wenn Sie ein helles Pilzgericht haben möchten, passt die Birken-Rotkappe jedoch nicht, weil sie bei der Zubereitung schwarz wird. Ein alter gemeinsamer Name für die orangefarbenen Raufüße ist „Ättikssoppar" (Essigpilze), was andeutet, dass man diese Pilze in Essig eingelegt hat.

Birken-Rotkappe

Die Birken-Rotkappe ist genauso gut zum Konservieren wie zur unmittelbaren Zubereitung geeignet. Die Birken-Rotkappe lässt sich sehr gut trocknen und ist – wie so viele andere Pilze – nach dem Trocknen fast noch besser im Geschmack.

Die Einweichzeit vor der Zubereitung beträgt eine halbe Stunde. Wie schon erwähnt, lässt sich die Birken-Rotkappe gut in Essig einlegen. Junge Exemplare kann man auch einsalzen oder silieren.

NAHESTEHENDE SPEISEPILZE

Im 19. Jahrhundert wurden orangefarbene Raufüße also als Essigpilze bezeichnet oder auch als veränderliche rotbraune Raufüße. Bengt Cortin prägte den Begriff „Apfelsinenpilze", der sich ebenfalls auf alle orangefarbenen Raufüße bezog. Alle Raufüße mit festem Pilzfleisch sind geeignete Speisepilze. Zu den besseren gehören die orangefarbenen.

Zu **Sammeln, Zubereitung usw.** siehe Birken-Rotkappe (S. 91).

① Weißstielige Rotkappe (Espen-Rotkappe)
Leccinum albostipitatum
Ist leicht daran zu erkennen, dass die Stielpusteln bei sehr jungen Fruchtkörpern zunächst weiß und bei älteren rotbraun bis dunkelbraun sind. Bei Anschnitt und Verletzungen färbt sich das weiße Pilzfleisch rot und wird danach dunkler, bis es schließlich schwarz ist.

Die Weißstielige oder Espen-Rotkappe wächst, wie der Name schon sagt, in Gemeinschaft mit Espen (= Zitterpappeln) und ist im ganzen Land anzutreffen.

① Laubwald-Rotkappe (Eichen-Rotkappe)
Leccinum quercinum
Genetisch sind die Weißstielige und die Laubwald-Rotkappe dieselbe Art, aber für den Pilzsammler unterscheiden sich sowohl Örtlichkeit als auch Aussehen, sodass wir hier den alten Namen Eichen-Rotkappe verwenden. Der Hut ist tief braunrot gefärbt und der Stiel ist mit dunkel-braunroten Schuppen besetzt. Junge Fruchtkörper haben oft dunkelbraune Hüte, und die Stielpusteln sind schon von Anfang an braunrot.

① Nadelwald-Rotkappe (Kiefern-Rotkappe)
Leccinum vulpinum
Wächst in Gemeinschaft mit Kiefern. Die Nadelwald- oder Kiefern-Rotkappe hat in der Regel einen dunkleren rotbraunen Hut als die drei oben vorgestellten Raufüße, und das Pilzfleisch ist nicht dunkel, anders als bei diesen. Die Stielpusteln sind so auffallend dunkel, braunschwarz, dass es schwer sein kann, den Unterschied zu den reinschwarzen Pusteln der Birken-Rotkappe zu sehen. Die Art ist auch als Fuchs-Röhrling bezeichnet worden.

① **Fichten-Rotkappe**, *Leccinum piceinum*, ähnelt der Nadelwald- oder Kiefern-Rotkappe, wächst aber in Gemeinschaft mit Fichten. Es ist jedoch noch nicht völlig geklärt, ob sie eine eigene Art ist oder zu den Nadelwald-Rotkappen gehört.

Weißstielige Rotkappe

Die **Weißstielige Rotkappe** gehört zu den Speisepilzen, die in der Saison am frühesten erscheinen. In regnerischen Sommern erscheinen die ersten schon im Juli, oft am Waldsaum, wo die Espe eine Borte bildet. Die Qualität dieser Erstlinge ist oft schlecht. Pilzmücken sind da und legen ihre Eier, die sich schnell zu Larven und ausgewachsenen Insekten entwickeln.

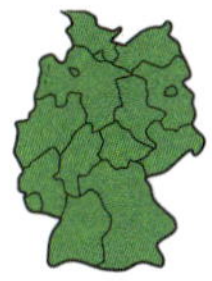

Die **Laubwald-Rotkappe** entspricht genetisch der Weißstieligen Rotkappe, sieht ihr aber verhältnismäßig unähnlich. Sie wächst im natürlichen Verbreitungsgebiet der Eiche. Die Art ist in Deutschland selten geworden und sollte geschont werden.

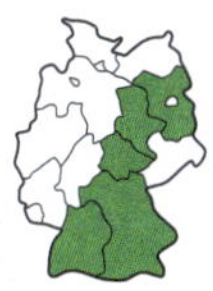

Die **Nadelwald-Rotkappe** ist einer der rund zehn rotbraun gefärbten Raufüße, die schwer zu unterscheiden sind. Aber für den Pilzsammler wird keine nähere Bestimmung benötigt als dass sie einfach ein rotbrauner Raufuß ist, der Speisewert ist derselbe. Die Art ist in Deutschland selten geworden und sollte geschont werden.

② Gemeiner Birkenpilz / Birken-Raufuß *Leccinum scabrum*

GRUPPE SEITE 33

Aus ital. *leccino* (eine Raufuß-Art) und lat. *scabrum* (rau)

Der Gemeine Birkenpilz ist neben dem Fichten-Steinpilz einer der wenigen Pilze, die zwei offizielle schwedische Namen haben. Der andere lautet „Raufuß". Raufüße stehen für alle Arten, die der Gattung *Leccinum* angehören.

Wie der Name schon sagt, wächst der Gemeine Birkenpilz in Gemeinschaft mit Birken. Seine Saison kann sehr lang sein, in manchen Jahren von Juni bis weit in den Herbst. Es gibt mehrere nahestehende und schwer zu bestimmende Arten (siehe S. 95), alle sind jedoch essbar. Der Gemeine Birkenpilz kommt im ganzen Land häufig vor, einer von mehreren Gründen, warum dieser Speisepilz zu den ersten gehört, den Speisepilzsammler gewöhnlich erlernen.

Wichtige Kennzeichen

- Die Hutfarbe kann etwas in braune Nuancen variieren.
- Die Röhrenschicht ist zunächst weißlich und bekommt später einen graueren Ton, oft mit braunen Flecken.
- An dem hellen Stiel sitzen dunkelbraune bis fast schwarze Schuppen. Bei ausgewachsenen Fruchtkörpern ist der Stiel recht schlank mit holziger Konsistenz.
- Das Pilzfleisch ist weiß und ändert im Unterschied zu mehreren anderen Raufüßen an den Schnittflächen nicht die Farbe.

Sammeln und Säubern

Nehmen Sie nur junge, feste Exemplare mit. Wenn die Hüte groß geworden sind und eine weiche Röhrenschicht bekommen haben, dürfen die Pilze stehen bleiben. Die Huthaut und die dunklen Büschel am Stiel brauchen nicht entfernt zu werden.

Zubereitung und Konservierung

Der Gemeine Birkenpilz ist ein guter Mischpilz, wenn er jung ist. Er hat einen milden Geschmack

Hainbuchen-Raufußröhrling

und muss etwas gewürzt werden, wenn er für sich gegessen werden soll. Auch beim Konservieren sollte er am besten mit anderen Pilzen gemischt werden.

DOPPELGÄNGER

Wir warnen vor einer Verwechslung mit dem ■ **Gallenröhrling** (S. 83), der in Gemeinschaft mit Fichten und Kiefern lebt und einen bitteren Geschmack hat. Er pflegt als Doppelgänger des Gemeinen Steinpilzes beschrieben zu werden, aber unserer Ansicht nach erinnert er eigentlich mehr an braune Raufüße.

NAHESTEHENDE SPEISEPILZE

Viele Raufüße haben mehr oder weniger braune Hüte, und auch für kenntnisreiche Pilzsammler können diese schwer zu unterscheiden sein. Der **Hainbuch-Raufußröhrling** sowie der **Bunte Birkenpilz** (S. 96) und der **Weiße Moor-Birkenpilz** (S. 97) sind nahestehende Speisepilze.
Zu **Sammeln, Säubern, Zubereitung und Konservierung** dieser Arten siehe Birken-Rotkappe, S. 91.

① Hainbuch-Raufußröhrling
Leccinum pseudoscabrum
Wächst in Edellaubwäldern mit Haseln und Hainbuchen sowie in laubbaumbestandenen Wiesen und in Parks. Sieht dem Gemeinen Birkenpilz sehr ähnlich, unterscheidet sich aber dadurch von ihm, dass die Hutoberfläche unregelmäßig ist, oft rautenähnlich aufgerissen ist und mit dem Alter dunkler wird. Der Stiel ist typischerweise längsgestreift durch die dunklen, hochstehenden Stielpusteln. Das Fleisch wird bei Berührung und im Anschnitt dunkler, bis es fast schwarz ist. Erscheint frühzeitig in der Saison.

1 Bunter Birkenpilz *Leccinum variicolor*

GRUPPE SEITE 33

Aus ital. *leccino* (eine Raufuß-Art) und lat. *variicolor* (von wechselnder Farbe)

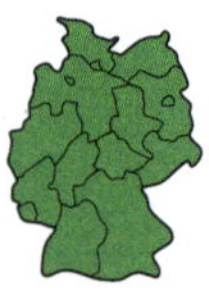

Wir stufen den Bunten Birkenpilz als einen sehr guten Speisepilz ein, einen der schmackhaftesten Raufüße. In älteren Speisepilzbüchern werden die braunen Raufüße oft kollektiv unter Birkenpilz/Raufuß beschrieben. Der Grund für unsere hohe Einstufung ist, dass er zubereitet schmackhaft ist und eine gute Konsistenz hat. Wir sind der Meinung, dass der Bunte Birkenpilz ein ebenso guter Speisepilz ist wie die orangefarbenen Raufüße, die unter den Raufüßen immer am höchsten eingestuft worden sind. Der Bunte Birkenpilz wächst recht verbreitet in Gemeinschaft mit Birken an Sumpfrändern im ganzen Land.

Wichtige Kennzeichen

- Am leichtesten erkennt man den Bunten Birkenpilz daran, dass der dunkel-grauschwarze Hut helle, unregelmäßig marmorierte Flecken hat. Der Hut kann ziemlich groß werden, bis zu 12 cm im Durchmesser.
- Die hellen, grauweißen Röhren bekommen mit der Zeit braune Flecken und färben sich bei Druck durch Oxidation schwach rot.
- Der Stiel ist verhältnismäßig lang und kräftig, bis zu 3 cm im Durchmesser und 15–20 cm lang. Er ist weiß mit schwarzen Stielpusteln und an der Basis oft von einem schönen Blaugrün.
- Das Pilzfleisch ist weiß, am Hut schwach rötend.

Sammeln und Säubern

Der Bunte Birkenpilz ist sowohl leicht zu sammeln als auch leicht zu säubern. Er sitzt oft locker in Moos, vor allem Torfmoos, auf Grasbüscheln und festeren Böden an Sumpfrändern. Er ist selten von Maden befallen, sodass man gewöhnlich nur das am Stiel anhaftende Moos und bei größeren Hüten auch die weiche Röhrenschicht entfernen muss.

Zubereitung und Konservierung

Wie die übrigen Röhrenpilze ist der Bunte Birkenpilz mild im Geschmack und ein ausgezeichneter Mischpilz, aber er kann auch gut separat zubereitet werden. Wer nicht auf schwärzende Pilze in seinem Gericht versessen ist, dem sollte das unverändert weiß bleibende Fleisch des Bunten Birkenpilzes gefallen. Der Bunte Birkenpilz lässt sich ausgezeichnet trocknen.

Der **Bunte Birkenpilz** wächst in Gemeinschaft mit Birken an feuchten Orten, zum Beispiel Sumpfrändern.

NAHESTEHENDE SPEISEPILZE

Dieser charakteristische Röhrenpilz ist auffallend leicht zu erlernen und deshalb schwer mit einer anderen Art zu verwechseln. Dunkle Exemplare des Gemeinen Birkenpilzes (S. 94) können an den Bunten Birkenpilz erinnern, aber die größte Verwechslungsmöglichkeit besteht mit dem **Weißen Moor-Birkenpilz**, der im selben Lebensraum wächst wie der Bunte Birkenpilz.

① Weißer Moor-Birkenpilz

Leccinum niveum

Der Weiße Moor-Birkenpilz wurde lange Zeit als eine Variante des Gemeinen Birkenpilzes betrachtet. Bengt Cortin beschreibt zum Beispiel eine Moorform, den „Torfmoostyp", der einen grünweißen Hut habe und „schlaffer" sei.

Nils Suber führt ihn als eigene Art unter dem Namen „Hellgrüner Raufuß". Er gibt ihm nur einen Stern. Der Weiße Moor-Birkenpilz ist nicht sehr groß und bekommt recht bald einen faserigen Stiel und ein weiches und wässriges Hutfleisch. Die Art ist in Deutschland aufgrund der Biotopzerstörungen selten geworden und sollte geschont werden. Die meisten Moorgebiete sind ohnehin Naturschutzgebiete.

Ähnlich wie der Bunte Birkenpilz wird der Weiße Moor-Birkenpilz an der Stielbasis oft blaugrün.

Das Bild oben zeigt ein Trockengestell mit zur Trocknung vorbereiteten Bunten Birkenpilzen in schönen Farben.

Bild links: Weißer Moor-Birkenpilz

2 Butterpilz *Suillus luteus*

GRUPPE SEITE 33

Aus lat. *suillus* (Schwein) und *luteus* (gelb)

„Man kann nicht über essbare Röhrlinge reden, ohne den Butterpilz einzubeziehen", schreibt Einar Ingelström (1935). Der Butterpilz oder Butter-Röhrling genießt in allen Pilzbüchern einen tief verwurzelten guten Ruf. Und natürlich ist er ein guter Speisepilz, aber man sollte nur die kleinen und mittelgroßen Fruchtkörper sammeln.

Der Butterpilz ist im ganzen Land verbreitet und sehr leicht zu erkennen. Er wächst oft in Gemeinschaft mit Kiefern, aber gelegentlich auch mit Fichten. Entlang sandiger Forststraßen und Wege kann man ihn in großen Gruppen und Reihen finden.

Wichtige Kennzeichen

- Die relativ dicke Huthaut ist bei feuchtem Wetter sehr schleimig und bei Trockenheit trocken und glänzend. An dem schleimigen Hut heften sich leicht Nadeln und Spreu fest.
- Zunächst ist die Röhrenschicht auf der Hutunterseite gelbweiß und mit einer weißen, hautartigen Hülle bedeckt. Wenn der Fruchtkörper

Butterpilz

ausgewachsen ist, ist die Röhrenschicht gelb und die Hülle löst sich von der Hutkante. Sie bildet dann einen Ring um den Stiel.
- Der Ring wird dunkler, schrumpft und verschwindet mit der Zeit fast ganz.

Sammeln und Säubern

Vermeiden Sie es, Butterpilze bei feuchtem Wetter zu sammeln. Die Hüte sind dann besonders schleimig. Lassen Sie ausgewachsene Pilze stehen. Der Butterpilz wird leicht von Maden befallen, und bei älteren Exemplaren wird das Pilzfleisch locker und wässrig. Nach dem Herausdrehen des Fruchtkörpers schneidet man den Stiel direkt unter dem Ring ab. Auch das Entfernen des Rings empfiehlt sich. Die zähe und schleimige Huthaut muss vor der Zubereitung abgezogen werden, entweder gleich im Wald oder bei der Feinsäuberung zu Hause in der Küche. Die Röhrenschicht wird nur entfernt, wenn sie weich ist und sich leicht vom Hut löst.

Zubereitung und Konservierung

Der Butterpilz hat einen milden angenehmen Geschmack und schmeckt sowohl gebraten als auch mit weißer Soße zubereitet gut, entweder separat oder als Mischpilz. Den Butterpilz sollte man so bald wie möglich nach dem Sammeln verarbeiten.

Unserer Meinung nach ist die beste Konservierungsmethode für Butterpilze das Trocknen, gern auch als Mischpilz. Wie die meisten Schmierröhrlinge kann der Butterpilz Verdauungsstörungen wie Durchfall auslösen und wurde daher in Deutschland von der Positivliste gestrichen.

DOPPELGÄNGER

Der Butterpilz kann mit anderen Schmierröhrlingen der Gattung *Suillus* verwechselt werden, zum Beispiel dem **Ringlosen Butterpilz**, dem **Moor-Röhrling** und dem **Gold-Röhrling** (unten) sowie dem **Körnchen-Röhrling** (S. 100) und dem **Kuh-Röhrling** (S. 101). Alle sind essbar, aber wir zählen nur die drei letzten zu den Speisepilzen. Auch junge Exemplare des **Großen Schmierlings** (S. 104) können Butterpilzen ähnlich sehen, aber wenn man einen umdreht, werden schließlich die Blätter, die Lamellen, sichtbar, was eine Verwechslung mit Röhrenpilzen unwahrscheinlich macht.

Moor-Röhrling

Gold-Röhrling, ein obligatorischer Lärchenbegleiter

Moor-Röhrling

Suillus flavidus

Ist zwar essbar, aber nicht besonders schmackhaft. Die blassgelben Röhren sind groß mit kantigen Mündungen. Um den Stiel befindet sich ein kleiner Ring aus Schleim. Der Moor-Röhrling wächst oft in etwas feuchteren Wäldern in Gemeinschaft mit Kiefern.

NAHESTEHENDER SPEISEPILZ

② Gold-Röhrling

Suillus grevillei

Hat einen goldgelben bis rotbraunen schleimigen Hut und einen kräftigen Ring am Stiel. Kommt im ganzen Land häufig vor und wächst in Gemeinschaft mit Lärchen sowohl in Wäldern als auch in Parks. Versuchen Sie, vor der Zubereitung die Huthaut abzuziehen und den Stiel unterhalb des Rings abzuschneiden.

2 Körnchen-Röhrling *Suillus granulatus*

GRUPPE SEITE 33

Aus lat. *suillus* (Schwein) und *granulatus* (mit kleinen Körnern)

Der Körnchen-Röhrling ist unserer Ansicht nach ein ebenso guter Speisepilz wie sein häufiger vorkommender Verwandter, der Butterpilz. Der Geschmack ist genauso gut, aber das Pilzfleisch des Körnchen-Röhrlings hat in der Regel eine festere Konsistenz. Beide Arten wachsen in Gemeinschaft mit Kiefern, aber der Körnchen-Röhrling bevorzugt kalkreichere Böden. Dort, wo der Körnchen-Röhrling vorkommt, wächst er jedoch oft sehr verbreitet und kann schon frühzeitig im Juni erscheinen. In Deutschland wurde der Pilz aufgrund etlicher Berichte über Verdauungsstörungen von der Positivliste der Speisepilze entfernt.

Wichtige Kennzeichen

- Die klebrige und bei Nässe schleimige Huthaut wird bei Trockenheit trocken und glänzend.
- Bei jüngeren Pilzen sitzen oft gelbliche Flüssigkeitstropfen auf der Röhrenschicht. „Die Porenmündungen sind tränengetränkt", wie der Botaniker Einar Ingelström (1894–1983) es ausdrückte.
- Der ringlose Stiel hat – vor allem nach oben hin – kleine, helle Körner, die bei älteren Fruchtkörpern braun werden.

Sammeln und Säubern

Der Körnchen-Röhrling ist eine begehrte Kinderstube für Insekten. Sammeln Sie nur junge Fruchtkörper! Die zähe und klebrige Huthaut zieht man ab, entweder im Wald oder beim Feinsäubern des Pilzes. Den Körnchen-Röhrling sollte man so bald wie möglich nach dem Sammeln verarbeiten.

Körnchen-Röhrling. Beachten Sie die Flüssigkeitstropfen auf der Röhrenschicht und die feinen Körner am Stiel.

Zubereitung und Konservierung

Bezüglich der Zubereitung und Konservierung gilt für den Körnchen-Röhrling dasselbe wie für den Butterpilz (S. 98). In älterer Literatur wird der Körnchen-Röhrling als Rohkostpilz empfohlen, aber davon raten wir ab. Dagegen sind wir der Meinung, dass er ein guter Suppenpilz ist, also zur Verwendung in Suppen geeignet ist.

DOPPELGÄNGER

Der Körnchen-Röhrling kann leicht mit **älteren Butterpilzen** (S. 98) verwechselt werden, die ihren Ring verloren haben. Weil der Körnchen-Röhrling keinen Ring hat, kann er auch mit dem **Kuh-Röhrling** (unten) verwechselt werden. Der hat zwar im frischen Zustand eine zähe Konsistenz, die nicht so ansprechend ist, aber nach der Trocknung verbessern sich sowohl die Konsistenz als auch der Geschmack.

NAHESTEHENDER SPEISEPILZ

② Kuh-Röhrling

Suillus bovinus

Er erinnert in der Farbe an den Körnchen-Röhrling, vor allem von oben, und hat ebenfalls eine Huthaut, die bei Nässe schleimig wird. Die Röhrenschicht sieht jedoch bei den beiden Arten ganz unterschiedlich aus. Der Körnchen-Röhrling hat hellgelbe Röhren mit kleinen Mündungen, während die Röhren des Kuh-Röhrlings eine düstere, graugelbe Farbe mit etwas Oliv und große, kantige Mündungen haben. Zudem ist der Kuh-Röhrling zäh und elastisch. Man kann die Hutkante bis an den Stiel biegen, ohne dass das Pilzfleisch bricht.

Der Kuh-Röhrling wächst in Gemeinschaft mit Kiefern, oft in dichten Gruppen auf nackter Erde entlang von Wegen und Forststraßen oder in der Flechtendecke auf felsigem Gelände.

HINWEIS: In einer Gruppe von Kuh-Röhrlingen wachsen oft einzelne Exemplare des **Rosenroten Schmierlings** (siehe Bild unten und S. 105). Diese zwei Arten gehören verschiedenen Gattungen an, leben aber in einer besonderen Dreiecksbeziehung mit den Wirtsbäumen, meist Kiefern.

Kuh-Röhrling

2 Sand-Röhrling *Suillus variegatus*

GRUPPE SEITE 33

Aus lat. *suillus* (Schwein) und *varius* (vielgestaltig)

Der Sand-Röhrling hat in den letzten Jahren stark an Beliebtheit zugenommen. Das liegt vermutlich zum Teil daran, dass immer mehr Menschen Pilze trocknen als noch vor einigen Jahrzehnten. Der Sand-Röhrling gewinnt nämlich beträchtlich sowohl in geschmacklicher Hinsicht als auch in der Konsistenz, wenn er getrocknet wird.

Der Sand-Röhrling wächst in Gemeinschaft mit Kiefern, sowohl auf sandigen Böden als auch in feuchten, moosigen Niedermooren. Ein alter schwedischer Name des Sand-Röhrlings aus dem 19. Jahrhundert ist „Sommersprossiger Röhrenpilz", ein gewiss ebenso anschaulicher Name wie der heute gebräuchliche.

Wichtige Kennzeichen

- Der Sand-Röhrling hat auf dem gelbbraunen, trockenen Hut kleine dunkle Schuppen, „Sommersprossen".
- Die Röhrenschicht ist von einem etwas dunkleren Rotbraun als die Hutoberseite und der Stiel.

Sand-Röhrling

Getrockneter **Sand-Röhrling**

- Der Stiel hat keinen Ring und weist dieselbe Farbe auf wie die Oberseite des Hutes.
- Bei Anschnitt und Verletzungen nimmt das gelbliche Pilzfleisch oft, aber nicht immer, eine schwach blaue Farbe an (der Pilz blaut).
- Der Geschmack ist etwas säuerlich, und der Geruch wird von vielen als ein wenig unangenehm betrachtet.

Sammeln und Säubern

Vermeiden Sie es, große und ausgewachsene Fruchtkörper zu sammeln. Im Unterschied zu den vier vorherigen Speise-Röhrlingen hat der Sand-Röhrling keine zähe schleimige Huthaut, die entfernt werden müsste. Auch die Sommersprossen müssen nicht abgeschabt werden. Außer dem erdigen Basisteil des Stiels muss in der Regel nichts entfernt werden. Der Sand-Röhrling ist selten von Maden befallen, und auch die dünne Röhrenschicht muss nicht entfernt werden.

Zubereitung und Konservierung

Der Sand-Röhrling wird bei der Zubereitung dunkler. Frische Sand-Röhrlinge eignen sich am besten als Mischpilze und in dem Fall am besten zum Braten. Auch beim Einfrieren und Einmachen mischt man Sand-Röhrlinge am besten mit anderen Pilzen. Einige finden, dass frische, zubereitete Sand-Röhrlinge nicht so gut schmecken, sondern einen etwas unangenehmen, säuerlichen Geschmack haben. Die Trocknung ist die bei Weitem beste Verarbeitungsmethode für den Sand-Röhrling. Sowohl der Geschmack als auch die Konsistenz gewinnen hierdurch enorm. Getrockneter Sand-Röhrling kann als Würzpilz betrachtet werden. Im zubereiteten Zustand ist er eine Delikatesse, deren Geschmack an die Frühjahrs-Giftlorchel erinnert.

Jetzt, wo wir die Problematik kennen, können wir sie in allen alten Giftlorchel-Rezepten durch getrockneten Sand-Röhrling ersetzen.

DOPPELGÄNGER

Einige Röhrlingsarten können mit dem Sand-Röhrling verwechselt werden. Dies sind der 2 **Kuh-Röhrling**, der in ähnlichen Lebensräumen wie der Sand-Röhrling wächst und den wir zum Speisepilz „hochgestuft" haben (gilt für kleine, junge Exemplare, S. 101), und der **Pfeffer-Röhrling**. Am größten ist das Verwechslungsrisiko mit Letzterem, der einen etwas pfeffrigen Geschmack hat und deshalb nur in kleinen Mengen als Würzpilz verwendet werden kann.

Pfeffer-Röhrling
Chalciporus piperatus

Dieser Röhrling ist meist kleiner als der Sand-Röhrling, aber vor allem ist der Stiel schmaler und nach unten hin kräftig golden gefärbt, sowohl außen als auch innen. Der Stiel hat an der gelbfarbenen Basis eine auffallend spröde Konsistenz und bricht dort leicht ab, wenn man ihn pflückt. Die rotbraunen, ziemlich großen und kantigen Röhren werden bei Druck schmutzigbraun.

Der Pfeffer-Röhrling wächst sowohl in Laub- als auch in Nadelwäldern, vorzugsweise auf etwas feuchteren und grasigeren Böden. Er wächst einzeln und ist im ganzen Land verbreitet.

Pfeffer-Röhrling, kann nur in kleinen Mengen als Würzpilz verwendet werden

Großer Schmierling / Kuhmaul

Gomphidius glutinosus

GRUPPE SEITE 36

Aus gr. *gomphos* (Pflock) und lat. *glutinosus* (klebrig)

Der Große Schmierling oder Gelbfuß ist ein beliebter Pilz, obwohl er nie zu den am höchsten eingestuften gehört hat. Er ist leicht zu erkennen und hat keinen gefährlichen Doppelgänger. Das ist wohl die Erklärung dafür, warum der Große Schmierling weit oben auf unserer Pilz-Hitliste steht.

Ältere Fruchtkörper werden schwarzfleckig, und die anfangs hellen Lamellen schwärzen sich durch die schwarzen Sporen. Richtig alte Pilze können völlig schwarz werden und sind dann als Speisepilze ungeeignet.

Der Große Schmierling lebt in Gemeinschaft mit Fichten und ist im ganzen Land verbreitet. Er wächst meist einzeln oder in kleinen Gruppen.

Wichtige Kennzeichen

- Der Hut ist graulila bis graubraun und bei Nässe sehr schleimig. Ältere Exemplare werden schwarzfleckig bis völlig schwarz.

Großer Schmierling

- Bei jungen Fruchtkörpern befindet sich eine glasklare Haut zwischen Hutkante und Stiel. Wenn die Haut reißt, findet man ihre Reste wie einen Schleimgürtel am Stiel direkt unter den Lamellen.
- Die Lamellen sind zunächst weiß bis grauweiß und später durch die reifen, schwarzen Sporen geschwärzt.
- Der Stiel ist schleimig bis klebrig, nach oben hin weiß und zur Basis hin zitronengelb.

Sammeln und Säubern

Vermeiden Sie es, Große Schmierlinge bei feuchtem Wetter zu sammeln. Die Hüte sind dann besonders schleimig. Die schleimige Huthaut muss vor der Zubereitung entfernt werden. Der Stiel älterer Fruchtkörper hat oft eine etwas „holzige" Konsistenz, schneiden Sie in dem Fall diesen Teil weg.

Zubereitung und Konservierung

Der Große Schmierling eignet sich am besten als Mischpilz und kann sowohl mit weißer Soße zubereitet als auch gebraten werden. Wenn er konserviert werden soll, macht er sich am besten in Pilzmischungen – getrocknet, eingefroren oder eingemacht.

DOPPELGÄNGER

Keine. Von oben gesehen kann er eventuell mit dem **Butterpilz** (S. 98) verwechselt werden. Cortin (1937) drückt es so aus: „Wird nur vom Pilzanalphabeten mit dem Butterpilz verwechselt (bevor die Haut abgeworfen wurde und die Lamellen freigelegt wurden)."

NAHESTEHENDER SPEISEPILZ

1 Rosenroter Schmierling

Gomphidius roseus

Der Rosenrote Schmierling ist essbar, gehört aber unter den Speisepilzen nicht derselben Klasse an wie der Große Schmierling. Zudem ist er selten und sollte geschont werden. Er wächst in Gemeinschaft mit Kiefern, oft auf trockenem, felsigem Gelände, auf Kiefernheiden und entlang von Wegen und Forststraßen. Man findet ihn meist einzeln zusammen mit dem Kuh-Röhrling (S. 101) wachsend.

Der Hut ist trocken oder bei Nässe etwas schleimig und meist attraktiv rosa gefärbt. Der Stiel ist oft gebogen und weiß mit einem schwachen rosigen Ton an der spitz zulaufenden Basis. Leider ist oft der gesamte Fruchtkörper von Maden befallen und von innen völlig aufgefressen.

Rosenroter Schmierling

2 Graubrauner Schneckling

Hygrophorus camarophyllus

GRUPPE SEITE 37

Aus gr. *hygros* (nass, feucht) und *phorus* (tragend) sowie *kamaro* (Gewölbe) und *phyllon* (Blatt)

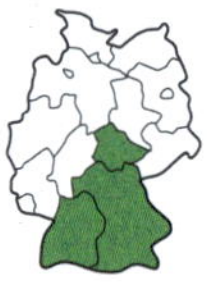

Viele betrachten den Graubraunen oder auch Rußbraunen Schneckling als den besten Speisepilz unter den Schnecklingen. Er wächst recht verbreitet in Nadelwäldern bei Fichten zwischen Flechten und Moos, vorzugsweise in kupiertem Gelände und manchmal in großen Ansammlungen. Der Graubraune Schneckling hat länger Saison als die meisten anderen Schnecklinge und hat seine Hochsaison im Spätherbst. Die Art ist in Deutschland inzwischen aber selten geworden und sollte geschont werden.

Wichtige Kennzeichen

- Der dunkel-rußbraune Hut hat dicht sitzende, strahlenförmig von der Mitte bis zur Kante verlaufende schwarze Streifen.
- Die entferntstehenden wachsartigen und herablaufenden Lamellen sind zunächst weiß und werden bei älteren Fruchtkörpern ein wenig grau, was einen wirkungsvollen Kontrast sowohl zum Hut als auch zum Stiel bildet.
- Der Stiel ist direkt unter den Lamellen völlig weiß und im Übrigen durch eingewachsene Fasern graubraun.
- Der Geruch ist angenehm, honigähnlich.

Sammeln und Säubern

Der Graubraune Schneckling gehört aufgrund der dunklen, diskreten Hutoberseite zu den schwerer zu entdeckenden Speisepilzen. Man entdeckt ihn am einfachsten von der Seite, wenn man zum Beispiel einen Berghang hinaufklettert. Leider ist der Graubraune Schneckling oft von Maden befallen. Wenn der Herbst regnerisch ist, kann der Graubraune Schneckling zudem von einem parasitären Schimmelpilz befallen und unbrauchbar gemacht werden. Später im Herbst, wenn die Nächte anfangen, kühler zu werden, verbessert sich die Qualität deutlich.

Zubereitung und Konservierung

Der Graubraune Schneckling hat eine feine, zarte Konsistenz und ist oft als ein ausgezeichneter Rohkostpilz hervorgehoben worden. Aber wir vertreten ja die Auffassung, dass kein Waldpilz als Rohkost verwendet werden sollte.

Ein Pilzgericht ausschließlich mit Graubraunem Schneckling würzt man am besten etwas stärker. Wir bevorzugen den Graubraunen Schneckling als Mischpilz, gebraten oder mit weißer Soße.

Auch beim Konservieren macht er sich am besten zusammen mit anderen Pilzen. Wenn er getrocknet werden soll, ist es wichtig, nur fehlerfreie Exemplare ohne Madenbefall zu verwenden.

DOPPELGÄNGER

Im selben Lebensraum wie der Graubraune Schneckling wachsen auch die zwei Speisepilze **Olivbrauner Schneckling** (S. 108) und **Finnischer Schneckling** (S. 109) sowie der **Schwarzfaserige Schneckling** (unten). Schwarze Streifen auf dem Hut haben auch der **Schwarzfaserige Ritterling** (S. 126) und der ■ **Breitblättrige Rübling** (S. 128), aber sie haben ausgebuchtete Lamellen. Ferner können der ■ **Keulenfuß-Trichterling** und weitere, oft giftige Trichterlingsarten mit dem Graubraunen Schneckling verwechselt werden. Er wird auf S. 238 näher beschrieben.

■ Schwarzfaseriger Schneckling

Hygrophorus atramentosus

Die Oberseite des Hutes ist grauschwarz bis blaugrau mit deutlichen schwarzen strahlenförmig verlaufenden Streifen. Die Farbe hat niemals Einschläge von Braun, so wie beim Graubraunen Schneckling. Den größten Unterschied zum Graubraunen Schneckling sieht man jedoch, wenn man den Pilz umdreht. Der Stiel ist direkt unter den Lamellen von einem sehr dunklen Grau, und diese graue Farbe setzt sich bis ein paar Millimeter an der Lamellenschneide fort. Die Lamellen sind angewachsen bis schwach am Stiel herablaufend. Der Schwarzfaserige Schneckling ist in Deutschland sehr selten und wächst meist vereinzelt in reicheren Fichtenwäldern.

Graubraune Schnecklinge in typischen Lebensräumen: moosiger Heidelbeer-Fichtenwald und magere flechtenreiche Felsenplatten

Schwarzfaseriger Schneckling

Graubrauner Schneckling

① Olivbrauner Schneckling

Hygrophorus olivaceoalbus

Aus gr. *hygros* (nass, feucht) und *phorus* (tragend) sowie lat. *olivaceoalbus* (olivgrün und weiß)

Ein Pilz, der leicht übersehen wird. Zum einen, weil er schwer zu entdecken ist, zum anderen, weil ihn nicht viele Pilzsammler erkennen. Er ist weit verbreitet und geht mit Fichten auf saurem, moosreichem Boden eine Mykorrhiza ein. Sammler von Trompetenpfifferlingen pflegen ihn zu bemerken, weil beide Arten ungefähr gleichzeitig im selben Lebensraum wachsen und ungefähr gleich groß sind.

Wichtige Kennzeichen

- Der sehr schleimige Hut ist graubraun, manchmal mit einem schwachen Olivton. Er hat eine dunkle, fast schwarze Mitte mit einem Buckel und wird selten über 4 cm im Durchmesser.
- Die Lamellen sind weiß, entferntstehend und etwas am Stiel herablaufend.
- Der im Verhältnis zur Hutbreite schmale Stiel ist ebenfalls sehr schleimig und bei jungen Exemplaren einfarbig weißlich. Bei älteren Fruchtkörpern bilden sich schwach bräunliche Gürtel am Stiel, wenn der Schleim eintrocknet. An der Basis und direkt unter den Lamellen ist er stets weiß.

Olivbrauner Schneckling

Sammeln und Säubern

Der Olivbraune Schneckling wächst einzeln oder in kleinen Gruppen, sodass es gewöhnlich keine üppige Ernte dieses mild schmeckenden Pilzes gibt. Wenn er beim Sammeln sehr schleimig ist, kann man ihn ein paar Stunden liegen und eintrocknen lassen. Dann kann man besser mit ihm hantieren. Das Einzige, was man entfernen muss, ist in der Regel die Stielbasis.

Zubereitung und Konservierung

Siehe Graubrauner Schneckling (S.106).

DOPPELGÄNGER

Kann mit anderen ähnlichen essbaren Schnecklingen verwechselt werden, zum Beispiel dem Frost-Schneckling (S. 110) und den folgenden zwei Speisepilzen: dem Finnischen Schneckling und dem Olivbraungestielten Schneckling.

NAHESTEHENDE SPEISEPILZE

Finnischer Schneckling

Hygrophorus korhonenii

Diese Art war als „Olivbrauner Schneckling" bekannt, obwohl sie in Größe und Form erheblich von diesem abweicht. In Deutschland ist dieser Pilz extrem selten.

Der Finnische Schneckling unterscheidet sich in folgender Hinsicht vom Olivbraunen Schneckling: Sowohl Hut als auch Stiel sind durchgehend kräftiger und weniger schleimig. Der Hut ist glockenförmiger und der Buckel ausgeprägter. Die dunkle Zeichnung des Stiels ist kräftiger, und die Farbe hat niemals braune oder olivgrüne Einschläge. Der Finnische Schneckling scheint reichere Fichtenwälder zu bevorzugen, zum Beispiel auf ehemaligem Ackerland. Er wächst gern in Kleingruppen.

① Olivbraungestielter Schneckling

Hygrophorus persoonii

Auch diese Art ist größer und kräftiger als der Olivbraune Schneckling und erinnert mehr an den Finnischen Schneckling. Sowohl der Hut als auch der Stiel sind jedoch sehr schleimig, und die Farbe hat üblicherweise Einschläge von Braun, manchmal auch Oliv. Die Hutmitte ist deutlich dunkler als der Rest der Hutoberseite. Der Stiel kann einen Durchmesser von 1,5 cm erreichen und ist spulenförmig mit spitz zulaufender Basis. Ziemlich seltene Art, die gruppenweise in Gemeinschaft mit Eichen oder Haseln auf kalkreichen Böden wächst. Der Olivbraungestielte Schneckling ist kein bekannter Speisepilz, ist aber sicherlich essbar.

Der **Finnische Schneckling** wächst oft in kleinen Gruppen.

Olivbraungestielter Schneckling

① Frost-Schneckling *Hygrophorus hypothejus*

GRUPPE SEITE 37

Aus gr. *hygros* (nass, feucht) und *phorus* (tragend) sowie *hypotheios* (auf der Unterseite schwefelgelb)

Gehört zum Spätherbst, der „Zeit des Nachtfrostes“, wie Waldemar Bülow 1917 schreibt. Die Urteile über den Speisewert des Frost-Schnecklings in älterer Literatur sind nicht überschwänglich, und als Grund wird angeführt, dass er „aufgrund seiner Schleimigkeit weniger nutzbar“ sei. Heute gibt es immer mehr Pilzenthusiasten, die der Ansicht sind, dass er ein sehr guter Speisepilz sei.

Der Frost-Schneckling wächst im ganzen Land und lebt als Mykorrhizapilz mit Kiefern. Oft sieht man ihn zwischen Moos entlang von Wegen und auf mageren Felsenplatten. Die Fruchtkörperbildung geschieht gleichzeitig mit dem ersten Nachtfrost, und der Frost-Schneckling gehört definitiv zu den letzten Speisepilzen der Saison.

Wichtige Kennzeichen

- Der Hut ist gelbbraun mit grauem oder olivgrünem Ton und kann von extrem schleimig bei Regen bis zu völlig trocken bei trockener Witterung variieren.
- Die entferntstehenden, angewachsenen bis schwach herablaufenden Lamellen variieren von Hellgelb bis Orangegelb.
- Der Stiel, der ebenfalls sehr schleimig sein kann, ist von einem blasseren Gelb und verjüngt sich zur Basis hin. Etwa 1 cm unterhalb der Lamellen kann er einen verdickten Schleimring haben.
- Das Pilzfleisch kann von fast weiß bis zu kräftig goldfarben variieren.
- Alle Teile des Fruchtkörpers können deutlich markierte, rote Flecken oder Streifen aufweisen.

Sammeln und Säubern

Schleimige Pilze sammelt man am besten bei trockenem Wetter. Wenn die Pilze dennoch bei feuchter Witterung gesammelt wurden, legen Sie sie in der Küche aus und lassen Sie sie einige Stunden trocknen, bevor Sie mit dem Säubern fortfahren. Der gesamte Fruchtkörper kann verwendet werden, die Huthaut braucht nicht abgezogen zu werden.

Zubereitung und Konservierung

Bei der Zubereitung verschwindet die schleimige Konsistenz, insbesondere, wenn der Frost-Schneckling gebraten wird. Er lässt sich gut mit anderen Spätherbstpilzen wie dem Trompetenpfifferling und dem Graublättrigen Schwefelkopf mischen und macht sich ausgezeichnet in Suppen. Kann sowohl eingefroren als auch eingemacht werden, gern als Mischpilz. Man kann ihn auch trocknen, und zwar am besten mit einem Dörrgerät.

DOPPELGÄNGER

Der Frost-Schneckling kann mit anderen essbaren Schnecklingen verwechselt werden, vor allem mit dem **Olivbraunen Schneckling** auf der vorigen Doppelseite. Dieser wächst jedoch früher im Herbst in Gemeinschaft mit Fichten und hat niemals gelbe Farbeinschläge. Trichterlinge haben eine ähnliche Gestalt, sind aber nicht so schleimig und haben keine wachsartigen Lamellen.

Der **Frost-Schneckling** wächst oft in kleinen Gruppen, stets in Gemeinschaft mit Kiefern, aber gern auch in Mischwäldern.

Das Pilzfleisch des **Frost-Schnecklings** kann von Weiß bis Gelb variieren, oft mit rötlichen Flecken wie an dem aufgesprungenen Stiel.

Granatroter Saftling *Hygrocybe punicea*

GRUPPE SEITE 37

Aus gr. *hygros* (nass, feucht) und *kybe* (Hut, Kopf) sowie lat. *puniceus* (purpurfarben)

Es ist immer ein schönes Erlebnis, im Spätherbst diese blutrot leuchtenden Pilze im noch grünen Gras zu finden. Vor allem aufgrund dieser ins Auge fallenden Hutfarbe ist diese auch Größter Saftling oder Scharlachroter Saftling genannte schöne Pilzart oft auf Pilzpostern und in Pilzbüchern vertreten. Leider ist er heute nicht mehr sonderlich häufig anzutreffen. Er wächst in Wiesen und Weiden und alten Parks.

HINWEIS: Der Granatrote Saftling ist wie alle Saftlinge (*Hygrocybe*) laut Bundesartenschutzverordnung besonders geschützt und soll nicht mehr gesammelt werden.

Wichtige Kennzeichen

- Hier kann es angebracht sein, mit der Größe zu beginnen. Die Hutbreite beträgt 5–10 cm, und der Stiel kann bis zu 12 cm lang sein. Mehrere rote Saftlinge oder Schnecklinge, mit denen er verwechselt werden kann, sind deutlich kleiner.
- Der blutrote bis scharlachrote Hut ist gewöhnlich trocken, kann bei feuchter Witterung aber etwas klebrig sein. Bei Trockenheit verblasst die Farbe zu Gelbrot.
- Die Lamellen sind angeheftet bis ausgebuchtet, hoch und ziemlich entferntstehend. Bei jungen Fruchtkörpern sind sie gelb und bei älteren gelbrot bis rot, manchmal mit einem grauweißen Ton durch die weißen Sporen.
- Der Stiel ist gelb und mehr oder weniger rot gestreift. Manchmal ist der Stiel bis auf die spitz zulaufende weiße Stielbasis völlig rot.
- Das Pilzfleisch ist weiß.

Sammeln und Säubern

Selten muss mehr weggeschnitten werden als die Stielbasis. Da der Granatrote Saftling erst zum Spätherbst hin erscheint, ist er gewöhnlich nur selten von Maden befallen. Sowohl Insekten als auch Schnecken werden inaktiv, wenn die Herbstkälte einsetzt.

Zubereitung und Konservierung

Der Granatrote Saftling macht sich ausgezeichnet in Pilzgerichten mit weißer Soße, gern zusammen mit einem Würzpilz. Zudem verleiht er dem Gericht eine schöne gelbe Farbe. Die besten Konservierungsmethoden sind Tiefgefrieren oder Einmachen. Man kann ihn auch trocknen.

DOPPELGÄNGER

Oft bringen uns Besucher kleine rote Saftlinge mit, in dem Glauben, den viel gerühmten Granatroten Saftling gefunden zu haben. Vor einem dieser Pilze sollte man sich vorsehen, und zwar dem **Kegeligen Saftling**. Es können auch noch mehrere **andere rote Saftlinge** mit dem Granatroten Saftling verwechselt werden, zum Beispiel der

■ **Kirschrote Saftling**, *Hygrocybe coccinea*. Sie sind essbar, aber keine Speisepilze, weil sie so klein und geschmacklos sind.

■ Kegeliger Saftling

Hygrocybe conica

Der Kegelige Saftling wird auch als Schwärzender Saftling bezeichnet. Diese zwei Namen greifen die zwei wichtigsten Kennzeichen des Pilzes auf, nämlich, dass der Hut spitzkegelig ist und dass sich der gesamte Fruchtkörper mit dem Alter schwarz färbt, beginnend mit der Stielbasis. Er ist im ganzen Land verbreitet und wächst zwischen Gras auf Weideland, in Laubbaumhainen und an Waldsäumen. Der Kegelige Saftling kann Magen-Darm-Beschwerden verursachen (S. 236).

Kirschroter Saftling, oben und unten

Kegeliger Saftling, oben

2 Orangefarbener Wiesen-Ellerling *Cuphophyllus pratensis*

GRUPPE SEITE 37

Aus gr. *hygros* (nass, feucht) und *kybe* (Hut, Kopf) sowie lat. *pratensis* (Wiesen)

Der Orangefarbene Wiesen-Ellerling ist seit langer Zeit ein geschätzter Speisepilz. Seine Beliebtheit hängt möglicherweise zum Teil damit zusammen, dass er einem Pfifferling ähnelt. Zudem ist er leicht zu säubern und selten von Maden befallen. Nicht zuletzt ist das Risiko einer Verwechslung mit einem gefährlichen anderen Pilz relativ gering.

Der Orangefarbene Wiesen-Ellerling wächst in großen Teilen des Landes saprotroph in nährstoffarmen, grasbewachsenen und moosigen Wiesen- und Weideflächen. Da dieser Landschaftstyp in unserem Land immer seltener wird, können Funde des Orangefarbenen Wiesen-Ellerlings für Personen, die auf dem Gebiet der Naturpflege arbeiten, festgehalten werden.

In den Gebirgsgebieten kann der Orangefarbene Wiesen-Ellerling auf grasreichen Bergwiesen, wo er bereits im August gefunden werden kann, sehr verbreitet sein. Ansonsten gehört er zu den Herbst- oder Spätherbstpilzen.

Wichtige Kennzeichen

- Der trockene Hut, der oft einen breiten Buckel besitzt, variiert je nach Alter und Feuchtigkeitsgrad von Rotgelb bis zu einem hellen Gelbbeige. Bei Trockenheit springt der Hut oft in der Mitte auf.
- Die entferntstehenden, wachsartigen Lamellen laufen etwas am Stiel herab. Sowohl die Lamellen als auch der Stiel haben hellere Nuancen als die Hutoberseite.
- Der Stiel verjüngt sich etwas zur Basis hin.

Sammeln und Säubern

Große Mengen des Orangefarbenen Wiesen-Ellerlings findet man selten. Wie schon erwähnt ist er selten von Maden befallen, sodass meist nur die erdige Stielbasis entfernt werden muss.

Zubereitung und Konservierung

Der Geschmack ist mild und angenehm. Er ist kein Würzpilz, macht sich aber ausgezeichnet als Mischpilz. Er kann separat zubereitet werden, aber in dem Fall am besten etwas gewürzt. Der Orangefarbene Wiesen-Ellerling sollte in Deutschland geschont werden, da seine Lebensräume schwinden..

NAHESTEHENDER SPEISEPILZ

Goldzahn-Schneckling

Hygrophorus chrysodon

Der Goldzahn-Schneckling hat im frischen Zustand schmierig-schleimige Hüte mit Durchmessern von 3–7 cm. Die trockenen Hüte sind matt. Charakteristisch sind die elfenbeinweißen Hüte mit zitronengelben Flöckchen am Hutrand, die aber mitunter nur schwach ausgebildet sein können. Das weiße Fleisch schmeckt mild bis schwach nussartig, der Geruch ist etwas säuerlich-harzig mit Anklang an Bittermandeln. Die mäßig häufige Art gilt als Kalkzeiger und kann zum Beispiel im Alpenraum in Nadel- und Laubmischwäldern mit Buchen und Fichten gefunden werden.

DOPPELGÄNGER

Es ist sehr schwierig, den Orangefarbenen Wiesen-Ellerling mit einem gefährlichen Pilz zu verwechseln. Doppelgänger sind der Echte Pfifferling (S. 64) und der Wald-Schneckling.

Wald-Schneckling

Hygrophorus nemoreus

Erinnert stark an den Orangefarbenen Wiesen-Ellerling, ist aber kräftiger und hat eine mattere Hutfarbe. Wie sein Name andeutet, findet man diese Art, die als Mykorrhizapilz mit Eichen und Haseln lebt, in Laubbaumhainen und Parks. Der Wald-Schneckling ist essbar und schmackhaft, aber weil er ziemlich selten ist, empfehlen wir ihn nicht als Speisepilz.

Elfenbein-Schneckling

Hygrophorus eburneus

Die frischen Hüte sind elfenbeinweiß, stark schmierig-schleimig und erreichen bis zu 7 (9) cm im Durchmesser. Abgetrocknet sind die Hüte klebrig bis matt. Junge Fruchtkörper sind halbkugelig mit eingerolltem Hutrand. Das weiße Fleisch hat einen milden, eher faden Geschmack und riecht typisch süßsäuerlich-obstartig, orangenartig, nach Mandarinenschale. Der Elfenbein-Schneckling ist eine Charakterart von basenreichen Buchenwäldern und in Deutschland weit verbreitet.

Goldzahn-Schneckling

Wald-Schneckling

Elfenbein-Schneckling

2 Austern-Seitling *Pleurotus ostreatus*

GRUPPE SEITE 38

Aus gr. *pleuron* (Seite) und *ous* (Ohr) und lat. *ostreatus* (mit austernähnlichen Schuppen)

Der Kultur-Austern-Seitling oder -Austernpilz ist seit den 1980er-Jahren an gut sortierten Pilz- und Gemüsetheken erhältlich. Aber nicht viele wissen, dass er wild an Stümpfen und Stämmen von Laubbäumen wie Birke, Buche, Pappel, Salweide, Esche und in manchen Gegenden auch an Fichten wächst. Der Austern-Seitling kann bei mildem Herbst- und Winterwetter über einen langen Zeitraum Fruchtkörper hervorbringen. Einen weiteren Fruchtkörper-Schub kann es im Mai/Juni geben.

Wichtige Kennzeichen

- Die Fruchtkörper sitzen in Gruppen, die aus einigen wenigen bis zu einer größeren Anzahl bestehen können.
- Die Hüte sind 4–14 (bis zu 18) cm breit und haben einen seitlich ansitzenden Stiel. Die Hutform ist zungenähnlich, nierenförmig – wie eine Auster. Die Hutfarbe ist zunächst graublau, bei älteren Fruchtkörpern mehr graubraun.
- Die weißen bis grauweißen, verschieden langen, entferntstehenden Lamellen laufen auf den Stiel herab, der an der Basis oft etwas behaart ist.

Sammeln, Säubern, Zubereitung und Konservierung

Schneiden Sie den unteren Teil des Stiels weg, der oft zäh ist. Der Austern-Seitling ist ein guter Speisepilz und kann gern auch gewürzt werden. Er lässt sich gut trocknen.

Lungen-Seitling

Ohrförmiger Seitling

NAHESTEHENDE SPEISEPILZE

② Lungen-Seitling

Pleurotus pulmonarius

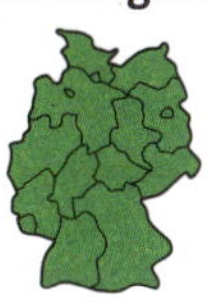

Der Lungen-Seitling ist heller als die vorige Art. Im Übrigen sind sich diese zwei Seitlinge sehr ähnlich, auch was Lebensweise und Speisewert betrifft.

Ohrförmiger Seitling

Phyllotus porrigens

Im Herbst 2004 kam es in Japan zu mehreren Vergiftungen durch den Ohrförmigen Seitling. Den Vergifteten gemeinsam war ihr hohes Alter und dass sie bereits zuvor eine herabgesetzte Nierenfunktion gehabt hatten. Ältere Personen mit herabgesetzter Nierenfunktion sind also gut beraten, wenn sie auf den Ohrförmigen Seitling verzichten. Es sind jedoch keine weiteren Alarmmeldungen über den Ohrförmigen Seitling eingetroffen. In Deutschland sind keine Vergiftungen bekannt. Der Pilz steht aber nicht auf der Liste der empfohlenen Speisepilze in Deutschland.

Der Ohrförmige Seitling wächst an morschen Baumstämmen und auf Fichtenholz. Die Fruchtkörper sind zunächst weiß und gilben später etwas. Die Lamellen stehen strahlenförmig von dem sehr kurzen, oft seitlich ansitzenden Stiel ab. Das Pilzfleisch ist weiß, dünn und etwas zäh. Angenehmer Geruch und Geschmack.

Sammeln, Säubern, Zubereitung und Konservierung

Der Ohrförmige Seitling hat einen kurzen zähen Stiel, der entfernt wird. Es ist wichtig, dass Ohrförmige Seitlinge gut durchgegart werden, sie dürfen keinesfalls roh verzehrt werden. Am besten schmecken sie knusprig gebraten. Tiefgefrieren und Trocknen sind die besten Konservierungsmethoden.

DOPPELGÄNGER

Es gibt keine Seitlinge, die als giftig bekannt wären. Der Ohrförmige Seitling hat nach unserer Ansicht keinen eigentlichen Doppelgänger. Mit dem Austern-Seitling kann man den ungenießbaren, bitteren **Gelbstieligen Muschelseitling** verwechseln. Der gelbe, kurz abgesetzte Stiel ist aber ein gutes Unterscheidungsmerkmal.

Ohrförmiger Seitling

② Violetter Rötelritterling *Lepista nuda*

GRUPPE SEITE 38

Aus gr. *lepista* (Schale) und lat. *nudus* (nackt)

Der charakteristische Geruch und Geschmack des Violetten Rötelritterlings sind in früheren Pilzbüchern hoch eingestuft worden. Auf Exkursionen und Ausstellungen merkt man deutlich, dass ältere Pilzsammler an diesem klassischen Speisepilz, über den viel geschrieben und geredet wurde, ein größeres Interesse haben als jüngere Sammler.

Der Violette Rötelritterling ist ein Streuzersetzer, der auf vermodernden Nadeln, Laub und Gras lebt. Oft wächst er in Ringen in der Nadelstreu unter großen Fichten oder auf Komposthaufen. Er ist im ganzen Land verbreitet und gehört zu den Spätherbstpilzen. Ähnliche blaue Pilze, die früher in der Saison angetroffen werden, sind in der Regel ungenießbare Schleierlinge.

Wichtige Kennzeichen

- Von oben macht der Violette Rötelritterling selten einen blauen Eindruck. Die Hutfarbe wechselt je nach Alter zwischen Braun, Grau und manchmal schwachem Violett.
- Die Lamellen sind blauviolett, dicht und schwach ausgebuchtet.
- Der blaue Stiel ist nach oben hin wie weiß gepudert und zur Basis hin etwas angeschwollen.
- Das Fleisch ist blaugrau, oft mit dunklen und hellen Farbveränderungen (marmoriert).
- Wenn man einen Violetten Rötelritterling bricht und gleichzeitig daran riecht, tritt einige Sekunden lang ein ganz eigener Geruch hervor, der an verbrannten Gummi erinnert. Der auch als süßlich parfümiert beschriebene Geruch ist sehr charakteristisch.

Sammeln und Säubern

Drehen Sie den Fruchtkörper heraus und schneiden Sie den unteren Teil des Stiels weg, der stets mit Nadeln, Laub oder Grasresten bedeckt ist. Dass beim Ernten des Violetten Rötelritterlings so viel Schmutz mitkommt, ist ein gutes Kennzeichen für diesen Streuzersetzer. Blaue Schleierlinge sind Mykorrhizapilze und um die Stielbasis herum deutlich „sauberer" (siehe auch die Bilder auf S. 29).

Weil der Violette Rötelritterling spät im Herbst erscheint, wird er selten von Maden befallen, und man muss beim Feinsäubern nur selten etwas entfernen.

Zubereitung und Konservierung

Wir geben keine allgemeine Empfehlung, den Violetten Rötelritterling abzukochen, aber wenn man seinen Geschmack etwas abmildern will, ist es sinnvoll, ihn einige Minuten abzukochen („Abkochen" siehe S. 215). Der starke Geschmack verträgt gut und gern ein Abkochen, ohne zu verschwinden. Der Violette Rötelritterling kann auf mehrere verschiedene Arten zubereitet werden, aber wir bevorzugen ihn gebraten, separat oder als Mischpilz, oder in Essig eingelegt.

Der Violette Rötelritterling kann auf alle denkbaren Arten konserviert werden. Beim Einlegen sorgen kleine vollständige Hüte mit ihrer blauen Farbe für einen zusätzlichen Pfiff. Getrockneter Violetter Rötelritterling wird wie die meisten Ritterlinge ein wenig hart und muss ziemlich lange eingeweicht werden, mindestens ein paar Stunden.

DOPPELGÄNGER

Wie bereits erwähnt, werden häufig **blaue Schleierlinge** unterschiedlicher Art, zum Beispiel der **Lila Dickfuß** und der **Bocks-Dickfuß**, mit dem Violetten Rötelritterling verwechselt. Diese Schleierlinge sind nicht essbar, und ihnen gemeinsam ist, dass junge Exemplare stets spinnwebdünne Schleierfäden, eine *Cortina*, zwischen Hutkante und Stiel haben. Wenn sich die Fruchtkörper entwickeln, reißen die Fäden und bleiben nur als Schleierreste an der Hutkante und um den Stiel zurück. Davor haben sich die Fäden oft durch herabfallende Sporen braun gefärbt, und auch die Lamellen der ausgewachsenen Schleierlinge haben einen durch die Sporen braunen Ton.

Ein paar nahestehende Arten, die ebenfalls mit dem Violetten Rötelritterling verwechselt werden können, sind der **Lilastiel-Rötelritterling** und der **Schmutzige Rötelritterling**. Eine weitere, völlig blauviolette Art, die Pilzsammler oft für den Violetten Rötelritterling halten, ist der **Violette Lacktrichterling**. Alle diese Arten sind essbar, einige jedoch mit Einschränkungen (siehe S. 120).

Lila Dickfuß

Lila Dickfuß

Cortinarius traganus

Die Lamellen der Fruchtkörper sind gelbbraun. Auch das Fleisch ist gelbbraun, und der Geruch ist süßlich fruchtig. Kommt im ganzen Land häufig zwischen Moos in Nadelwäldern vor.

Bocks-Dickfuß

Cortinarius camphoratus

Die Lamellen der Fruchtkörper sind violett. Auch das Fleisch ist violett, und der Geruch ist sehr stark und unangenehm. Kommt in moosigen Fichtenwäldern relativ häufig vor.

Bocks-Dickfuß

Lilastiel-Rötelritterling

Schmutziger Rötelritterling

Violetter Lacktrichterling

DOPPELGÄNGER
zum Violetten Rötelritterling auf der vorigen Doppelseite:

Lilastiel-Rötelritterling
Lepista personata
Ist wie der Violette Rötelritterling ein Spätherbstpilz und wächst in langen Reihen oder Hexenringen auf alten Kulturflächen, zum Beispiel Weidewiesen, Rasen, Parks und Gärten. Der Lilastiel-Rötelritterling ist ein kräftiger, zweifarbiger Pilz mit blass braungrauem Hut und einem schönen, „fliederfarbenen" Stiel. Er kommt in ganz Mitteleuropa vor und ist früher als guter Speisepilz betrachtet worden. Heute sind wir der Ansicht, dass er als Speisepilz fraglich ist, zum einen, weil er nicht so schmackhaft ist, zum anderen, weil er vor der Zubereitung abgekocht werden muss.

Schmutziger Rötelritterling
Lepista sordida
Diese Art ist deutlich schmaler als der Violette Rötelritterling und mehr oder weniger lila bis braunlila. Im Gegensatz zum Violetten Rötelritterling ist er *hygrophan*, das heißt, er verändert je nach Feuchtigkeitsgrad seine Hutfarbe. Der Stiel ist blasser als der Hut und relativ schmal, selten über 1 cm im Durchmesser. Der Schmutzige Rötelritterling wächst einzeln oder in größeren oder kleineren Ansammlungen auf nährstoffreicher Erde, zum Beispiel in Rasenflächen oder auf Komposthaufen, und ist abgesehen vom äußersten Norden im ganzen Land ziemlich verbreitet. Er ist kein Speisepilz.

Violetter Lacktrichterling
Laccaria amethystina
Eine kleine, durch und durch attraktiv blauviolette Art, die in Mitteleuropa verbreitet ist. Im trockenen Zustand ist er von einem auffallend hellen Grauweiß. Er wächst als Mykorrhizapilz in Laub- und Nadelwäldern, bevorzugt mit Eichen und Buchen. Dieser schöne Pilz kann oft in großen Mengen vorkommen und als Mischpilz verwendet werden.

Seidiger Ritterling

Tricholoma columbetta

GRUPPE SEITE 38

Aus gr. *thrix* (Haar) und lat. *loma* (Franse, Haarkante) sowie *columbetta* (kleine Taube)

Der Seidige Ritterling ist ein weißer Pilz mit weißen Lamellen, was bedeutet, dass er kein Pilz für Anfänger ist. Er ist in ganz Deutschland ziemlich verbreitet und bildet Mykorrhiza mit Laubbäumen, vor allem Eichen und Birken. Der Seidige Ritterling ist wie die meisten Ritterlinge ein echter Herbstpilz, und er ist zwischen dem farbenprächtigen Herbstlaub relativ leicht zu entdecken.

Wichtige Kennzeichen

- Der Hut ist weiß und seidenglänzend, bei Nässe klebrig. Bei älteren Exemplaren ist die Hutkante gewellt und oft aufgesprungen.
- Die ausgebuchteten Lamellen sind an der Schneide schwach gelöchert.
- Der meist gebogene weiße Stiel verjüngt sich zur Basis hin. Ältere Fruchtkörper haben oft blaugrüne Flecken an der Stielbasis (kleines Bild).
- Schwach mehlartiger Geruch und Geschmack.

Sammeln, Säubern, Zubereitung und Konservierung

Siehe Schwarzfaseriger Ritterling, S. 126.

DOPPELGÄNGER

Völlig weiße Lamellenpilze stellen stets ein Verwechslungsrisiko mit dem Kegelhütigen (Weißen) Knollenblätterpilz dar, aber der Seidige Ritterling unterscheidet sich in vielen Punkten vom **Kegelhütigen Knollenblätterpilz** (siehe S. 152–153).

Andere weißliche Lamellenpilze, die mit dem Seidigen Ritterling verwechselt werden können, sind der **Strohblasse Ritterling**, *Tricholoma album*, und der **Lästige Ritterling**, *T. inamoenum*, sowie helle Formen des **Seifen-Ritterlings** (S. 128). Alle drei haben einen unangenehmen, eigenartigen Geruch und sind nicht essbar bzw. möglicherweise schwach giftig.

Ferner kann der Seidige Ritterling mit reinweißen kleinen streubewohnenden Arten der Gattung *Leucopaxillus* verwechselt werden, zum Beispiel dem **Cremeweißen Krempenritterling**, *L. cerealis* (wächst in der Nadelstreu unter Fichten). Sie werden bisweilen als essbar betrachtet, sind aber keine Speisepilze. Alle sind mehr oder weniger selten und haben ein begrenztes Verbreitungsgebiet im Land.

Pappel-Grünling *Tricholoma frondosae*

GRUPPE SEITE 38

Aus gr. *thrix* (Haar) und lat. *loma* (Franse, Haarkante) sowie *frondosa* (blätterig)

Grünlinge können in der Farbe und auch in der Form stark variieren. Der Hutdurchmesser beträgt 5–10 cm. Der gelbe Farbstoff oxidiert leicht und wird dunkler, wenn er zu viel Luft und Licht ausgesetzt wird. Die Grünlinge sind ein Artkomplex, der zurzeit von Mykologen untersucht wird, und es steht noch nicht fest, welche Namen verwendet werden sollen. Für den Speisepilzsammler ist es am wichtigsten, im Blick zu behalten, dass es eine Art gibt, die an Espen gebunden ist, den **Gelbgrünen Ritterling**, und eine, die in Kieferwäldern wächst, den **Kiefernwald-Grünling**.

Schon seit Mitte des 19. Jahrhunderts die ersten schwedischen Pilzbücher erschienen, ist der Grünling als guter Speisepilz betrachtet worden, und so ist er auch in anderen europäischen Pilzbüchern beschrieben worden. Doch im Jahr 2001 kam es im Südwesten Frankreichs zu mehreren schweren Vergiftungen durch Grünlinge. Auch in Polen traten Vergiftungen auf.

Die Umstände rund um diese Vergiftungen haben sich in mehrerer Hinsicht als sehr speziell erwiesen. Unter anderem hatten die Betroffenen gemeinsam, dass sie mindestens in drei aufeinander folgenden Mahlzeiten Grünlinge gegessen hatten. Vermutlich wurde der Kiefernwald-Grünling (siehe S. 123) verspeist, aber vorsichtshalber sollte auch der Pappel-Grünling gemieden werden. Es sind keine Vergiftungen durch Grünlinge in Deutschland bekannt. Dennoch wird er vorsichtshalber weiterhin als Giftpilz eingestuft.

Gemeinsame Kennzeichen für die Grünlinge

- Die gelbe Hutoberseite hat, vor allem in der Mitte, kleine braune bis rotbraune Schuppen.
- Die Lamellen sind gelb.
- Der Stiel ist gelb, meist etwas blasser als der Hut.
- Das Pilzfleisch ist weiß bis schwach gelbweiß.
- Sowohl der Geruch als auch der Geschmack erinnern an Mehl.

✝ Kiefernwald-Grünling

Tricholoma auratum

GRUPPE SEITE 38

Das artspezifische Attribut *auratum* bedeutet golden, goldgelb oder vergoldet.

Der Kiefernwald-Grünling hat einen Hutdurchmesser von 7–15 cm, etwas größer als der des Gelbgrünen Ritterlings. Der Kiefernwald-Grünling vermittelt überhaupt einen etwas kompakteren Eindruck. Beide Arten sind Herbstpilze, auch wenn man sie in manchen Jahren bereits im August sehen kann. Lesen Sie auch die Informationen über den Artkomplex Grünling und die Ratschläge an Pilzsammler auf S. 122.

DOPPELGÄNGER

✝? Der **Dottergelbe Klumpfuß**, *Cortinarius meinhardii*, steht im Verdacht, gefährlich giftig zu sein. Er hat ein gelbliches Pilzfleisch und riecht nicht nach Mehl. ■ **Der Schwefel-Ritterling**, *Tricholoma sulphureum*, ist schwach giftig und hat gelbes Pilzfleisch, einen unangenehm gasähnlichen Geruch und ist oft kleiner als die Grünlinge. Der Gemeine Schwefel-Ritterling wächst gern in Gemeinschaft mit Eichen und Haseln. ■ **Galliger Ritterling**, *T. aestuans*, ähnelt blassen Exemplaren der Grünlinge. Der Hut hat dunkle strahlenförmig verlaufende eingewachsene Fasern. Der Geschmack des hellgelben Pilzfleisches ist zunächst mild, wird aber bald bitter. ■ **Orangebrauner Ritterling** *T. arvernense*. Blassgelber Hut mit eingewachsenen strahlenförmig verlaufenen Fasern, der letzte Zentimeter entlang der Hutkante ist jedoch deutlich heller, fast weiß. Der Orangebraune Ritterling hat fast weiße Lamellen mit schwach gelblicher Lamellenschneide.

Der **Dottergelbe Klumpfuß** steht im Verdacht, gefährlich giftig zu sein.

2 **Matsutake** *Tricholoma nauseosum*

GRUPPE SEITE 38

Aus gr. *thrix* (Haar) und lat. *loma* (Franse, Haarkante) sowie jap. *matsu* (Kiefer) und *take* (Pilz)

Der Matsutake oder auch Krokodil-Ritterling ist zur großen Freude der Pilzsammler einer unserer wenigen neuen Speisepilze. Die Art ist seit Langem unter Mykologen bekannt, aber erst 1998 wurde man in unserem Land auf sie als Speisepilz aufmerksam. In anderen Teilen der Welt, vor allem in Japan, ist der **Matsutake** schon lange ein geschätzter Speisepilz. In Deutschland ist der Pilz so selten, dass er unbedingt geschont werden sollte.

Der Matsutake wächst in Gemeinschaft mit Kiefern zusammen mit Heidekraut, Preiselbeersträuchern und Flechten auf vorzugsweise mageren, sandigen Böden.

Wichtige Kennzeichen

- Der Hut (5–30 cm) ist anfangs einfarbig kastanienbraun. Später bekommt er große, braune und flachgedrückte Flecken auf hellem Grund.
- Der oft leicht gebogene, gleichmäßig dicke und sehr steife Stiel ist hell mit flachgedrückten dunkelbraunen Bändern oder Flecken. Bei jungen Fruchtkörpern sind die Lamellen von einer hellen Haut bedeckt, die später einen schwachen Ring um den Stiel bildet.
- Der Geruch ist stark und sehr eigentümlich, fast süßlich.

Sammeln und Säubern

Der Matsutake wächst oft mit dem Stiel tief unten im Boden. Rütteln und heben Sie den Fruchtkörper vorsichtig aus der Erde. Wenn Sie ein Exemplar gefunden haben, prüfen Sie die nächste Umgebung gründlich. Der Matsutake wächst oft in Halbkreisen. Bei kühler Temperatur hält sich der Pilz viele Tage lang frisch.

Zubereitung und Konservierung

Der Matsutake wird von vielen als Delikatesse betrachtet, aber genau wie bei den meisten Delikatessen gibt es auch Menschen, die weniger darauf versessen sind. Wir empfehlen, ihn auf traditionell schwedische Art zuzubereiten: gebraten oder in weißer Soße. In Scheiben geschnittener, gedüns-

Der **Matsutake** wächst in Gemeinschaft mit Kiefern auf vorzugsweise mageren, sandigen Böden zusammen mit Heidekraut, Preiselbeersträuchern und Flechten.

teter Matsutake mit Steinpilz, serviert auf einem cremigen Eierstich, ist ein Vorschlag für eine wohlschmeckende Vorspeise. Matsutake lässt sich auch gut grillen oder frittieren und zusammen mit Nudeln und Limettensoße servieren. In Pilzsuppe mit asiatischen Gemüsen und Gewürzen macht er sich ebenfalls gut.

Matsutake zu konservieren, ist nicht ganz einfach. Er lässt sich zwar trocknen, verliert dabei aber leider viel von seinem charakteristischen Geschmack. Am besten friert man ihn roh in Scheiben oder Würfeln ein und bereitet ihn dann zu, ohne ihn vorher aufzutauen.

DOPPELGÄNGER

Der Matsutake kann vor allem mit dem kulinarisch uninteressanten ■ **Halsband-Ritterling** *T. focale* verwechselt werden. Er wächst auf ähnlichen Böden und bisweilen zusammen mit dem Matsutake. Vom Aussehen her unterscheiden sie sich in erster Linie durch die Hutfarbe. Der Hut des Halsband-Ritterlings ist rotbraun, manchmal mit einem Hauch von Gelbgrün. Er hat auch einen kräftigeren Ring am Stiel und einen weicheren Stiel, der zur Basis hin zugespitzt ist. (Der Matsutake hat einen gleichmäßig dicken, steifen Stiel.) Der Halsband-Ritterling hat einen milden, schwach mehlartigen Geruch, und auch der Geschmack ist mild.

Halsband-Ritterling

2 Schwarzfaseriger Ritterling

GRUPPE SEITE 38

Tricholoma portentosum

Aus gr. *thrix* (Haar) und lat. *loma* (Franse, Haarkante) sowie *portentosus* (absonderlich, ungeheuerlich)

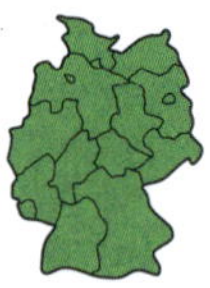

Nur wenige Pilzsammler kennen diesen schmackhaften Spätherbstpilz. Durch seine grauen Farben ist er an seiner Wachstumsstelle zwischen Moospolstern schwer zu entdecken. Zusammen mit dem Trompetenpfifferling und dem Frost-Schneckling verlängert er die Pilzsaison auf ausgezeichnete Weise. Bengt Cortin (1942) schreibt: „Als Beleg für die Winterhärte des Schwarzfaserigen Ritterlings kann angeführt werden, dass der Verfasser 1936 ein Exemplar ... am 28. November fand." Auch wenn dieser Vermerk als ungewöhnlich betrachtet werden darf, haben wir den Schwarzfaserigen Ritterling oft ein gutes Stück in den Oktober hinein gesammelt. Wir möchten gern besonders auf den Schwarzfaserigen Ritterling aufmerksam machen, weil wir finden, dass er ein sehr schmackhafter und guter Speisepilz ist. Er wächst in moosigen und flechtenreichen Nadelwäldern, vor allem in Kiefernwäldern.

Der **Schwarzfaserige Ritterling** hat einen bei feuchter Witterung klebrigen und glänzenden Hut.

Wichtige Kennzeichen

- Der Hut ist ungleichmäßig in hellerem und dunklerem Grau gefärbt, mit schwarzen Strichen von der Mitte bis zur Kante. Ausdauernder Spätherbstregen kann die schwarzen Striche ausbleichen, sodass sie hellgrau werden. Bei Nässe ist der Hut klebrig, bei Trockenheit trocken und glänzend.
- Die Lamellen sind weiß, aber mit zunehmendem Alter werden sie schwach grüngelb.
- Der Stiel ist zunächst weiß und bekommt später einen schwach grüngelben Ton.
- Geruch und Geschmack des weißen Pilzfleisches erinnern an Mehl.

Sammeln und Säubern

In der Regel muss man beim Schwarzfaserigen Ritterling nur äußerst wenig entfernen. Er wird selten von Maden befallen. An dem etwas klebrigen Hut bleiben leicht Schmutzteilchen und Sand haften. Um sie zu entfernen, kann man den Pilz unter fließendem kalten Wasser spülen und mit einem Küchenschwamm sauberreiben.

Zubereitung und Konservierung

Im Großen und Ganzen geben alle modernen Pilzbücher dem Schwarzfaserigen Ritterling gute Bewertungen. Es muss daher an seinem nicht allzu attraktiven Äußeren liegen, dass fast ausschließlich erfahrene Pilzsammler den Schwarzfaserigen Ritterling probiert haben.

Unserer Auffassung nach ist er der schmackhafteste unter den Ritterlingen. Er macht sich sehr gut als Mischpilz und lässt sich mit allen Methoden konservieren. Was getrocknete Ritterlinge angeht, so muss man sie etwas länger einweichen als viele andere Pilze. Beim Schwarzfaserigen Ritterling reicht jedoch 1 Stunde aus.

DOPPELGÄNGER

Es gibt mehrere mehr oder weniger gräuliche Ritterlinge, mit denen der Schwarzfaserige Ritterling verwechselt werden kann, aber nur einer von ihnen, der **Brennende Ritterling**, gilt als schwach giftig. **Der Gemeine Erd-Ritterling** (S. 128) ist als Speisepilz betrachtet worden, wird derzeit aber nach einer Anzahl von Vergiftungsfällen untersucht. **Der Seifen-Ritterling** (S. 128) ist aus anderen Gründen nicht essbar. Darüber hinaus sind Verwechslungen mit dem **Breitblättrigen Rübling** vorgekommen, der einen grauen Hut mit eingewachsenen dunklen Fasern hat (S. 128).

Brennender Ritterling
Tricholoma virgatum

Dies ist der unangenehmste Doppelgänger, weil er einen brennenden bitteren Geschmack hat und

Der **Brennende Ritterling** ist ein unangenehmer Doppelgänger, weil er als schwach giftig betrachtet wird.

Seifen-Ritterling

Breitblättriger Rübling

Gemeiner Erd-Ritterling

als schwach giftig betrachtet wird. Der Hut hat einen spitzen Buckel, und die Lamellen sowie der Fuß haben nie grüngelbe Veränderungen. Die beiden grauen Ritterlinge wachsen zwar in ähnlichen Waldgebieten, aber der Brennende Ritterling erscheint in der Regel früher. Der Brennende Ritterling wächst meist einzeln sowohl in Nadel- als auch in Mischwäldern und ist im ganzen Land ziemlich verbreitet.

Seifen-Ritterling
Tricholoma saponaceum

Dies ist ganz sicher der wechselhafteste unter den Ritterlingen. Gewisse Farb- und Formvarianten können an den Schwarzfaserigen Ritterling erinnern. Er hat jedoch niemals dunkle Striche auf dem Hut, und ältere Exemplare haben stets mehr oder weniger deutliche, orangefarbene bis lachsrote Flecken am gesamten Fruchtkörper. Der Geschmack ist zwar mild, aber aufgrund des eigentümlichen Geruchs, der an ein altes Spültuch erinnert, empfehlen wir ihn nicht als Speisepilz. Der Seifen-Ritterling wächst sowohl in Laub- als auch in Nadelwäldern und kommt im ganzen Land häufig vor.

Breitblättriger Rübling
Megacollybia platyphylla

Der Breitblättrige Rübling hat wie der Schwarzfaserige Ritterling einen grauen Hut mit eingewachsenen strahlenförmig verlaufenden Fasern sowie ausgebuchteten Lamellen. Der Stiel ist rüblingstypisch, nämlich zäh, elastisch und hohl, an einen schmalen Gummischlauch erinnernd. Der Breitblättrige Rübling wächst in größeren Teilen des Landes ziemlich verbreitet auf vermodernden Baumstümpfen und Holzresten sowohl von Laub- als auch von Nadelbäumen. Er ist nicht giftig, hat aber auch keine Vorzüge, die ihn als Speisepilz empfehlen würden.

Gemeiner Erd-Ritterling
Tricholoma terreum s.l.

Der Hut ist grau bis grauschwarz – bisweilen zur Kante hin heller – trocken und matt, wie filzartig geschuppt. Der Stiel ist gleichmäßig dick, weiß und gräulich faserig. Riecht und schmeckt nach Mehl.

Der Gemeine Erd-Ritterling ist früher auf dem Kontinent ein geschätzter Speisepilz gewesen. Er wächst im ganzen Land in Gemeinschaft mit Kiefern, meist in großen Ansammlungen auf sandigem und kalkreichem Boden.

Aus gr. *kalos* (schön) und *kybe* (Kopf, Hut) sowie lat. *gambosus* (hufartig)

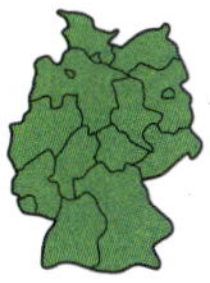

„In den warmen Tagen im Mai, wenn die Traubenkirsche erblüht und der ganze Wald nach Frühling duftet, findet man auf den Waldwiesen oft große Ringe von Pilzen, die unten zwischen dem hohen und üppigen Gras beinahe verborgen sind." So poetisch drückt sich Waldemar Bülow in seinem Buch *Svampar* (Pilze) von 1916 aus.

In älteren Pilzbüchern wird oft der Huf-Ritterling oder „Leckere Ritterling", also der Maipilz, als „einer der wohlschmeckendsten Pilze, die unser Land besitzt", in den Himmel gehoben. Bülow fährt fort: „... im teureren Haushalt sollte der Pilz nebst Champignons und jungen Steinpilzen nicht fehlen." Eines ist jedoch sicher: Niemand steht dem starken Geschmack des Maipilzes neutral gegenüber.

Vor allem auf kalkreicheren Böden hat man die Chance, diesen Frühpilz zu sammeln, der auch im milden Spätherbst Fruchtkörper ausbilden kann, vor allem, wenn der Frühling trocken und kalt gewesen ist. Typisch für diesen Streuzersetzer ist, dass er in dichten Ringen, Hexenringen und Halbkreisen wächst, zum Beispiel in Parks, Gärten, Gebüschen sowie in Laub- und Nadelwäldern. Den alten Namen „Huf-Ritterling" hat er vermutlich aufgrund dieser Wachstumsweise erhalten, die Muster bildet, die riesigen Hufabdrücken ähneln.

Der Maipilz ist in basenreichen Gebieten Mittel- und Nordeuropas ziemlich verbreitet.

Wichtige Kennzeichen

- Die Fruchtkörper vermitteln einen kräftigen, ein wenig rundlichen Eindruck. Im ausgewachsenen Zustand bekommen sie ein schlankeres Aussehen mit aufgefalteter Hutkante. Sie sind weiß, bisweilen ins Rosafarbene wechselnd, mit matten gelbbraunen Flecken.
- Die Lamellen sind dicht, weiß und schwach ausgebuchtet.
- Das Fleisch ist weiß mit intensivem Mehlgeruch und -geschmack.

Im saftigen vorsommergrünen Gras kann man leckere **Maipilze** finden.

Der **Ziegelrote Risspilz** ist ein giftiger Doppelgänger.

Sammeln und Säubern

Man kann auf einem Feld aus kurzer Entfernung sehen, wo die Maipilze wachsen, ohne dass man die Fruchtkörper selbst sieht. Das Gras ist rund um den Pilzring herum üppiger und grüner.

Der Maipilz wird leicht von Maden befallen, wenn es ein warmes Jahr ist. Außer den madigen Teilen und der erdigen Stielbasis braucht nichts entfernt zu werden.

Zubereitung und Konservierung

Eine häufige Empfehlung lautet, dass der Maipilz mit seinem starken Geschmack gut mit milderen Pilzen gemischt werden kann. Aber welche milden Speisepilze wachsen gleichzeitig mit dem Maipilz? Möglicherweise frühe Röhrlinge oder Gemeine Stockschwämmchen; eventuell auch frühe Weiße Anis-Champignons und Morcheln.

Man kann den Maipilz trocknen oder in kleinen Packungen einfrieren, um ihn später mit einem anderen Pilz mischen zu können. Der Maipilz wird im getrockneten Zustand ziemlich hart und muss vor der Zubereitung ein paar Stunden eingeweicht werden.

DOPPELGÄNGER

Trotz mehrerer charakteristischer Merkmale wollen wir einen Warnhinweis aussprechen, denn der Maipilz hat einen gefährlichen Doppelgänger, der zur gleichen Zeit im Mai/Juni wächst, den **Ziegelroten Risspilz.**

† Ziegelroter Risspilz

Inocybe erubescens

Dieser giftige Doppelgänger ist nicht selten. Es ist eine ziemlich kleine Art, deren Hut selten mehr

als 6–8 cm im Durchmesser erreicht. Der Hut ist zunächst glockig, später ausgebreitet. Er hat einen strahlenförmig gestreiften Hut. Die Lamellen sind zunächst hell mit einem rosafarbenen Ton, später graubraun. Junge Fruchtkörper können fast weiß sein, während ältere einen ziegelroten Überzug haben, besonders bei Trockenheit. Ein anderer Name dieser Art ist „Mai-Risspilz". Er wächst einzeln oder in kleinen Ansammlungen auf nacktem, kalkhaltigem Boden oder zwischen niedrigem Gras, zum Beispiel in Gärten, Parks und Laubwäldern. Der Ziegelrote Risspilz enthält das Nervengift *Muscarin*, das kurze Zeit nach dem Verzehr starke Symptome hervorruft (S. 235).

An dem durchgeschnittenen Fruchtkörper oben ist deutlich zu sehen, dass die Lamellen des **Riesen-Rötlings** ausgebuchtet sind. Links: **Riesen-Rötling** unter einer Eiche in einem Landschaftspark

Riesen-Rötling

Entoloma sinuatum

Ein ritterlingsähnlicher, streubewohnender Giftpilz mit ausgebuchteten, blassgelben Lamellen, die bei älteren Exemplaren von den rötlichen Sporen rosa gefärbt sind. Der Hut, der einen Durchmesser von bis zu 20 cm erreichen kann, ist selten weiß, sondern eher gelbweiß bis gräulich mit dunkleren, strahlenförmig verlaufenden Streifen. Das Fleisch ist weiß und hat einen mehlartigen Geruch und Geschmack. Die Hauptwachstumszeit ist allerdings im Herbst. Weitere Einzelheiten auf S. 237.

HINWEIS: Der Ziegelrote Risspilz bevorzugt ähnlich wie der Maipilz kalkreichere Böden und hat ungefähr dasselbe Verbreitungsgebiet im Land wie dieser. Während eines kürzeren Zeitraums im Spätfrühling und Vorsommer können diese Giftpilze und der Maipilz einander zeitlich überlappen. Wenn der Maipilz im Herbst auftritt, was vorkommen kann, gibt es mehrere weißliche Ritterlinge und den Riesen-Rötling, mit denen er verwechselt werden kann. Weitere Einzelheiten auf S. 126.

Den **Steifstieligen Weichritterling** erkennt man unter anderem an seinem langen, steifen und gleichmäßig dicken Stiel.

Steifstieliger Weichritterling

Melanoleuca strictipes

Der auch Almen-Weichritterling genannte Pilz ist ein klassischer Doppelgänger des Maipilzes, da er eine ähnliche Farbe hat und gleichzeitig mit ihm und in ähnlicher Umgebung auftreten kann.

Der Steifstielige Weichritterling unterscheidet sich jedoch in mehrerer Hinsicht vom Maipilz. Er ist deutlich schmaler mit längeren, geraderem und schlankerem Stiel. Der weiße Hut hat einen Buckel von heller gelbbrauner Farbe. Die Lamellen sind leicht herablaufend. Der Geruch erinnert an Hefe, und der Geschmack wird nach einer Weile unangenehm. Der Steifstielige Weichritterling ist im gesamten Land weniger verbreitet und wird als schwach giftig betrachtet.

Samtfußrübling

Flammulina velutipes agg.

Aus lat. *flammula* (kleine Flamme) und *vellus* (Pelz) sowie *pes* (Fuß)

Die Gruppe der Samtfußrüblinge, auch Winterrüblinge genannt, wächst auf Ästen, Baumstämmen und Stümpfen von Laubbäumen und hat eine ungewöhnliche Saison von September bis April. In Nord- und Mitteleuropa kann man diesen eigentümlichen und attraktiv bernsteinfarbenen Pilz alle Wintermonate über sammeln. Der Gemeine Samtfußrübling verträgt mehrere Minusgrade. Wenn er auftaut, kann er sein Wachstum fortsetzen. Als Speisepilz ist er in Mitteleuropa wenig bekannt, aber in Japan und China wird er seit Jahrhunderten kultiviert.

Wichtige Kennzeichen

- Der Hut ist klebrig bis schleimig und kann in der Farbe von Gelb über Rotgelb bis Braungelb mit dunklerer Mitte variieren.
- Die – auch bei ausgewachsenen Exemplaren – blass gelbweißen Lamellen sind ausgebuchtet.
- Der dünne, zähe und elastische Stiel ist nach oben hin wie die Lamellen gefärbt, geht aber zur Stielbasis hin ins Braune bis Schwarze über. Der Name „Samtfußrübling" oder „Samtfuß" verweist auf den samtig behaarten unteren Teil des Stiels (siehe Bild).

Sammeln und Säubern

Wie bei anderen zähstieligen Pilzen verwendet man nur die Hüte. Geerntet wird mit einem Messer oder einer Schere. (Manche verwenden bei der Zubereitung auch den Stiel, gebraten oder frittiert kann er schmackhaft sein und eine interessante Konsistenz haben.) Wenn der Pilz gefroren ist, muss man ihn lediglich vom Untergrund losbrechen. Wenn es strengen Frost und im Anschluss milde Tage gegeben hat, kann die Qualität des Pilzes deutlich sinken. Der Pilz sollte frisch aussehen, mit schönen hellen Lamellen.

Manchmal kann man den Gemeinen Samtfußrübling direkt aus dem Boden wachsen sehen. Wenn man jedoch die Wachstumsstelle etwas näher untersucht, findet man unter dem Pilz stets vermoderndes Holz.

Der **Gemeine Samtfußrübling** kann in der Hutfarbe stark variieren.

Zubereitung und Konservierung

Der Gemeine Samtfußrübling muss immer gut vorgegart werden. Der rohe Pilz enthält Stoffe, die für uns schädlich sein können, aber durch Erhitzen werden sie völlig deaktiviert. Viele bevorzugen den Samtfußrübling gebraten, aber auch als Suppenpilz eignet er sich gut.

Alle Samtfußrüblinge können eingemacht oder eingefroren werden, nachdem sie vorgedünstet wurden. Auch trocknen lassen sie sich dann ausgezeichnet.

DOPPELGÄNGER

Den Gemeinen Samtfußrübling mit einem gefährlichen Giftpilz zu verwechseln, darf als schwierig betrachtet werden. Es besteht jedoch die Möglichkeit einer Verwechslung mit zwei holzbewohnenden Schwefelköpfen – dem ③ **Graublättrigen Schwefelkopf** (S. 160), der ein guter Speisepilz ist, und dem ■ **Grünblättrigen Schwefelkopf**, der schwach giftig ist (S. 161) – und mit dem **Zitronengelben Erlen-Schüppling** (unten), der nicht giftig, aber trotzdem kein Speisepilz ist.

■ Zitronengelber Erlen-Schüppling

Pholiota alnicola

Sowohl vom Aussehen als auch von der Wachstumsweise her erinnert diese Art stark an den Gemeinen Samtfußrübling. Unterscheidungsmerkmale sind, dass beim Zitronengelben Erlen-Schüppling die zunächst gelblichen Lamellen mit der Zeit durch die braunen Sporen braungelb werden und die Stielbasis nicht samtig behaart ist. Im ganzen Land verbreitet, erscheint aber meist früh in der Saison. Wächst in Gruppen auf Baumstümpfen und toten Ästen von Laubbäumen, zum Beispiel Erlen, Birken und Salweiden – bevorzugt in schattiger und feuchter Umgebung. Angenehm fruchtiger Geruch und milder Geschmack. HINWEIS: Eine sehr nahestehende Art, *P. salicicola*, wächst auf Salweiden und hat einen bitteren Geschmack.

Der Doppelgänger **Zitronengelber Erlen-Schüppling** ist nicht giftig, aber auch kein Speisepilz.

4 Nelken-Schwindling

Marasmius oreades

GRUPPE SEITE 39

Als gr. *maraino* (trocknen, schrumpfen) und *oreias* (Bergnymphe)

Der Nelken-Schwindling ist unser kleinster Speisepilz. Verwendet wird ausschließlich der Hut, aber aufgrund seines würzigen Geschmacks wird er sehr geschätzt. Wir brauchen nicht weit zu gehen, um ihn zu finden, weil er im Rasen rund um unsere Wohnhäuser wächst.

Die Saison variiert stark. Es muss nur ausreichend geregnet haben, und man kann ihn schon im Vorsommer auf seine charakteristische Weise in Hexen- oder Feenringen wachsen sehen. Das Gras ist sowohl inner- als auch außerhalb des Bereichs selbst, in dem der Pilz wächst, üppiger und grüner. Hingegen ist das Gras direkt dort, wo die Fruchtkörper stehen, kümmerlich oder fehlt ganz.

Wichtige Kennzeichen

- Der Hut ist *hygrophan*, das heißt, die Farben variieren mit der Feuchtigkeit. Bei Trockenheit ist er hellbeige, und bei feuchter Witterung geht er ins Blassrotbraune. Der Hut hat einen deutlichen Buckel, und die Kante ist gewellt und gestreift.
- Die hellbeigen Lamellen sind hoch, entferntstehend und zum Stiel hin frei.

- Der Stiel ist dünn und sehr zäh.
- Der Geruch ist sehr ungewöhnlich, würzig und erinnert an Nelken bzw. Bittermandel.

Sammeln und Säubern

An gesammelten Nelken-Schwindlingen haftet oft totes Gras. Da man nur die Hüte verwendet, hebt man am einfachsten nur den Hut vom Stiel ab, während der Pilz noch im Boden steckt. Das geht leicht, weil sich der Hut gut lösen lässt. Die Hüte werden in warmen Sommern leider oft von Insektenlarven befallen.

Zubereitung und Konservierung

Die meisten, die den Nelken-Schwindling probiert haben, finden, dass er gebraten am besten schmeckt. Wir empfehlen auch, ihn zu frittieren. Zusammen mit anderen milden Pilzen verleiht er schon in kleinen Mengen einem Gericht seine charakteristische Prägung.

Die einfachste Konservierungsmethode ist das Trocknen. Die Einweichzeit des getrockneten Pilzes ist kurz, 10 Minuten reichen aus. Aus diesem Würzpilz lässt sich ausgezeichnet Pilzmehl (S. 218) machen. Außerdem lässt sich der Nelken-Schwindling gut einfrieren und einmachen.

DOPPELGÄNGER

Es gibt mehrere in Grasflächen wachsende Pilze, die dem Nelken-Schwindling ähnlich sehen. Die gefährlichsten Doppelgänger sind kleine weiße Trichterlinge, *Clitocybe*, zum Beispiel der **Rinnigbereifte Trichterling**, und Risspilze, *Inocybe*, zum Beispiel der **Erdblättrige Risspilz**, *I. geophylla* (S. 235), und der **Kegelige Risspilz**. Alle enthalten das auf das Nervensystem einwirkende Gift *Muscarin*, das auf S. 233 näher beschrieben wird. Es hat auch Verwechslungen mit in Rasen nicht sichtbar auf Holz wachsendem **Gift-Häubling** (S. 164) gegeben.

Rinnigbereifter Trichterling

Clitocybe rivulosa

Auf derselben Grasfläche und zur selben Zeit kann man sowohl den Nelken-Schwindling als auch diesen Giftpilz finden, der wie der Nelken-Schwindling in Halbkreisen wachsen kann. Der Hut ausgewachsener Exemplare ist oft etwas trichterförmig. Die weißen Lamellen sitzen dicht und sind angeheftet oder laufen etwas auf den ziemlich kurzen Stiel herab. Der Geruch ist schwach mehlig.

Kegeliger Risspilz

Inocybe rimosa agg.

Der Hut ist strohgelb bis goldgelb mit eingewachsenen Fasern von der Mitte hin zu der oft aufgesprungenen Kante. Die Lamellen sind grauweiß bis graubraun, und der Geruch ist sehr eigentümlich, weit von dem angenehmen Gewürzduft des Nelken-Schwindlings entfernt. Wächst im ganzen Land verbreitet.

Der **Rinnigbereifte Trichterling** (ganz oben) wächst oft in Halbkreisen auf Grasflächen (oben).

Rinnigbereifter Trichterling (links) und **Nelken-Schwindling** (rechts)

Kegeliger Risspilz

Rötender Wachstrichterling

Cantharellula umbonata

GRUPPE SEITE 39

Aus gr. *cantharellula* (trocknen, schrumpfen) und lat. *umbonatus* (mit Buckel)

Dieser Pilz wird von vielen vorübergehenden Sammlern übersehen, und das ist leicht zu verstehen. Der Pilz ist klein und mit seinem grauvioletten Farbton schwer zu entdecken. Aber er ist ein sehr schmackhafter kleiner Speisepilz.

Der Rötende Wachstrichterling hat eine lange Saison von August bis zum Spätherbst und ist im ganzen Land verbreitet. Er wächst oft einzeln oder in kleinen Gruppen auf saurem und magerem Boden in Nadelwäldern, auf felsigem Gelände und in Sandheidewäldern zwischen Flechten und Moos, aber man kann ihn auch an Sumpfrändern in tiefem Moos finden. Der Rötende Wachstrichterling ist zwar ein kleiner Pilz, aber er kann in manchen Jahren häufig auftreten. Oft hat er seine Hochsaison in der Zeit des Trompetenpfifferlings. In Deutschland ist er als Speisepilz bislang wenig bekannt, weshalb er wohl nicht auf der Liste der empfohlenen Speisepilze steht. Zudem besteht Verwechslungsgefahr mit giftigen Trichterlingen.

Wichtige Kennzeichen

- Die Oberseite des Hutes ist von hellerem oder dunklerem Grau, manchmal mit einem violetten Ton. Bei ausgewachsenen Exemplaren ist der Hut etwas trichterförmig mit einem kleinen spitzen Buckel.
- Die hellen, dichten und leicht herablaufenden Lamellen sind zwischen Stiel und Hutkante ein paar Mal sehr charakteristisch gegabelt. An den Lamellen befinden sich oft kleine, ausgeprägte dunkelrote Flecken (daher der schwedische Name „Flecken-Pfifferling").
- Der Stiel ist von einem helleren Grau als die Hutoberseite, auffallend schmal und recht zäh.

Sammeln und Säubern

Der Rötende Wachstrichterling sitzt locker im Boden oder Moos und kann leicht herausgezogen werden. Der Stiel ist weich, und gewöhnlich muss man nur das unterste Drittel des Stiels wegschneiden. Teilen Sie dann die Fruchtkörper auf dieselbe

Die Bilder zeigen den **Rötenden Wachstrichterling** in der Natur. Beachten Sie die wiederholt gegabelten Lamellen und die dunkelroten Flecken an den Lamellen auf dem unteren Bild.

Weise, wie man es mit Trompetenpfifferlingen tut, um sich zu vergewissern, dass sie nicht von Maden befallen sind.

Zubereitung und Konservierung

Dieser weiche und trockene Pilz lässt sich sehr gut braten und mit weißer Soße zubereiten. Er ist mild im Geschmack und lässt sich auch gut mit anderen Speisepilzen kombinieren. Im zubereiteten Zustand passt er sehr gut zu Trompetenpfifferlingen, mit denen er oft zusammen wächst.

DOPPELGÄNGER

Mehltrichterling

Clitocybe ditopa

Ein Spätherbstpilz, der mit dem Rötenden Wachstrichterling verwechselt werden kann. Der gesamte Fruchtkörper hat jedoch einen wärmeren, gelbbraunen Ton, hat oft eine gräuliche „Haut" (*Pruina*) am Hut, bekommt bei Trockenheit einen graueren Ton und riecht stark nach Mehl. Außerdem fehlen ihm die ganz typischen gegabelten Lamellen und roten Flecken des Rötenden Wachstrichterlings. Wächst sowohl in Nadel- als auch in Mischwäldern, bevorzugt zwischen altem Restholz auf Holzschlagflächen. Er ist im ganzen Land ziemlich verbreitet.

Unten: der Doppelgänger **Mehltrichterling**

4 Mehl-Räsling *Clitopilus prunulus*

GRUPPE SEITE 39

Aus gr. *klitos* (gebogen) und *pilos* (Hut) sowie lat. *prunulus* (Pfläumchen)

Der Mehl-Räsling, im Deutschen auch als Pflaumen-Räsling bekannt, ist ein klassischer Speisepilz, der jedoch nicht zu den Anfängerpilzen gehört, da es offensichtliche Verwechslungsrisiken gibt. Er ist der einzige rosasporige Lamellenpilz, der als guter Speisepilz eingestuft worden ist. Der Mehl-Räsling kommt in Parks und auf Grasland sowohl in Laub- als auch Nadelwäldern ziemlich häufig vor. In Deutschland und ganz Mitteleuropa ist die Art weit verbreitet. Wo Mehl-Räslinge wachsen, ist die Chance groß, dass ganz in der Nähe Steinpilze vorkommen.

Wichtige Kennzeichen

- Der grauweiße Hut ist zunächst gewölbt, später trichterförmig und hat auf der Huthaut stellenweise eine weiße „Haut" (Pruina).
- Die dichten, weit herablaufenden Lamellen sind zunächst cremefarben, später schmutzigrosa durch die rosafarbenen Sporen.
- Das Fleisch riecht und schmeckt deutlich nach Mehl, was dem Pilz seinen Namen verliehen hat.

Die rosa Färbung bei dem mittleren Pilz wird durch herausgefallene Sporen des Nachbarn hervorgerufen.

Sammeln und Säubern

Der Mehl-Räsling wird selten bis nie von Maden oder Schnecken befallen, und in der Regel muss man lediglich die Stielbasis wegschneiden. Der Mehl-Räsling ist jedoch sehr spröde und darf nicht mit allzu schweren Pilzen zusammen in einen Behälter gelegt werden, da er dann leicht zerbricht.

Zubereitung und Konservierung

Der Mehl-Räsling lässt sich mit seinem milden Geschmack gut braten und mit weißer Soße zubereiten. Wir finden, dass er sich in Kombination mit anderen Pilzen am besten macht. Er lässt sich sowohl einfrieren als auch einmachen und trocknen.

DOPPELGÄNGER

Der Doppelgänger, vor dem man in älteren Pilzbüchern am meisten gewarnt wird, ist der ■ **Riesen-Rötling** (S. 131). Unserer Meinung nach sieht er dem Mehl-Räsling nicht sehr ähnlich, zum einen wegen des Größenunterschieds, zum anderen wegen der unterschiedlichen Befestigung der Lamellen am Stiel.

Ein deutlich gefährlicheres Verwechslungsrisiko stellen ✝ **kleine helle Rinnigbereifte Trichterlinge** dar, die auf das Nervensystem einwirkende Gifte enthalten und auf Grasland wachsen (siehe auch S. 135). Deren Lamellen bekommen jedoch niemals einen rosafarbenen Ton, und außerdem sind ihre Lamellen nicht so deutlich herablaufend wie beim Mehl-Räsling. Beachten Sie, dass der Rinnigbereifte Trichterling schwach mehlartig riecht.

✝ **Bleiweißer Firnis-Trichterling** (oben)
Clitocybe phyllophila

Vom Aussehen her ist dies der Trichterling, der am meisten an den Mehl-Räsling erinnert. Sie können sich täuschend ähnlich sehen. Am sichersten unterscheidet man sie am Geruch und der Sporenpulverfarbe, die bei allen Trichterlingen cremeweiß ist. Der Bleiweiße Firnis-Trichterling hat einen etwas süßlichen, fruchtigen, das heißt, niemals mehlartigen Geruch.

Die Stielbasis ist angeschwollen und meist mit Gras, Laub und Ähnlichem bedeckt. Er wächst in größeren oder kleineren Ansammlungen in etwas feuchteren Laub- und Mischwäldern. Er ist im ganzen Land ziemlich verbreitet.

Champignons Gattung *Agaricus*

Champignon ist ursprünglich das französische Wort für Pilz und Schimmelpilz. Um 1650 entdeckte ein Melonenzüchter aus der Nähe von Paris eines Tages, dass auf dem Mistbeet seiner Melonen Champignons wuchsen, nachdem er sie mit dem Waschwasser von reifen Champignons gegossen hatte. Er beschloss, diese Leckerei zu züchten und sie in exklusiven Pariser Restaurants anzubieten. Der Champignon bekam damals den Beinamen: „Pariser Pilz". Später entwickelte sich in den kühlen Grotten um Paris eine umfangreiche Champignonzucht. Am Anfang waren die Zuchtpilze noch sehr elitär und für normale Leute nicht erreichbar.

Aus dem „Lehrbuch der deutschen Literatur für das weibliche Geschlecht" von 1836 stammt folgende Passage: „Du hast es glücklich errathen, Meine geliebte Diana, was ich zu essen gewünschet, Und mein Traum wird erfüllet; mir hat von Schwämmen geträumet. Keine Pariser Pasteten, noch Schnepfen und bunte Forellen könnten mich in Versuchung führen, mit Wollust zu essen; Aber Champignons! Champignons!"

Seitdem wurden jedoch immer bessere und effektivere Methoden entwickelt und die Champignon-Zucht wird heute im industriellen Maßstab betrieben.

„Für viele besteht das Pilzinteresse ausschließlich darin, unter Vernachlässigung aller anderen Pilze Champignons erkennen zu lernen. Das ist verständlich. Champignons sind nämlich von der Speisetauglichkeit her die wichtigsten im Reich der Pilze", schreibt Waldemar Bülow in *Svampar* (Pilze) aus dem Jahr 1916. Diese Vorliebe für Champignons ist bei den Pilzsammlern von heute etwas zurückgegangen. Man begegnet jedoch weiterhin vielen, die nicht so viel über Pilze wissen, aber dennoch gern Champignons sammeln, in dem Glauben, dass das einzige Problem darin bestehe, sie nicht mit dem Kegelhütigen (Weißen) Knollenblätterpilz zu verwechseln (zu diesem Verwechslungsrisiko siehe S. 153.).

Das größte Problem, auch für kundige Pilzsammler, ist jedoch, die verschiedenen Champignon-Arten voneinander zu unterscheiden. Was viele nicht wissen, ist, dass sich unter den über 40 Arten einige schwach giftige und einige weitere befinden, die aufgrund ihres strengen oder unangenehmen Geschmacks nicht essbar sind.

Die meisten Pilzexperten sind sich heute einig darüber, dass die Champignons eine Gruppe sind, mit denen der Anfänger warten sollte. Lohnenswert sind neben dem in manchen Jahren häufigen Wiesen-Champignons auch die großen und aromatisch nach Bittermandeln duftenden Riesen-Champignons.

Wie erkennt man Champignons?

Die Größe der Fruchtkörper kann stark variieren, von kleinen Zwergchampignons mit Hutdurchmessern von nur einigen Zentimetern bis zu großen fleischigen Riesen-Champignons und Stadt-Champignons mit bis zu 20 cm Durchmesser. Der Hut ist meist weiß, aber auch Einschläge von Gelb, Braun und Schwarz kommen vor. Ein Champignon ist am Hut niemals schleimig.

Die Lamellen sind zunächst von einem blassen, schwachen Grau oder Rosa, bei alten Fruchtkörpern sind sie schwarz. Weiße Anis-Champignons haben wir von Mai bis Ende Oktober gesammelt. Im Oktober waren sie an den Lamellen deutlich heller. Die Sporen reifen schwerer, wenn Tage und Nächte kühler werden, und die Lamellen werden dann nicht so dunkel wie gewöhnlich.

Champignons haben einen Ring um den Stiel. Bei einigen Arten ist der Ring kräftig, während er bei anderen nur schwach entwickelt ist. Das Aussehen des Rings ist wichtig für die Artbestimmung.

Das Pilzfleisch färbt sich oft rot oder gelb (rötet oder gilbt), wenn man einen Fruchtkörper verletzt. Das ist ebenfalls ein wichtiges Merkmal, auf das man achten sollte, wenn man die Art bestimmen will.

Wir teilen die Champignons in die folgenden Untergruppen (Sektionen) ein:

Gruppe 1 (Sektion *Agaricus*):
Diese Champignon-Gruppe ist dadurch gekennzeichnet, dass das Fleisch rötet und der Ring entweder schlecht entwickelt oder zusammengesetzt ist, sodass der untere Ring mehr oder weniger deutlich nach oben gerichtet ist.
Zu dieser Gruppe werden unter anderen folgende Pilze gerechnet:
Wiesen-Champignon S. 146
Stadt-Champignon S. 147
Salzwiesen-Champignon S. 147

Gruppe 2 (Sektion *Sanguinolenti*):
Diese Champignon-Gruppe ist dadurch gekennzeichnet, dass das Fleisch rötet und der Ring einfach und hängend ist.
Zu dieser Gruppe werden unter anderen folgende Pilze gerechnet:
Kleiner Wald-Champignon S. 144
Großsporiger Blut-Champignon S. 144

Gruppe 3 (Sektion *Arvenses*):
Diese Champignon-Gruppe ist dadurch gekennzeichnet, dass das Fleisch langsam gilbt und der Ring auf der Unterseite ein zahnradähnliches Muster oder vereinzelte Velumflocken aufweist. Der Geruch ist angenehm.
Zu dieser Gruppe werden unter anderen folgende Pilze gerechnet:
Riesen-Champignon S. 148
Weißer Anis-Champignon S. 150
Dünnfleischiger Anis-Egerling S. 151

Gruppe 4 (Sektion *Xanthodermatei*):
Diese Champignon-Gruppe ist dadurch gekennzeichnet, dass das Fleisch sehr schnell gilbt und der Geruch unangenehm ist.
Zu dieser Gruppe werden unter anderen folgende Pilze gerechnet:
Perlhuhn-Champignon S. 143
Karbol-Champignon S. 151

Sammeln und Säubern von Champignons

Champignons sind dann am besten, wenn sich der Hut geöffnet hat. Also dann, wenn die Hutkante den Ring um den Stiel zurücklässt. Die Lamellen sind dann rosa oder schwach braun gefärbt. Auch der Geschmack ist dann gereift. Nun ist es ja mit den Geschmäckern so, dass sie verschieden sind. Auch was Champignons angeht, teilen sich die Meinungen. Es gibt Men-

Der Weiße Anis-Champignon (links) und der **Riesen-Champignon** (rechts) sind gilbende Champignons, die erhöhte Kadmiumwerte aufweisen können.

schen, die Champignons mit schwarzen Lamellen bevorzugen und finden, dass der Geschmack dann am intensivsten sei. Die Mehrzahl möchte jedoch kein allzu dunkles Pilzgericht. Wenn man Champignons findet, die schwarze Lamellen haben, aber im Übrigen gut und fest aussehen, kann man sie ernten und dann die dunklen Lamellen abschaben. Sammelt man etwas ältere Champignons, so sollte man aufpassen, dass die Schnittfläche nicht dunkel ist. Man schneidet die erdige Stielbasis weg und schneidet dann so viel vom Stiel ab, bis das Pilzfleisch hell und frisch aussieht.

Zubereitung und Konservierung von Champignons

Wir empfehlen, wilde Champignons nicht roh zu verzehren. Champignons können auf vielfältige Arten zubereitet werden und passen in fast jeden Zusammenhang. Wir finden jedoch, dass sie nur gebraten zu ihrem Recht kommen.

Champignons lassen sich sowohl trocknen als auch einfrieren, nachdem sie vorgedünstet wurden. Da Champignons zweifellos als Würzpilze eingestuft werden können, das heißt, Pilze mit einem eigenen würzigen Geschmack, kann man sie gut mit milden Pilzen kombinieren, zum Beispiel vielen Röhrlingen und Täublingen.

Ein kleiner Tipp, wenn Sie vorhaben, ein Pilzgericht aus getrockneten oder eingefrorenen Pilzen zuzubereiten: Kaufen Sie einige frische Champignons und mischen Sie sie unter. Dies verleiht dem Gericht eine ganz andere Frische.

Kadmium in Champignons?

Im Abschnitt „Schwermetalle in Pilzen" (S. 223) berichten wir ausführlicher über das Problem hoher Kadmiumgehalte in den gilbenden Arten Weißer Anis-Champignon und Riesen-Champignon. Auf dieses Phänomen wurde man Ende der 1970er-Jahre aufmerksam. Natürlich hat dies zu einer Abkühlung des Interesses an wild wachsenden Champignons beigetragen, aber wir möchten darauf hinweisen, dass ausschließlich diese gilbenden Champignon-Arten erhöhte Kadmiumwerte aufweisen können. Kultur-Champignons sowie die rötenden Arten Wiesen-Champignon und Kleiner Wald-Champignon haben niemals hohe Kadmiumgehalte aufgewiesen.

Dunkelschuppige Champignons

In gut sortierten Markthallen kann man „französische Champignons" oder „Luxus-Champignons" kaufen, die manchmal als „Wald-Champignons" bezeichnet werden. Diese braunschuppigen Champignons sind die braune Form des **Zucht-Champignons**, *Agaricus bisporus*, der einen etwas würzigeren Geschmack als wild wachsende Arten hat. Es geht hier also nicht um die Art Kleiner (bzw. Großer) Wald-Champignon.

Was braunschuppige Champignons angeht, so befindet man sich in einer Gruppe, in die sich nur sehr schwer Klarheit bekommen lässt. Widersprüchliche Angaben machen die Artbestimmung nicht leichter. Braunschuppige Champignons wachsen sowohl in Gärten als auch draußen im Wald. Die braunen Champignons im Gartenkompost sollte man kollektiv als braune Garten-Champignons bezeichnen können und die im Wald wachsenden als Wald-Champignons.

In Deutschland sind keine akuten Vergiftungen durch braune Champignons verursacht worden. Vom Geschmack her können die braunen Garten-Champignons variieren, und wir finden, dass man gut ohne sie auskommen kann. Der Geschmack von Wald-Champignons ist in der Regel besser, und die zwei Hauptarten in dieser Gruppe, der **Kleine Wald-Champignon**, *Agaricus sylvaticus*, und der **Große Wald-Champignon**, *Agaricus langei*, werden auf S. 144 vorgestellt.

Auch ein giftiger Champignon – der **Perlhuhn-Champignon**, *Agaricus placomyces* – kann zu den dunkelschuppigen Champignons gerechnet werden. Er wird auch als Perlhuhn-Egerling bezeichnet und wächst vor allem in Laubwäldern. Er hat schwarze Schuppen auf einem ansonsten weißgrauen Hut. Junge Fruchtkörper vermitteln einen grauschwarzen Eindruck, weil die Schuppen viel dichter sitzen. Bei Druck gilbt der Pilz sehr schnell. Der Geruch ist unangenehm nach Tinte oder Karbol, aber nicht so augenfällig, wie er in der Literatur oft dargestellt wird.

Zu den dunkelschuppigen Champignons rechnen wir auch den **Riesen-Champignon**, *Agaricus augustus* (S. 148). Unter Feinschmeckern wird der Riesen-Champignon als Delikatesse schlechthin betrachtet.

Eine Gruppe **braunschuppiger Champignons**, dicht unter einer großen Eiche wachsend

4 Kleiner Wald-Champignon

GRUPPE SEITE 40

Agaricus silvaticus

Aus gr. *agaricon* (Name eines Pilzes, eventuell nach dem Gebiet Agaria nördlich des Schwarzen Meeres) und lat. *silvaticus* (Wald-)

Wald-Champignons sind als Gruppe leicht zu erkennen, aber die Artbestimmung gestaltet sich schwierig. Die zwei nahestehenden Arten, die wir hier behandeln, sind der Kleine und der Große Wald-Champignon (= Großsporiger Blut-Champignon). Beiden gemeinsam ist, dass sie einen braunschuppigen Hut haben, dass das Fleisch bei Verletzung oder Anschnitt rötet und dass sie gewöhnlich in Fichtenwäldern wachsen. Beide schmecken gleich gut.

Der Kleine Wald-Champignon wächst meist in der Nadelstreu unter Fichten, bisweilen auch in Ameisenhaufen.

Wichtige Kennzeichen (Kleiner Wald-Champignon)

- Der braunschuppige Hut erreicht selten einen Durchmesser von mehr als zehn cm.
- Die Lamellen sind zunächst rosa, werden aber ziemlich bald graubraun bis dunkelbraun.
- Der Stiel ist weiß, an der Basis etwas breiter, bei Druck oder Reiben schwach rötend.
- Der Ring ist dünn, bei älteren Exemplaren vergänglich.
- Das Fleisch ist weiß, färbt sich aber bei Schnitt und Verletzungen bald blass-weinrot.
- Schwacher, angenehmer Geruch.

Sammeln, Säubern, Zubereitung usw.

Siehe den allgemeinen Text über Champignons, S. 140.

NAHESTEHENDER SPEISEPILZ

4 **Großsporiger Blut-Champignon** (nächste Seite)

Agaricus langei

Vergleich zwischen dem Kleinen und dem Großsporigen Blut-Champignon (auch: Großer Wald-Champignon):

Nachdem wir die Pilzberater des Landes zum Vorkommen dieser Arten in ihren Heimatregionen befragt haben, sind wir zu folgender Auffassung gelangt:

- Am häufigsten im Land ist der Kleine Wald-Champignon.

Nils Suber, der sich besonders für Champignons interessierte, meinte, dass die beste Methode, um zu entscheiden, ob es sich um einen Kleinen oder einen Großen Wald-Champignon handelt, darin bestehe, ihn zu drücken. Der Kleine Wald-Champignon bekommt dann gelbbraune Flecken, während der Große stark rötet.

Das Fleisch und die Lamellen des Großen Wald-Champignons röten unmittelbar und färben sich rosa bis weinrot. Beim Kleinen Wald-Champignon ist die Rötung weniger stark und setzt weniger schnell ein.

Der Ring ist bei älteren Exemplaren des Kleinen Wald-Champignons sehr dünn oder fehlt fast. An geschlossenen oder vor Kurzem aufgeschirmten Fruchtkörpern kann man die Unterseite des Rings studieren. Der Kleine Wald-Champignon hat weißliche Schuppen, während der Große braune hat.

Schließlich kann noch gesagt werden, dass der Große Wald-Champignon größere Fruchtkörper, einen Hutdurchmesser bis zu 15 cm und einen stärkeren Champignon-Duft hat und öfter in Laubwäldern wächst als der Kleine Wald-Champignon.

DOPPELGÄNGER

Der Kleine und der Große Wald-Champignon können mit dem **Pantherpilz** (S. 156) und dem **Königs-Fliegenpilz** (S. 157) verwechselt werden. Beachten Sie jedoch, dass die Lamellen des Pantherpilzes und des Königs-Fliegenpilzes stets weiß sind. Am wahrscheinlichsten sind Verwechslungen mit anderen Champignon-Arten. Beachten Sie daher die Hinweise zu den Karbol-Egerlingen.

Großsporiger Blut-Champignon mit deutlichem rosafarbenen Ton an Lamellen und Stiel sowie einem bei Schnitt kräftig rötendem Pilzfleisch

Großsporiger Blut-Champignon oder einfacher: Großer Wald-Champignon

Wiesen-Champignon

Agaricus campestris

GRUPPE SEITE 40

Aus gr. *agaricon* (Name eines Pilzes, eventuell nach dem Gebiet Agaria nördlich des Schwarzen Meeres) und lat. *campestris* (Feld-)

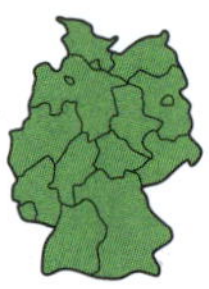

Der problemloseste wildwachsende Champignon ist der Wiesen-Champignon. Er scheint nie hohe Kadmiumwerte zu enthalten, und auch eine Verwechslung mit dem Kegelhütigen (Weißen) Knollenblätterpilz ist weniger wahrscheinlich. Da der Wiesen-Champignon außerdem einen angenehmen Geruch und Geschmack hat, halten wir ihn für eine der besten Champignon-Arten.

Der Wiesen-Champignon kommt im ganzen Land vor, aber da naturnah bewirtschaftete Weiden und extensiv beweidete Wiesen immer seltener werden, wird es auch der Wiesen-Champignon. Auf nur schwach oder nicht gedüngtem Grasland kann er in manchen Jahren häufig vorkommen. Manchmal kann er massenhaft auf Pferdeweiden auftreten.

Der **Wiesen-Champignon** wächst im ganzen Land.

Wichtige Kennzeichen

- Der Hut ist glatt oder schwach geschuppt und weiß oder bei älteren Exemplaren mit einem graurosafarbenen Ton zur Kante hin, insbesondere bei Nässe.
- Die Lamellen haben zunächst einen schönen rosafarbenen bis fleischroten Ton und werden bei ausgewachsenen Exemplaren braunschwarz.
- Der Stiel ist kurz und spulenförmig (in der Mitte am dicksten), oft kürzer als die Hutbreite. Der

Ring ist dünn und bei jungen Exemplaren am besten zu sehen, bei älteren fehlt er oft.

- Das Pilzfleisch ist weiß und rötet manchmal.

Sammeln, Säubern, Zubereitung usw.

Siehe den allgemeinen Text über Champignons, S. 140.

DOPPELGÄNGER

Neben einer Anzahl weiterer weißlicher Champignons, zum Beispiel dem **Stadt-Champignon**, dem **Salzwiesen-Champignon** und dem **Weißen Anis-Champignon** (S. 150) kann der Wiesen-Champignon möglicherweise auch mit dem **Kegelhütigen Knollenblätterpilz** (S. 152) verwechselt werden.

Salzwiesen-Champignon

Agaricus bernardii

Ein sehr kräftiger Champignon, der Hutdurchmesser von über 20 cm erreichen kann. Das etwas Merkwürdige an diesem Champignon ist, dass er entlang von Meeresstränden, aber auch entlang von Verkehrswegen in Städten wächst, so wie der Stadt-Champignon. Weitere Namen sind Salzwiesen-Egerling und Dünen-Egerling.

Der Salzwiesen-Champignon ist weniger verbreitet. Auch zum Verzehr wird diese Art nicht empfohlen, vor allem aufgrund des Wachstumsortes, aber auch wegen des strengen Geruchs und Geschmacks.

Salzwiesen-Champignons wachsen oft am Straßenrand und werden ebenfalls nicht als Speisepilze empfohlen.

Stadt-Champignon

Agaricus bitorquis

Ein recht großer Pilz, der stets für Verwunderung sorgt, da er sich durch dicken Asphalt emporsprengen kann. Er wächst oft an Straßenrändern, in Gärten und Parks. Er wird auch als Stadt-Egerling bezeichnet. Der schmutzigweiße Hut bekommt bei Trockenheit und Druck schwachgelbe Flecken. Die Hutkante bleibt lange eingerollt. Der Stiel hat zwei Ringe, der untere in Form eines aufgestellten Kragens. Trotz des leicht mandelähnlichen Geruchs und guten Geschmacks wird der Stadt-Champignon nicht als Speisepilz empfohlen, vor allem aufgrund seines Wachstumsortes.

Die Art ist in Deutschland weit verbreitet und mancherorts häufig anzutreffen.

Der **Stadt-Champignon** wird nicht als Speisepilz empfohlen, vor allem aufgrund seines Wachstumsortes.

4 Riesen-Champignon *Agaricus augustus* GRUPPE SEITE 40

Aus gr. *agaricon* (Name eines Pilzes, eventuell nach dem Gebiet Agaria nördlich des Schwarzen Meeres) und lat. *augustus* (Ehrfurcht gebietend)

Dieser stattliche, gelbbraunschuppige Champignon ist nach dem römischen Kaiser Augustus benannt. Er gehört zu den köstlichsten unter unseren Speisepilzen, kommt aber weniger häufig vor. In Wäldern findet man ihn meist in der Nadelstreu unter alten Fichten. In Parks wächst er manchmal bei Laubbäumen. Leider können Riesen-Champignons, ähnlich wie Weiße Anis-Champignons, hohe Gehalte des Schwermetalls Kadmium aufweisen (siehe S. 223).

Wichtige Kennzeichen

- Hutdurchmesser bis zu 30 cm.
- Kräftiger Ring, der auf der Unterseite mit flockigen, gelben bis gelbbraunen Schuppen übersät ist.
- Sehr starker Geruch und Geschmack nach Anis oder Mandel.

Sammeln, Säubern, Zubereitung usw.

Siehe S. 141 und 150.

Der **Riesen-Champignon** wächst manchmal in Parks und bei Laubbäumen.

Riesen-Champignon

Der **Goldfarbene Glimmerschüppling** ist ein Doppelgänger.

DOPPELGÄNGER

Das Verwechslungsrisiko ist gering, was den Riesen-Champignon angeht. Es sind jedoch Verwechslungen mit dem **Goldfarbenen Glimmerschüppling** vorgekommen. Dieser ist kein Speisepilz, da nach dem Verzehr Fälle von Übelkeit eingetreten sind. Gefährlicher ist es jedoch, den Riesen-Champignon mit dem **Königs-Fliegenpilz** zu verwechseln.

Goldfarbener Glimmerschüppling

Phaeolepiota aurea

Dieser prachtvolle Pilz, der auch als Gemeiner Glimmerschüppling bezeichnet wird, erregt stets große Aufmerksamkeit. Er hat eine schöne goldbraune Farbe und ist so groß wie ein Riesen-Champignon. Die Lamellen sind jedoch zunächst hellbraun und später durch die braunen Sporen zimtbraun gefärbt. Der stattliche, aufragende Ring ist wie der Hut und der Stiel unterhalb des Rings goldbraunmehlig. Der Ring hat hautähnliche Falten, die auf den Stiel herablaufen.

Der Goldfarbene Glimmerschüppling kann im ganzen Land angetroffen worden, ist aber weniger verbreitet. Er wächst auf fetter Erde in Parks, Gärten usw.

Königs-Fliegenpilz

Amanita regalis

Siehe S. 157. Der Riesen-Champignon könnte möglicherweise auch mit dem Königs-Fliegenpilz verwechselt werden, aber dieser hat auf dem Hut lose sitzende Velumflocken anstelle von Schuppen, völlig weiße Lamellen und Schuppenkränze um die Stielbasis.

Anis-Champignons /-Egerlinge

Hier handelt es sich um eine Gruppe nahestehender Arten mit gewissen gemeinsamen Zügen. Die jungen Fruchtkörper haben fast kugelrunde Hüte. Die Huthaut ist seidenmatt weiß, oft auch etwas gilbend. Der kräftige Ring springt auf der Unterseite auf wie ein Stern oder Zahnrad.

Sowohl der Geruch als auch der Geschmack erinnern an Mandeln. Anis-Champignons bzw. -Egerlinge gehören zu den schmackhaftesten Speisepilzen in unserem Land, können aber hohe Gehalte des Schwermetalls Kadmium aufweisen (siehe S. 223).

4 Weißer Anis-Champignon / Schaf-Egerling *Agaricus arvensis*

GRUPPE SEITE 40

Das lateinische Wort *arvensis* bedeutet „auf Äckern wachsend".

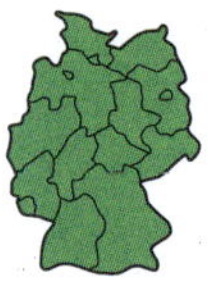

Dieser Champignon, der auch als Schaf-Egerling bezeichnet wird, wächst als Streuzersetzer auf offenem Grasland, oft in Ringen. Er kommt in großen Teilen des Landes vor.

Wichtige Kennzeichen

- Der Weiße Anis-Champignon kann sehr groß werden. Ausgewachsene Exemplare können einen Hutdurchmesser von 20 cm haben.
- Die Lamellen sind zunächst grauweiß, dann graurot und schließlich braunschwarz.
- Der Stiel ist kräftig und gerade (ihm fehlt die zwiebelförmigere Stielbasis der nahestehenden Arten) und hat oft eine lange und schmale Höhlung in der Stielmitte.
- Der Pilz riecht schwach nach Mandeln.

Sammeln, Säubern, Zubereitung usw.

Siehe S. 141. Sowohl der Weiße Anis-Champignon als auch der Riesen-Champignon enthalten Agaritin (ein Phenylhydrazin), das im Verdacht steht, krebserregend zu sein. Aufgrund eventueller Langzeitwirkungen sollten Kinder und Jugendliche diese Pilze meiden, und Erwachsene sollten sie nicht allzu oft essen.

Weiße Anis-Champignons

DOPPELGÄNGER

Die schwersten Pilzvergiftungen, die in unserem Land aufgetreten sind, gehen auf Verwechslungen zwischen weißen Champignons und dem **Kegelhütigen Knollenblätterpilz** (S. 152) zurück. Ein weiterer giftiger Doppelgänger ist der **Karbol-Champignon**. Champignons mit muffigem, chemischem bis hin zu üblem Geruch sind in der Regel ungenießbar bis giftig.

Im Übrigen rechnen wir nur einige nahestehende Champignons, die zugleich Speisepilze sind, als Doppelgänger, nämlich den **Dünnfleischigen Anis-Egerling** und den **Wiesen-Champignon** (S. 146).

■ Karbol-Champignon

Agaricus xanthodermus

Gift, Symptome und Behandlung, S. 236.

Der Karbol-Champignon, der auch als Gift- oder Karbol-Egerling bezeichnet wird, ist örtlich ziemlich häufig. Er kann leicht mit dem Weißen Anis-Champignon verwechselt werden, weshalb wir ihn hier etwas ausführlicher vorstellen.

- Der matte weiße Hut ist lange geschlossen und oft etwas kantig. Manchmal wird der Hut zur Mitte hin bräunlich.
- Bei Reiben entstehen schnell chromgelbe Flecken, sowohl am Hut als auch am Stiel. Nach etwa 1 Minute verblassen die Flecken zu einem schwachen Braun. Wenn man den Stiel an der Basis anschneidet, ist das Stielfleisch chromgelb durchgefärbt.
- Der Ring um den Stiel ist kräftig und quasi doppelt. Bei ausgewachsenen Exemplaren befinden sich rechteckige Velumflocken auf der Unterseite des Rings.
- Der Karbol-Champignon hat einen unangenehmen Geruch, der besonders deutlich hervortritt, wenn man ihn durch ein Versehen zubereiten sollte.
- Er wächst auf Rasen und nackter Erde in Parks und Gärten.
- Er sitzt locker in der Erde und lässt sich sehr leicht freirütteln.

NAHESTEHENDER SPEISEPILZ

④ Dünnfleischiger Anis-Egerling

Agaricus silvicola

Ähnelt dem Weißen Anis-Champignon, aber der Stiel ist an der Basis breiter. Er wächst meist im Wald, bevorzugt in der Nadelstreu unter alten Fichten. Er ist genauso schmackhaft, kann aber leider auch hohe Kadmiumgehalte aufweisen. Er ist im ganzen Land ziemlich verbreitet.

Karbol-Champignon

Dünnfleischiger Anis-Egerling

✝ Kegelhütiger/Weißer Knollenblätterpilz *Amanita virosa*

Doppelgänger zu den weißen Speisepilzen unter den Blätterpilzen:

Giftgehalt, Symptome, Behandlung usw. S. 227.

Der Kegelhütige oder auch Weiße Knollenblätterpilz ist ein berüchtigter Giftpilz, auf dessen Verzehr zahlreiche schwere Vergiftungen zurückzuführen sind. Eine Vergiftung mit dem Kegelhütigen Knollenblätterpilz bedeutet folglich Lebensgefahr. Die Behandlung, die heute in den Krankenhäusern durchgeführt wird, ist glücklicherweise so gut, dass die meisten Betroffenen keine bleibenden Schäden zurückbehalten. Es gilt jedoch, so schnell wie möglich ein Krankenhaus aufzusuchen, wenn der geringste Verdacht besteht, dass man Kegelhütigen (Weißen) oder Grünen Knollenblätterpilz (S. 190) gegessen hat. Letzterer enthält dieselben Giftarten und sieht dem Kegelhütigen Knollenblätterpilz manchmal täuschend ähnlich, da der Grüne Knollenblätterpilz auch in weißen Exemplaren vorkommen kann.

Der Wachstumsort des Kegelhütigen Knollenblätterpilzes ist in der Regel feuchter und moosiger Fichtenwald, wo er oft zusammen mit dem Spitzgebuckelten Raukopf, einem ebenfalls sehr gefährlichen Giftpilz (S. 231), wächst. Wenn der Kegelhütige Knollenblätterpilz in tiefem Moos wächst, ist es schwierig, die angeschwollene Stielbasis mit der Volva zu entdecken. Er kann auch auf trockenerem Boden in Gemeinschaft mit Kiefern, Buchen und anderen Laubbäumen wachsen. Manchmal wächst er sogar auf Grasland.

Die Saison des Kegelhütigen Knollenblätterpilzes dauert vom Spätsommer bis zum Frühherbst. Er kann in manchen Jahren häufiger vorkommen.

Wichtige Kennzeichen

- Der Hut ist weiß, mit dem Alter schwach gelb bis gelbbraun. Die Huthaut ist bei Nässe klebrig und bei Trockenheit glänzend.
- Die Lamellen sind unveränderlich weiß, können durch Witterungseinflüsse aber gilben oder bräunen.

Der Stiel ist weiß mit mehr oder weniger deutlichen, unregelmäßigen weißen Schuppen oder Flocken. Er ist nach oben hin am schmalsten und hat eine ziemlich spröde Konsistenz.

- Weit oben am Stiel sitzt ein dünner Ring. Teile des Rings bleiben oft über den Lamellen liegen oder an der Hutkante hängen.
- Die Stielbasis ist angeschwollen und von einer kräftigen Volva (Scheide) umgeben.
- Der junge Pilz hat einen schwachen süßlichen Geruch, aber bei ausgewachsenen Exemplaren wird er deutlicher, widerlich und unangenehm.
- **Selbstverständlich raten wir davon ab, einen derart giftigen Pilz zu probieren.** Personen, die aus Versehen Kegelhütigen Knollenblätterpilz zubereitet und gegessen haben, haben berichtet, dass er gut geschmeckt habe.

Junger Fruchtkörper des **Kegelhütigen Knollenblätterpilzes** mit deutlicher Volva um die Stielbasis

VERWECHSLUNGSRISIKEN

Vor jeder Pilzsaison wird in den Medien vor dem Risiko gewarnt, weiße Champignons mit dem Kegelhütigen (Weißen) Knollenblätterpilz zu verwechseln. Dennoch kommt es jedes Jahr aufgrund genau dieser klassischen Verwechslung zu Vergiftungsfällen.

Wir sind der Ansicht, dass Anfänger keine Champignons sammeln sollten. Neben dem Risiko einer Verwechslung mit weißen Giftpilzen sind Champignons an sich eine schwierige Gruppe.

Der Kegelhütige Knollenblätterpilz kann außerdem mit dem **Seidigen Ritterling** (S. 121) und dem **Maipilz** (S. 129) verwechselt werden. Auch weiße Formen von **Streiflingen** können leicht mit dem Kegelhütigen Knollenblätterpilz verwechselt werden, aber wir empfehlen die Gruppe der Streiflinge nicht als Speisepilze. Mehr zu diesem Thema finden Sie auf S. 210.

Der Kegelhütige Knollenblätterpilz unterscheidet sich in mehreren wesentlichen Punkten von weißen Champignons. Die wichtigsten Unterschiede sind:

Kegelhütiger (Weißer) Knollenblätterpilz	Weiße Champignons
Junge Fruchtkörper sind spitzoval.	Die jungen Fruchtkörper sind kugelförmig, auf der Oberseite oft etwas abgeflacht.
Der Hut ist klebrig. Bei Trockenheit glänzend.	Der Hut ist trocken und matt.
Die Lamellen sind weiß.	Die Lamellen sind farbig. Zunächst grau oder rosa, später dunkler werdend ins Braune oder Schwarze.
Die Stielbasis ist angeschwollen und von einer kräftigen Volva (Scheide) umgeben.	Die Stielbasis kann manchmal etwas angeschwollen sein, hat aber keine Volva.
Wächst oft in tiefem Waldmoos und als Mykorrhizapilz stets in Verbindung mit Bäumen. Diese können aber bis zu 50 Meter entfernt stehen!	Wenn Champignons in Waldgebieten wachsen, dann meist in der Nadelstreu unter Fichten.
	Am häufigsten kommen Champignons auf Grasland vor.

④ Riesenschirmling / Parasol

GRUPPE SEITE 40

Macrolepiota procera

Aus gr. *makros* (groß) und *lepis* (Schuppe) sowie lat. *procerus* (hoch)

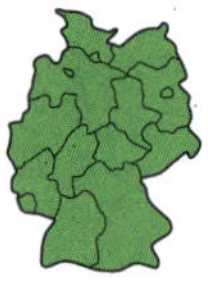

Der Riesenschirmling ist ein streubewohnender Waldsaumpilz. Er wächst bevorzugt in südlicher Lage auf Grasland und beweideten Waldhainen, wo er ziemlich verbreitet und häufig ist.

Wichtige Kennzeichen

- Wenn die Fruchtkörper ausgewachsen sind, können sie 30–40 cm hoch sein und einen Hutdurchmesser von bis zu 30 cm haben. Junge Fruchtkörper sind braun. Wenn sie wachsen und sich entwickeln, bricht die äußerste, braune Hülle auf und bildet dunklere Schuppen auf blassem Grund.
- Die Lamellen sind weiß, dicht und hoch. Wenn der Fruchtkörper überreif ist, bekommen die Lamellen braune Flecken, und zu dem Zeitpunkt ist es zu spät zum Sammeln.
- Der lange Stiel hat ein braun genattertes Muster auf hellerem Grund, eine faserige Konsistenz und ist hohl. Am Stiel sitzt ein kräftiger, freier Ring, der sich am Stiel auf und ab schieben lässt. Die Stielbasis ist zwiebelförmig.

Riesenschirmling in krautreichem Fichtenwald

Sammeln und Säubern

Drehen Sie den Fruchtkörper heraus und schneiden Sie den untersten Teil der Stielbasis, an dem

Streureste anhaften, weg. Der Hut löst sich leicht vom Stiel. Manche werfen den zähen Stiel weg, aber wir empfehlen, ihn ebenfalls mit nach Hause zu nehmen.

Zubereitung und Konservierung

Hüte des Gemeinen Riesenschirmlings lassen sich am besten für sich braten, mit oder ohne Panade. In weißer Soße und in Suppen wird die Konsistenz schleimig und weniger appetitlich. Von dem zähen Stiel kann man eine schmackhafte Pilzbouillon kochen. Trocknen ist die beste Konservierungsmethode. Die getrockneten Stiele können zu Pilzmehl gemahlen werden, das ein ideales Gewürz für Suppen, Soßen, Eintöpfe usw. ist.

DOPPELGÄNGER

Das größte Verwechslungsrisiko besteht mit anderen großen Schirmlingen. Keine dieser Arten ist ein eigentlicher Giftpilz. Der **Gemeine Safranschirmling** hat jedoch in einigen Fällen leichteres Unbehagen (Magen-Darm-Beschwerden) verursacht.

Ein größeres Problem ist, dass der Gemeine Riesenschirmling manchmal mit giftigen Wulstlingen, zum Beispiel dem ✝ **Pantherpilz** (S. 156) und dem ✝ **Königs-Fliegenpilz** (siehe S. 157) verwechselt wird. Diese haben jedoch helle Flecken, Velumreste, auf dunklem Grund, während der Gemeine Riesenschirmling dunkle Flecken auf hellem Grund hat.

Gemeiner Safranschirmling

Chlorophyllum rachodes

Es gibt zwei Arten Safranschirmlinge, die in Gärten, Parks und Laubwäldern wachsen. Den helleren Garten- oder Großknolligen Safranschirmling (*Chlorophyllum brunneum*), der in Gartenböden wächst, sowie den Gemeinen Safranschirmling (*C. rachodes*), den man in Laubwäldern findet. Eine weitere Art, der Olivbraune Safranschirmling, *Chlorophyllum olivieri*, wächst in großen Teilen des Landes, meist in der Nadelstreu unter Fichten oder in verlassenen Ameisenhaufen. Mindestens eine von ihnen kann Magen-Darm-Beschwerden verursachen.

Den Safranschirmlingen gemeinsam ist, dass der Stiel nie genattert, sondern völlig glatt ist, und dass der gesamte Fruchtkörper bei Anschnitt oder Verletzung „rötet" – in Orange, das danach in Braun übergeht (siehe auch S. 209).

Junge Fruchtkörper des **Gemeinen Riesenschirmlings**

Garten-Safranschirmling (*Chlorophyllum brunneum*), die Garten-Art

Die Wald-Art, der **Gemeine Safranschirmling**

Pantherpilz *Amanita pantherina*

Doppelgänger u. a. zum Riesenschirmling auf der vorigen Doppelseite:

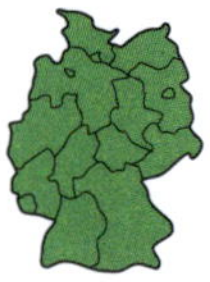

Giftgehalt, Symptome und Behandlung siehe S. 233.

Der „Pantherfleckige Wulstling“, wie er in Schweden früher genannt wurde, ist nach dem Kegelhütigen (Weißen) und dem Grünen Knollenblätterpilz der giftigste der Wulstlinge in unserem Land. Der Pilzkenner und Mediziner Carl Th. Mörner schrieb 1919, dass es zwei Giftpilze gebe, die eine „hochgradige Variationsbreite“ bezüglich der Menge von enthaltenen Giftstoffen besäßen, nämlich die Giftlorchel und den Pantherfleckigen Wulstling (Pantherpilz).

Den Giftinformationszentralen sind viele Fälle von Vergiftungen mit dem Pantherpilz gemeldet worden, und die häufigste Verwechslung ist die mit dem Riesenschirmling.

Wichtige Kennzeichen

- Sehr junge Fruchtkörper sind von einer weißen Hülle (Velum) umgeben, die bald aufreißt und weiße „Flecken“ bildet.
- Der Hut ist graubraun, gelbbraun bis dunkelbraun, zur Mitte hin am dunkelsten. Die Huthaut ist bei Nässe leicht klebrig. Die kleinen reinweißen Velumreste, die normalerweise auf der braunen Hutoberseite sitzen, können bei starkem Regen fortgespült werden.
- Die Lamellen sind unveränderlich weiß.
- An dem weißen Stiel sitzt ein dünner, nicht verschiebbarer Ring, der leicht zerbricht und sogar fehlen kann.
- Die Stielbasis ist knollig mit mehr oder weniger deutlichen Schuppenkränzen oder Wülsten.
- Das Fleisch ist komplett weiß, auch direkt unter der Huthaut (vgl. Königs-Fliegenpilz).

Der Pantherpilz wächst oft in humusreichen Böden in Laub- und Nadelwäldern und Parks – dort kann er reichlich vorkommen.

Der Pantherpilz kann nicht nur mit dem Riesenschirmling verwechselt, sondern auch für den Perlpilz, Grauen Wulstling oder einen Streifling gehalten werden (siehe S. 210).

Königs-Fliegenpilz *Amanita regalis*

Doppelgänger u. a. zum Riesenschirmling auf der vorigen Doppelseite:

Giftgehalt, Symptome und Behandlung siehe S. 234.

Der Königs-Fliegenpilz sieht dem Riesenschirmling ähnlicher als der Pantherpilz, sowohl von der Größe als auch vom Farbton her. Er ist demnach eine recht große und hochgewachsene Art. Der Königs-Fliegenpilz geht Mykorrhiza mit Fichten ein und ist in Deutschland nur in den Gebirgszügen vom Harz bis zum Bayerischen Wald verbreitet. Er wächst sowohl in der Nadelstreu unter Fichten als auch in Moos.

Wichtige Kennzeichen

- Sehr junge Fruchtkörper sind gelbweiß und ähneln in dieser Zeit den Stäublingen (S. 202). Die jungen Fruchtkörper sind von einer hellgeben Hülle (Velum) bedeckt, die bald aufreißt und auf dem ausgewachsenen Hut warzenartige Velumreste, „Flecken", bildet.
- Die Oberseite des Hutes ist gelbbraun bis dunkelbraun, zur Mitte hin am dunkelsten. Die Huthaut ist bei Nässe klebrig, bei Trockenheit glänzend. Die gelbweißen Velumreste sitzen relativ locker und können durch starken Regen fortgespült werden.
- Die Lamellen sind unveränderlich weiß.
- Der Stiel ist weiß mit einem kräftigen, weißgelben Ring. Die Basis ist zwiebelförmig mit Schuppenkränzen.
- Das Pilzfleisch ist weiß, nur direkt unter der Huthaut ist es gelb (vgl. Pantherpilz links).

Sowohl für den Pantherpilz als auch für den Königs-Fliegenpilz gilt, dass sie einen schwachen Geruch und einen milden Geschmack haben. Außerdem können sie sowohl von Insektenlarven als auch von Schnecken befallen werden.

Wir erwähnen dies, weil wir immer noch in jedem Herbst Menschen antreffen, die angeben, Pilze zu sammeln, die gut schmecken und riechen, und Personen begegnen, die davon überzeugt sind, dass keine Gefahr bestehe, wenn Insekten und Schnecken von dem Pilz fressen (siehe Bild auf S. 228).

3 Schopf-Tintling *Coprinus comatus*

GRUPPE SEITE 41

Aus gr. *kopros* (Kot) und lat. *comatus* (behaart)

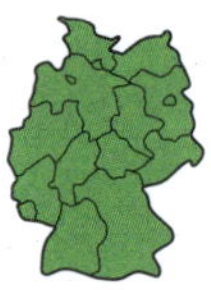

Den Schopf-Tintling erkennen viele wieder, weil er auf Rasenflächen, auf Komposthaufen und an Wegrändern und anderen nackten Böden inmitten menschlicher Bebauung wächst. Typisch ist, dass er sehr schnell wächst und kurzlebig ist. Einige Tage nach einem ordentlichen Sommerregen kann sich der Rasen mit den weißen Glocken füllen, und nach einer Woche sind sie wieder fort. Der Schopf-Tintling kommt im ganzen Land häufig vor. Er kann während der Saison mehrere Male erscheinen, vom Sommer bis weit in den Herbst.

Wichtige Kennzeichen

- Der Hut ist zuerst lang gezogen eiförmig, später glockig-walzenförmig mit kräftigen und filzartigen, weißen bis schwach gelbbraunen Schuppen.
- Die Lamellen sind zunächst weiß, aber später werden sie – angefangen unten an der Hutkante – zuerst rosa, dann schwarz, bis sie zuletzt völlig zu einer tintenartigen Flüssigkeit zerfließen.
- Der hohle weiße Stiel hat anfangs einen dünnen Ring, der sich leicht löst.

Schopf-Tintling

Sammeln und Säubern

Nehmen Sie in erster Linie diejenigen Pilze, die völlig weiße Lamellen haben. Wenn die Lamellen angefangen haben, sich in der Nähe der Hutkante rosa zu färben, kann man die farbige Partie wegschneiden und den Rest nutzen. Auch von tintigen Exemplaren kann man den Stiel verwenden, wenn dieser völlig weiß ist.

Zubereitung und Konservierung

Die Pilze müssen zeitnah nach dem Sammeln zubereitet werden. Eine geeignete Vorbehandlung ist das Blanchieren. Die Pilze ganz oder zerteilt in leicht gesalzenes kaltes Wasser legen und aufkochen lassen, das Wasser dann wegschütten. Danach kann der Pilz zubereitet werden. Der Schopf-Tintling macht sich im besten in weißer Soße oder leicht bemehlt in Butter ausgebraten. Ganze Stiele können gekocht und wie Spargel gegessen werden.

Der Schopf-Tintling zieht beim Vordünsten viel Flüssigkeit. Beim Einfrieren oder Einmachen kann man deshalb etwas von dem Sud wegschütten. Das Trocknen ist keine geeignete Methode für den Schopf-Tintling.

DOPPELGÄNGER

Traditionell ist der Falten-Tintling als Doppelgänger des Schopf-Tintlings betrachtet worden. Seit den 1950er-Jahren wird er auch als Verwechslungsrisiko betrachtet, weil man in dieser Zeit auf den Vergiftungszusammenhang zwischen dem **Falten-Tintling** und Alkohol (S. 238) aufmerksam wurde.

■ Falten-Tintling

Coprinopsis atramentaria

Gift, Symptome und Behandlung siehe S. 238.

Der Falten-Tintling ist im ganzen Land verbreitet und wächst in ähnlichen Lebensräumen wie der Schopf-Tintling, allerdings meist in Verbindung mit (verborgenem) Holz. Der Hut ist silbergrau bis braungrau mit strahlenförmig von der Mitte bis zur Hutkante verlaufenden Furchen. Auf der Oberseite befinden sich dicht sitzende, dunklere Schuppen. Die Lamellen sind zunächst weiß, werden später rosa und zerfließen schließlich zu einer tuscheartigen Flüssigkeit. Der Stiel ist weiß und hohl mit einer wulstartigen Verdickung ein kleines Stück oberhalb der spitz zulaufenden Basis.

Der **Falten-Tintling** wächst oft in großen Ansammlungen dicht neben dem Stamm alter Laubbäume.

3 Graublättriger Schwefelkopf

GRUPPE SEITE 41

Hypholoma capnoides

Aus gr. *hyphe* (Netz) und lat. *loma* (Franse) sowie gr. *kapnos* (Rauch)

Ein älterer Name ist „Blassgelber Schleier-Blätterpilz", den er aufgrund des blassgelben oberen Teils des Stiels erhalten hat. Dies unterscheidet den Graublättrigen Schwefelkopf deutlich von seinem Doppelgänger Grünblättriger Schwefelkopf (siehe gegenüberliegende Seite), der am oberen Stielteil eine intensiv schwefelgelbe Farbe hat. Wenn sich die Pilzsaison ihrem Ende zuneigt, erscheint der Graublättrige Schwefelkopf in dichten Ansammlungen auf alten morschen Nadelbaumstümpfen. Wie einige andere Baumstumpfpilze kann er auch in milden Wintern Fruchtkörper bilden, manchmal sogar im Frühjahr.

Der Graublättrige Schwefelkopf ist ein Speisepilz, den wenige kennen. Es gibt zwar Arten, mit denen er verwechselt werden kann, aber wir sind trotzdem der Meinung, dass er so charakteristisch und zudem so schmackhaft ist, dass er es durchaus wert ist, gesammelt zu werden. Zudem ist er im ganzen Land verbreitet.

Wichtige Kennzeichen

- Der Hut ist trocken und gelb bis gelbbraun mit dunklerer Mitte. Junge Fruchtkörper haben entlang der Kante noch leichte helle Reste einer inneren Hülle, eines Schleiers (daher auch der Name „Schleier-Blätterpilz").
- Die Lamellen sind zunächst blassgelb, später rauchgrau mit einem violetten Ton.
- Der Stiel ist lang, schmal und meist gebogen, nach oben hin gelbweiß und zur Basis hin von einem dunkleren Rotbraun. Oben am Stiel älterer Fruchtkörper befindet sich oft ein Schleierring, der durch herabfallende Sporen schwarz gefärbt ist.
- Das Pilzfleisch ist gelbweiß mit mildem Geschmack, der nach kurzem Kauen an frische grüne Erbsen erinnert.

Sammeln und Säubern

Leicht in ganzen Büscheln zu sammeln. Schneiden Sie den Stiel direkt unter dem Hut weg und tei-

Der **Graublättrige Schwefelkopf** wächst in dichten Ansammlungen.

len Sie die ältesten Hüte, um sich zu vergewissern, dass sie nicht von Maden befallen sind.

Zubereitung und Konservierung

Lässt sich sowohl braten als auch mit weißer Soße zubereiten, separat oder als Mischpilz. Die Hüte lassen sich ausgezeichnet im Ganzen trocknen.

DOPPELGÄNGER

Neben dem Speisepilz **Samtfußrübling** (S. 132) kann der Graublättrige Schwefelkopf mit dem ■ **Zitronengelben Erlen-Schüppling** (S. 133), der mild schmeckt, aber trotzdem kein Speisepilz ist, sowie mit dem **Grünblättrigen Schwefelkopf** verwechselt werden, der den Magen-Darm-Trakt reizende Gifte enthält. Ungeübte Sammler könnten ihn auch mit dem Gift-Häubling (*Galerina marginata*, siehe S. 164) verwechseln, der das Gift der Knollenblätterpilze enthält!

■ Grünblättriger Schwefelkopf

Hypholoma fasciculare

Giftgehalt, Symptome und Behandlung siehe S. 236.

Wie der Graublättrige Schwefelkopf wächst der Grünblättrige Schwefelkopf auf Baumstümpfen und Wurzeln, aber während Ersterer fast immer auf Nadelholz wächst, wächst der Grünblättrige Schwefelkopf häufiger auf Laubholz.

Der Grünblättrige Schwefelkopf kommt genauso häufig vor wie der Graublättrige Schwefelkopf.

Wichtige Kennzeichen

- Die Oberseite des Hutes ist gelb bis schwefelgelb mit rotgelber Mitte – von oben betrachtet sehr schwer vom Graublättrigen Schwefelkopf zu unterscheiden.
- Die dichten Lamellen sind zunächst schwefelgelb, später grüngelb, um schließlich zu einer dunkleren Nuance überzugehen, die durch die schwarze Farbe der reifen Sporen entsteht.
- Der schmale Stiel ist nach oben hin schwefelgelb, bei älteren Fruchtkörpern oft mit einem schwarzen Schleierring.
- Das Pilzfleisch ist schwefelgelb und hat einen sehr bitteren Geschmack.

Bei der Artbestimmung des **Grünblättrigen Schwefelkopfs** (links) sollte man kein Kunstlicht verwenden. Im Unterschied zu Tageslicht wird die intensive schwefelgelbe Farbe durch elektrisches Licht ganz erheblich gedämpft.

④ Gemeines Stockschwämmchen

Pholiota mutabilis

Aus gr. *pholis* (Schuppe) und lat. *mutabilis* (veränderlich)

Ein anderer schwedischer Name dieser Art ist „Veränderlicher Baumstumpfpilz“, siehe S. 41). Der Name „Baumstumpfpilz“ gibt an, wo man das Stockschwämmchen findet. Es wächst in großen Gruppen oder Büscheln, üblicherweise auf alten morschen Laubbaumstümpfen oder -stämmen.

Das Gemeine Stockschwämmchen ist stets als guter Speisepilz eingestuft worden, aber in den letzten Jahren ist es keine Selbstverständlichkeit gewesen, es zum Verzehr zu empfehlen. Das liegt nicht daran, dass man etwas Ungeeignetes darin gefunden hätte, sondern ein zuvor weniger bekannter Giftpilz, der Gift-Häubling (siehe S. 164), hat das Bild komplizierter gemacht.

Der gefährliche Gift-Häubling sieht dem Gemeinen Stockschwämmchen sehr ähnlich, und dieses gehört folglich auf keinen Fall zu den Anfängerpilzen. Aber da es ein sehr guter Speisepilz ist, im ganzen Land verbreitet ist und außerdem eindeutige Kennzeichen besitzt, gibt es gute Gründe dafür, es in ein Speisepilzbuch dieses Umfangs aufzunehmen.

Das Gemeine Stockschwämmchen kann bei geeignetem Wetter bereits im Vorsommer Fruchtkörper bilden. Diese sind dann aber oft kurzlebig. Einige Tage Trockenheit, und sie sind bald verdorben. Die Hauptmonate für diesen Pilz sind August bis Oktober.

Wichtige Kennzeichen

- Der Hut ist gelbbraun bis zimtbraun. Er ist *hygrophan*, das heißt, er verändert je nach Feuchtigkeitsgrad seine Farbe (wird dunkler) und wird bei Trockenheit von der Mitte ausgehend blasser. An der Kante ist er strahlenförmig gestreift.
- Die braunen Lamellen sind angeheftet oder etwas am Stiel herablaufend.
- Der lange, schmale, feingeschuppte Stiel hat einen hautartigen Ring, der zunächst hell, später aber durch herabfallende Sporen dunkelbraun

Gemeines Stockschwämmchen auf der derben Rinde einer großen, lebenden Salweide wachsend

wird. Unterhalb des Rings ist der Stiel braunschuppig, zur Basis hin am dunkelsten. Oberhalb des Rings ist er blasser, glatt und oft längsgestreift.

- Angenehmer Pilzduft.

Sammeln und Säubern

Das Gemeine Stockschwämmchen lässt sich leicht in großen Büscheln von seiner Unterlage lösen. Es ist jedoch besonders wichtig, die Kennzeichen zu prüfen, um sicherzugehen, dass keine **Gift-Häublinge** (S. 164) dabei sind.

Bei jungen Exemplaren kann man sowohl den Hut als auch den oberen Teil des Stiels mitnehmen. Bei älteren Fruchtkörpern schneidet man den ganzen Stiel weg, da er zäh und holzig ist. Zerteilen Sie die größten Hüte, um sich zu vergewissern, dass sie nicht von Maden befallen sind.

Zubereitung und Konservierung

Das Gemeine Stockschwämmchen wird als der schmackhafteste unter den an Baumstümpfen wachsenden Speisepilzen betrachtet. Es lässt sich sehr gut mit weißer Soße zubereiten und macht sich auch ausgezeichnet in Suppen. Wenn man das Gemeine Stockschwämmchen brät, wird es zunächst wässrig und schleimig. Es benötigt also eine ziemlich lange Garzeit.

Alle üblichen Konservierungsmethoden sind geeignet, aber die Trocknung ist vorzuziehen. Die Einweichzeit des getrockneten Pilzes ist kurz. Meist reichen 15 Minuten aus.

DOPPELGÄNGER

Hier besteht ein offensichtliches Verwechslungsrisiko mit anderen mehr oder weniger giftigen Baumstumpfpilzen, in erster Linie mit dem **Gift-Häubling** (nächste Seite) und mit **Hallimaschen**.

Hallimasche

Armillaria-Arten

Es gibt in unserem Land eine Handvoll unterschiedlicher Arten von Hallimaschen oder Honigpilzen. Das Bild (unten) zeigt eine Art, die im ganzen Land mit Ausnahme der Gebirge sehr verbreitet ist und die in Büscheln auf Baumstümpfen, Baumstämmen und auf versteckten Holzresten und Wurzeln sowohl lebender als auch toter Nadel- und Laubbäume wächst. Sie hat einen geschuppten Hut, einen kräftigen Ring am Stiel und helle Lamellen (weiße Sporen).

Eine Verwechslung des Gemeinen Stockschwämmchens mit dem Hallimasch ist nicht dramatisch. Viele sammeln und essen Hallimasch, auch wenn wir ihn heute nicht als Speisepilz betrachten. Es sind teils heftige Magen-Darm-Vergiftungen mit Hallimaschen vorgekommen, insbesondere, wenn sie roh verzehrt wurden (siehe auch S. 209).

Es sind leichtere Vergiftungen mit **Hallimaschen** vorgekommen, insbesondere, wenn sie roh verzehrt wurden.

Gift-Häubling *Galerina marginata*

Doppelgänger zum Gemeinen Stockschwämmchen auf der vorigen Doppelseite:

Gift-Häubling

Gift-Häubling (links) und **Gemeines Stockschwämmchen** (rechts)

Giftgehalt, Symptome und Behandlung siehe S. 228.
Das ganz eindeutig gefährlichste Verwechslungsrisiko besteht zwischen dem Gemeinen Stockschwämmchen und dem Gift-Häubling, der das zellzerstörende Gift *Amanitin* enthält. Die ersten bekannten Vergiftungsfälle in unserem Land traten Anfang der 1980er-Jahre auf, als Hallimasche mit Gift-Häublingen verwechselt wurden. Eine Verwechslung, die unserer Meinung nach weniger wahrscheinlich ist, weil sich der Hallimasch stärker vom Gift-Häubling unterscheidet als das Gemeine Stockschwämmchen.

Wichtige Kennzeichen des Gift-Häublings, die ihn vom Gemeinen Stockschwämmchen unterscheiden:

- Am Stiel befindet sich ein sehr dünner heller bis rostbrauner Ring, der oft fehlt oder sehr undeutlich ausgebildet ist.
- Unterhalb des Rings hat der Stiel oft einen dünnen hellen Überzug, eine Haut, die mit dem Alter und bei Druck verschwindet (dunkler wird).
- Ganz unten am Stiel befindet sich oft ein weißer abstehender Flaum.
- Junge Fruchtkörper haben ein Häutchen zwischen Stiel und Hutkante.
- Schwach mehlartiger Geruch und Geschmack.

Der Gift-Häubling ist in der Regel kleiner als das Stockschwämmchen. Während das Gemeine Stockschwämmchen in großen Büscheln wächst und eindeutig Laubholzstümpfe bevorzugt, wächst der Gift-Häubling in kleineren Gruppen oder einzeln und am allerliebsten an Fichtenholz. Dennoch kann der Gift-Häubling auf Laubholz angetroffen werden. Es gibt glaubhafte Berichte, wonach beide Arten am selben Stumpf beobachtet wurden.

Der Gift-Häubling ist im ganzen Land ziemlich verbreitet und wächst recht spät in der Saison, im Herbst bis Spätherbst. Das Gemeine Stockschwämmchen tritt meist früher auf, Sommer bis Herbst, aber diese beiden Arten können einander überlappen und gleichzeitig angetroffen werden. Auf alten Trimm-dich-Pfaden mit Holzschnitzeln kann der Gift-Häubling in reichlichen Mengen wachsen.

> Eine alte Pilzregel besagt: „Alle Baumstumpfpilze mit Ring sind essbar." **Der Gift-Häubling ist ein Beispiel dafür, dass diese Regel NICHT gültig ist!**

2 Reifpilz *Cortinarius caperatus*

Aus lat. *cortina* (Vorhang) und *caperatus* (runzlig, faltig)

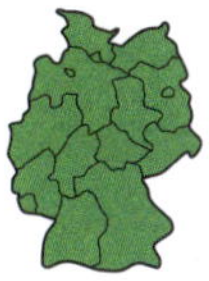

Bei braunen Pilzen mit braunen Lamellen sollte der Anfänger sehr vorsichtig sein. Unter diesen befinden sich mehrere giftige Pilze, unter anderem Rauköpfe (S. 231). Der Reifpilz oder Zigeuner, wie er in manchen Gegenden genannt wird, ist ein sehr schmackhafter und verbreiteter Speisepilz. Er gehört zweifellos zu den braunsporigen Schleierlingen, hat aber so sichere Kennzeichen, dass auch ein eher ungeübter Pilzsammler ihn bald sicher erkennen kann.

Trotz der braunen Farbe bekommt man leicht den Eindruck von Champignons, wenn man eine Gruppe Reifpilze sieht. Volkstümliche Namen dieser beliebten Art sind zum Beispiel „Zigeuner", „Hühnerkoppe" und „Schulmeisterpilz".

In bodensauren Nadelwaldgebieten kann man den Reifpilz in großen Mengen finden.

In den letzten Jahren ist der Status des Reifpilzes als Speisepilz unter Pilzkennern diskutiert worden. Heute wird er zu den Schleierlingen gerechnet, aber diese Gattungszugehörigkeit sollte den Reifpilz nicht automatisch zu einem Giftpilz machen. Es gibt ja auch mehrere Wulstlinge, die essbar sind, zum Beispiel der auf dem Kontinent so beliebte Kaiserling. Es gibt noch weitere Argumente wie eine erhöhte Cäsiumbelastung, aufgrund derer einige Pilzkenner von der Nutzung des Reifpilzes abraten. Wir jedoch sind weiterhin dafür, ihn als Speisepilz zu empfehlen. Aber neue Erkenntnisse und Auffassungen kommen und gehen. Für einen Pilzsammler gilt es, sich auf dem neusten Stand zu halten.

Wichtige Kennzeichen

- Der Hut ist hellgelb bis sämischlederfarben mit „weißgepuderter" oder reifartig silbergrauer bis taubenblauer Mitte (Pruina).
- Die Hutkante ist unregelmäßig und mehr oder weniger deutlich gerunzelt (daher der frühere Name der Art).
- Die Lamellen sind graubraun bis braun, haben

Die Bilder zeigen den **Reifpilz**. Oben sieht man, dass die Lamellen eine unregelmäßig gesägte Schneide haben, und oberhalb des Rings ist das typische genatterte Stielmuster zu sehen.

eine unregelmäßige Schneide und sind sowohl längs als auch quer geädert (am besten mit einer Lupe erkennbar).

- Der Stiel ist von einem helleren Beige als der Hut und hat einen deutlichen Ring, der sich leicht löst. Oberhalb des Rings ist um den Stiel ein helleres Band mit unregelmäßig genattertem Muster zu sehen.

Sammeln und Säubern

Der Ring ist vielleicht das wichtigste Kennzeichen des Reifpilzes. Der Pilzsammler, der diesen Pilz nicht gewöhnt ist, sollte deshalb nur Fruchtkörper mit deutlichem Ring sammeln. Vermeiden Sie es, mit Jungpilzen zu beginnen, bei denen sich der Ring noch nicht entwickelt hat, oder mit älteren, ausgewachsenen, bei denen der Ring sich gelöst hat und abgefallen ist.

Bei älteren Exemplaren ist der untere Teil des Stiels oft etwas holzig und von schlechterer Qualität. Schneiden Sie ihn deshalb etwa 1 cm unterhalb des Rings ab. Der Reifpilz ist auch bei Insekten begehrt, und manchmal kann es schwierig sein, ein fehlerfreies Exemplar zu finden. Auch junge Fruchtkörper können stark befallen sein. Aber passen Sie auf, manchmal kann der Stiel gut sein, obwohl der Hut vollkommen zerstört ist, und umgekehrt.

Zubereitung und Konservierung

In alten Pilzbüchern hat der Reifpilz, auch Runzelschüppling, die Bewertung „essbar". Auch in den ältesten schwedischen Pilzbüchern aus der zweiten Hälfte des 19. Jahrhunderts erhält er keine sonderlich guten Noten.

Aber im Laufe des 20. Jahrhunderts hat seine Beliebtheit zugenommen. Bengt Cortin, der das meiste probiert hat, schreibt 1956: „Der Runzelschüppling gehört zu unseren besten Speisepilzen. Kann zum einen als Bratpilz, zum anderen mit weißer Soße genossen werden. Schmackhaft getrocknet." Wir sind ganz einer Meinung mit Cortin und weisen gerne darauf hin, dass sich der Reifpilz ausgezeichnet trocknen lässt, aber natürlich kann man ihn auch gut einfrieren. Wir machen gerne Werbung für eine Mischung, von der wir seit vielen Jahren Gebrauch machen: Unsere Bergmischung an getrockneten Pilzen besteht aus Reifpilz, Birken-Rotkappe und weiteren Raufüßen sowie verschiedenen Täublingen, zum Beispiel Gelber Graustiel-Täubling, Weinroter Graustiel-Täubling und Heringstäublinge.

DOPPELGÄNGER

In der heutigen Pilzsystematik wird der Reifpilz zur Gattung der Rauköpfe (*Cortinarius*) gerechnet. Früher wurden mehrere Raukopf-Arten zu den Speisepilzen gezählt, aber aus verschiedenen Gründen werden sie heute nicht als Speisepilze empfohlen (siehe S. 211). Unter diesen befindet sich der **Zimtrote Gürtelfuß**, der sowohl vom Aussehen als auch von der Wachstumsstelle her an den Reifpilz erinnert.

Zimtroter Gürtelfuß

Cortinarius laniger

Vor allem von oben betrachtet sehen der Reifpilz und der Zimtrote Gürtelfuß einander sehr ähnlich. Der Hut des Gürtelfußes hat jedoch eine etwas kräftigere orangebraune Farbe und ist zur Kante hin weißflockig (vgl. den Hut des Reifpilzes, der in der Mitte am hellsten ist), und die Lamellen sind dunkler; zunächst zimtbraun, später gehen sie ins Rostbraune über. Am Stiel des Gürtelfußes befindet sich kein richtiger, lose sitzender Ring. Dagegen hat er ein oder zwei baumwollartige Querbänder, die fest am Stiel angeheftet sind. Außerdem hat der Gürtelfuß „Spinnenfäden", *Cortina*, zwischen Hutkante und Fuß.

Vor allem von oben betrachtet sehen der Reifpilz und der **Zimtrote Gürtelfuß** einander sehr ähnlich.

Reizker

Als Elias Fries in seinem ersten eigentlichen Pilzbuch von 1836 die Milchlinge oder *„Mjölk-skiflingar"* (Milch-Blätterpilze) beschreibt, geht er zuerst auf die *„echten Milchlinge"* ein, deren „Milchsaft, wenn er hervortritt, orange ist". Wovon Fries hier spricht, sind also die Reizker – es gibt heute mindestens sechs bekannte Arten in Nordeuropa –, die sich durch genau diesen orange- oder rotweinfarbenen Saft von anderen Milchlingen unterscheiden. Über den Speisewert sagt Fries: „... wenige Arten werden so einhellig zu den Leckerbissen gezählt wie diese, welchen Umstand auch der Linné'sche Name andeutet." Carl von Linné benannte ca. 100 Pilzarten, und die Reizker erhielten den kollektiven Namen *Agaricus deliciosus*. Heute ist es der Edel-Reizker, der das Art-Attribut *deliciosus* behalten durfte.

Fries schreibt des Weiteren über den Speisewert der echten Milchlinge: „Er gehört auch zu den wenigen Arten, die bislang in Schweden genutzt worden sind. Neben der üblichen Zubereitungsweise wie mit etwas Butter, Pfeffer, Salz und Petersilie geröstet oder gebraten wurde er mehrerorts zum Beispiel von beinahe jedem Haushalt in Böhmen wie Gurken in Essig eingelegt, ganzjährig als Salat genutzt."

Reizker wurden nicht nur als Speisepilze genutzt. Der orangefarbene Saft reizte dazu, sie zum Färben von Leinen zu verwenden, was aus dem von Johan Linder verfassten Buch *Swenska Färge-Konst* (Schwedische Färbekunst) von 1720 hervorgeht. Heute wissen wir jedoch, dass sich die Farbstoffe der Reizker nicht sonderlich gut zum Garnfärben eignen.

Die Mykologen haben unlängst drei neue Reizker beschrieben (siehe Bilder auf der folgenden Doppelseite). Über ihren Speisewert kann man nur spekulieren. Höchstwahrscheinlich haben viele Pilzsammler sie verzehrt in dem Glauben, es seien „normale Reizker" gewesen. Es sind keine Vergiftungsfälle bekannt. Reizker gehören außerdem zu den Milchlingen, die man am einfachsten kennenlernen kann, und sind daher sehr gute Anfängerpilze. Wenn man sie aufbricht und feststellt, dass sie sprödes Fleisch haben, und außerdem den möhrenfarbenen oder weinroten Saft heraussickern sieht, kann man sicher sein.

Sammeln, Säubern, Zubereitung und Konservierung von Reizkern siehe S. 171.

② Fichten-Reizker *Lactarius deterrimus*

GRUPPE SEITE 42

Aus lat. *lactarius* (Milch absondernd) und *deterrimus* (der Schlechteste)

Das Bild unten zeigt, wie die Hutoberseite des **Fichten-Reizkers** variieren kann.

Wie sein Name andeutet, wächst dieser Reizker in Gemeinschaft mit Fichten. Am wohlsten fühlt er sich auf feuchterem Boden und kommt oft massenhaft in relativ jungen Fichtenpflanzungen vor. Im ganzen Verbreitungsgebiet der Fichte häufig anzutreffen.

Der wissenschaftliche Name *deterrimus* (der Schlechteste) stammt von Elias Fries. Im 19. Jahrhundert waren zwei Reizker bekannt, der Fichten- und der Edel-Reizker, und der Fichten-Reizker wurde als der weniger gute Speisepilz der beiden angesehen.

Die dem Fichten-Reizker nahestehende Art *Lactarius fennoscandicus* wächst ebenfalls in Gemeinschaft mit Fichten, hat aber einen deutlicher gezonten Hut in braunen bis braunlilafarbenen Nuancen.

Wichtige Kennzeichen

- Der schwach klebrige Hut hat kreisrunde Zonen, die abwechselnd hell- und dunkelorange sind.
- Ältere Exemplare haben einen mehr oder weniger grünen Einschlag. Manchmal kann man Fichten-Reizker finden, die fast vollständig grün sind. Das erzeugt keinen ansprechenden Eindruck, aber der Speisewert ist derselbe.
- Bei Anschnitt und Verletzung wird eine orangefarbene (möhrenfarbene) Flüssigkeit abgesondert, die nach 10–15 Minuten ins Weinrote übergeht, um schließlich grün einzutrocknen.
- Der sich zur Basis hin verjüngende Stiel ist gleichmäßig orange gefärbt und porös bis hohl.
- Der Geschmack ist mild oder etwas bitter.

Lactarius fennoscandicus ist ein neuentdeckter Reizker.

2 Edel-Reizker *Lactarius deliciosus*

GRUPPE SEITE 42

Aus lat. *lactarius* (Milch absondernd) und *deliciosus* (köstlich)

Der Edel- oder Kiefern-Reizker wächst in Gemeinschaft mit Kiefern, bevorzugt auf kalkreichen Böden. Er ist ziemlich verbreitet. Der Feinschmecker gibt diesem Pilz den Vorzug vor dem eher würzigen, fast bitteren Geschmack des Fichten-Reizkers.

Wichtige Kennzeichen

- Der unregelmäßig gewellte Hut hat konzentrisch angeordnete, grauende Gürtel und schmale orangefarbene Bänder auf hellerem gelborangefarbenem Grund. Mit dem Alter wird der Hut grünfleckig.
- Der Stiel, der oft kurz, hart und zur Basis hin leicht verbreitert ist, hat ein sehr charakteristisches Muster mit deutlich markierten, flachen orangefarbenen Gruben auf hellerem Grund.
- Bei Bruch wird das Fleisch zunächst möhrenfarbig durch den Saft und verdunkelt sich nach ungefähr 1 Stunde ins Grünliche.
- Der Geschmack ist mild.

NAHESTEHENDE ART

Wechselblauer Edel-Reizker

Lactarius quieticolor

Dieser neuentdeckte Reizker wächst ebenfalls in Gemeinschaft mit Kiefern und hat wie der Edel-Reizker oft Löcher am Stiel, aber einen gedämpfteren Farbton am Hut. Die Hutfarbe kann zudem stark variieren, von Orange und Orangebraun bis Blaugrün und manchmal vollkommen Blau.

Wechselblauer Edel-Reizker

Weinroter Kiefern-Reizker

Lactarius sanguifluus

Aus lat. *lactarius* (Milch absondernd) sowie *sangui* (Blut) und *flux* (Fluss)

Dieser wohlschmeckende und besondere Reizker, der manchmal auch nur kurz Weinroter Reizker genannt wird, ist relativ verbreitet und stets in Gemeinschaft mit Kiefern auf Kalkböden.

Der Weinrote Kiefern-Reizker erinnert stark an den Edel-Reizker, aber der Hut ist grauer, die Lamellen haben einen rosafarbenen bis weinroten Ton und der Saft ist weinrot. Selber Speisewert wie der Edel-Reizker.

Sammeln und Säubern von Reizkern

Die Reizker werden sehr leicht von Insekten befallen. Wenn man den Reizker durchgeschnitten und Madenbefall festgestellt hat, sollte er nicht gleich weggeworfen werden. Schneiden Sie die zentralen Teile des Hutes weg. Die Kantenpartie des Hutes ist meist fast fehlerfrei. Nehmen Sie sie mit und legen Sie sie im Pilzkorb in ein Fach für sich. Der leckere würzige Geschmack ist diese Arbeit wert. Die Reizker, die zu Anfang der Saison erscheinen, wenn die Temperatur höher ist, sind schlechter als diejenigen, die man später im Herbst findet, wenn die Kälte die Insekten träger werden lässt.

Der Fichten-Reizker kann in manchen Jahren in enormen Mengen vorkommen. Fichtenpflanzungen auf alten Acker- oder Wiesenböden können sehr große Ernten ergeben. Auf einen ungeübten

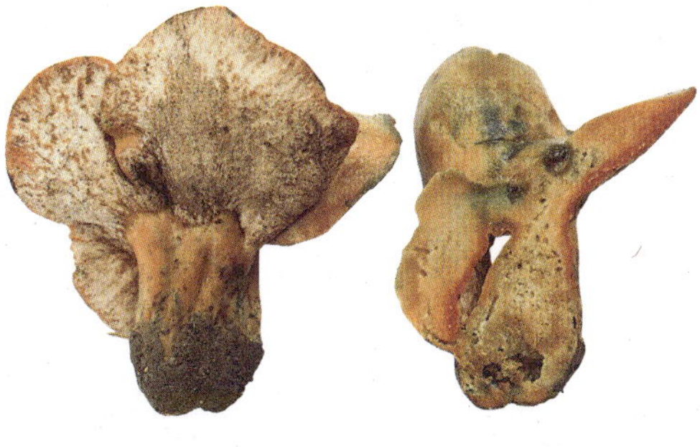

Reizker werden manchmal von Parasitenpilzen befallen. Manche Sammler schätzen die vom Pustelpilz *Hypomyces lateritius* befallenen Steinreizker wegen ihrer festen Konsistenz.

Pilzsammler kann ein Pilzkorb mit Reizkern unästhetisch wirken. Schließlich sind die Reizker spröde und leicht zu verletzen und bekommen dann rotweinfarbige und grüne Flecken, was aber keine Auswirkungen auf den Geschmack hat.

Zubereitung und Konservierung von Reizkern

Vor allem der Fichten-Reizker wird nicht von allen Sammlern gleichermaßen geschätzt. Auch im zubereiteten Zustand hat er einen etwas scharfen, würzigen Geschmack. Andere schätzen genau dieses starke Aroma und finden den Fichten-Reizker delikat. Am besten schmeckt er mit Fett, Speck und Zwiebeln gut angebraten. Darüber, dass der Edel-Reizker und der Weinrote Kiefern-Reizker sehr wohlschmeckend sind, sind sich die meisten einig.

Dank ihres würzigen Geschmacks lassen sich Reizker gut in Mischungen verwenden, um milden Pilzen einen Pfiff zu verleihen. Reizker-Suppe schmeckt oft sehr gut.

Einfrieren und Einmachen sind die besten Konservierungsmethoden. Das Trocknen ist weniger geeignet. Vor allem der Fichten-Reizker wird beim Trocknen leicht bitter. Beim Einsalzen von Reizkern bleibt ihr guter Geschmack auf der Strecke.

HINWEIS: Wenn man eine große Portion Reizker gegessen hat, färbt sich der Urin rot. Diese Verfärbung ist völlig harmlos.

NAHESTEHENDE ART

Spangrüner Kiefern-Reizker
Lactarius semisanguifluus
Auch dieser Reizker hat sein Hauptverbreitungsgebiet in offenen, grasigen Kiefernwäldern auf Kalkböden. Er hat einen kräftig grüngefleckten Hut und einen Saft, der anfangs orange ist, aber innerhalb von 5 - 10 Minuten ins Weinrote übergeht.

DOPPELGÄNGER

Es gibt einige Milchlinge, die auf der Hutoberseite Reizkern ähneln. Sie haben jedoch weiße Flüssigkeit, einen brennenden, scharfen Geschmack, weißliche Lamellen und einen weißlichen Stiel. Hierher gehören zum Beispiel der **Birken-Milchling**, der nach dem Abkochen ein Speisepilz ist (S. 177), sowie der ■ **Montane Zonen-Milchling** *L. zonarioides* und der ■ **Queraderige Milchling** *L. acerrimus*. Ersterer wächst in Fichtenwäldern. Letzterer wächst selten in Gemeinschaft mit Eichen auf kalkreichem Boden.

Spangrüner Kiefern-Reizker

③ Brätling *Lactarius volemus agg.*

Aus lat. *lactarius* (Milch absondernd) und *volemus* (eine Hand füllend)

Hat man einmal Brätling gesammelt, so kennt man ihn. Er erinnert zwar an andere Milchlinge, hat aber so viele typische Eigenschaften, dass schon einiges zusammenkommen muss, um ihn nicht zu erkennen.

Der Brätling wächst üblicherweise in Laubwäldern in Gemeinschaft mit Buchen, Eichen und Haseln, kann aber auch Mykorrhiza mit Fichten bilden. In manchen Jahren kann er ziemlich häufig sein. Erst kürzlich wurden die Brätlinge in insgesamt vier Arten der neuen Gattung *Lactifluus* aufgeteilt. Alle diese Arten sind essbar.

Wichtige Kennzeichen

- Der Brätling ist ein großer und sehr fester Pilz. Die schöne gelbbraune bis rotbraune Farbe hat ihm früher den Namen Goldbrätling eingebracht.
- Ein frischer Fruchtkörper sondert bei Anschnitt und Verletzung reichlich weiße, leicht klebrige Flüssigkeit, Milchsaft, ab. Der Saft ist im Gegensatz zu dem der meisten Milchlinge mild, mit einem angenehm bitteren Nachgeschmack.
- Alle Teile des Fruchtkörpers bekommen bei Druck braune Flecken.
- Kräftiger Geruch nach Schalentieren oder Heringslake – ein Geruch, den die Freunde des Brätlings als appetitlich beschreiben. Es ist jedoch zweifelhaft, ob der Geruch von Personen, die ihn vorher nicht kannten, als genauso angenehm empfunden wird.

Sammeln und Säubern

Meist muss nur die erdige Stielbasis entfernt werden. Der Brätling ist so gut wie nie von Maden befallen, dagegen ist Schnecken- oder Käferfraß nicht ungewöhnlich.

Passen Sie mit dem Saft auf, er macht Flecken, die sowohl von der Haut als auch von der Kleidung schwer zu entfernen sind.

Wir haben bei mehreren Gelegenheiten gesammelte Brätlinge gesehen, die im Wald und bei Parkplätzen liegengelassen wurden. Die Menschen haben sie also zuerst gesammelt und danach Zweifel bekommen. Vielleicht haben der Geruch und die braunen Flecken zu den Zweifeln beigetragen.

Zubereitung und Konservierung

Entweder findet man den Brätling schmackhaft, hält ihn vielleicht sogar für einen der wohlschmeckendsten Speisepilze, oder man kann den Geschmack nicht ausstehen. Bengt Cortin (1942) sagt: „Leider hat der Brätling in letzter Zeit keine vollständige

Zwei wichtige Artmerkmale des **Brätlings**: zum einen die reichlich fließende weiße Flüssigkeit, die austritt, wenn der Fruchtkörper verletzt wird, zum anderen die braunen Flecken, die sich bilden, wenn diese Flüssigkeit eintrocknet.

Maggipilz

Eichen-Milchling

Wertschätzung von einem Teil der Mykologen erfahren. Ich will ihn jedoch nichtsdestotrotz und in dem Wissen, nicht weniger als 358 verschiedene Pilzarten gegessen zu haben, auf das Lebhafteste empfehlen."

Der harte Brätling erfordert eine lange Garzeit, mindestens 20 Minuten. Eine weiße Soße mit einem Drittel Brätling schmeckt stark nach diesem. Er macht sich auch sehr gut in Suppen, und Dill verstärkt den angenehmen Schalentiergeschmack. Wir bevorzugen den Brätling in weißen oder anderen Soßen und Quiches. Auf dem Grill oder in der heißen Pfanne mit etwas Fett und Salz zubereitet, wird der Pilz seinem Namen gerecht.

Der Brätling lässt sich gut auf alle üblichen Arten konservieren, trotz des üppigen Milchsaftes auch durch Trocknen. Man kann den Brätling in großen Stücken trocknen, die dann später genau wie Muskatnüsse gerieben werden, zum Beispiel in Soßen und Eintöpfe. Eine weitere praktische Methode besteht darin, die Fruchtkörper mit einem Käsehobel in Scheiben zu schneiden. Der Brätling kann im getrockneten Zustand sehr hart sein und benötigt eine lange Einweichzeit, für größere Stücke mindestens 3 Stunden.

Wie die ihm geschmacklich ähnlichen Heringstäublinge riecht der Brätling unangenehm fischig, während er getrocknet wird.

DOPPELGÄNGER

zum Brätling auf der vorigen Doppelseite:

Es gibt mehrere braune Milchlinge, die an den Brätling erinnern, aber diese sind kleiner oder deutlich kleiner und haben sprödes, weiches Pilzfleisch und oft einen hohlen Stiel. Dazu gehören der **Maggipilz**, der giftig ist, der **Rotbraune Milchling** (S. 176), der nach dem Abkochen ein Speisepilz ist, und der **Eichen-Milchling**.

Maggipilz

Lactarius helvus

Giftgehalt, Symptome und Behandlung siehe S. 236.

Ein Milchling, der in der Größe mit dem Brätling vergleichbar ist. Er ist jedoch deutlich blasser in der Farbe, hat eine matte filzige Oberseite und einen Geruch, der an Maggi, Lakritz oder Curry erinnert. Neben seiner schwachen Giftigkeit zeichnet er sich unter den Milchlingen dadurch aus, dass er einen wasserklaren Saft hat.

Der Maggipilz wächst in Nadelwäldern, sowohl auf feuchten als auch auf trockeneren Böden. Er ist im ganzen Land verbreitet.

Eichen-Milchling

Lactarius quietus

Dieser braune Milchling wächst in ähnlichen Lebensräumen wie der Brätling, aber zwischen den beiden Pilzen gibt es mehr Unterschiede als Ähnlichkeiten. Der Eichen-Milchling hat eine Hutbreite von maximal 10 cm, und die braune Farbe des Hutes hat einen gedämpfteren Ton mit einem grauen Überzug. Der Milchsaft ist gelbweiß und hat einen bitteren Nachgeschmack. Wie der Brätling hat der Eichen-Milchling einen charakteristischen Geruch. Der Geruch des Eichen-Milchlings ist jedoch eindeutig unangenehm und erinnert an die Stinkwanze. Der Eichen-Milchling ist kein Speisepilz.

Kleine, braune Milchlinge

Es gibt mehrere braune Milchlinge, die in der Farbe an den Brätling erinnern. Das unterscheidet diese Arten aber vom Brätling:

- **Die Größe.** Bei den ähnlichen Milchlingen ist der Hutdurchmesser selten größer als 7 cm, meist kleiner.
- **Die Konsistenz.** Der Brätling ist massiv, fest und hart, während die übrigen spröde und brüchig sind.
- **Der Geruch.** Der Brätling hat einen eigenen Geruch nach Schalentieren/Heringslake, während die übrigen geruchlos sind oder völlig anders riechen.

„Finnische Milchlinge"

Wir gehen hier auf einige scharf schmeckende Milchlinge ein, die sich unter Finnlands ausgewählten Handelspilzen befinden. Wir haben den **Rotbraunen Milchling**, den **Birken-Milchling**, den **Flaumigen Birken-Milchling**, den **Nordischen Milchling** und den **Bleichen Milchling** ausgewählt. Um diese Pilze essbar und schmackhaft zu machen, müssen sie abgekocht und auf eine spezielle Weise zubereitet werden. In älteren Pilzbüchern werden unter den Milchlingen nur der Brätling und die Reizker als gute Speisepilze betrachtet, aber in mehreren modernen Pilzbüchern befinden sich auch einige scharfe Milchlinge unter den Speisepilzen. Wir finden, dass diese mit der richtigen Behandlung – 5 Minuten in reichlich Wasser abkochen und danach einsalzen, in Essig einlegen oder marinieren (S. 218–221) – auf angenehme Weise mehr Abwechslung in unsere Pilzgerichte bringen. Ein finnischer Milchlingssalat auf grobem Roggenbrot zusammen mit einem Glas Bier ist unserer Meinung nach ein Highlight.

In Deutschland gelten alle scharfen Milchlings- und Täublingsarten als giftig. Insbesondere in älteren Pilzbüchern wurde zum Beispiel der Birken-Reizker mit einem Totenschädel gekennzeichnet. In der Tat können alle scharfen Arten kolikartige Magen-Darm-Reizungen hervorrufen, wenn sie nicht richtig zubereitet werden. Da diese Art der Zubereitung zwar bekannt ist, aber nur wenige Erfahrungen damit haben, möchten wir diese Erfahrungen gerne weitergeben.

Finnischer Milchlingssalat

Abgekochte Milchlinge
Gelbe Gemüsezwiebel
Saure Sahne oder Crème fraiche
Salz
Weißer Pfeffer

Die abgekochten Pilze und die rohe Zwiebel fein hacken. So viel saure Sahne oder Crème fraiche zu der Mischung geben, bis diese genug Zusammenhalt hat. Mit Salz, Pfeffer und gegebenenfalls weiteren Gewürzen würzen.

Nordische Milchlinge zwischen Heidelbeeren und Moos in magerem Fichtenwald

3 Rotbrauner Milchling *Lactarius rufus*

GRUPPE SEITE 42

Aus lat. *lactarius* (Milch absondernd) und *rufus* (rotbraun)

Der Rotbraune Milchling kommt in Fichten- und Kiefernwäldern im ganzen Land häufig vor. Insbesondere in bodensauren Moorwäldern oder luftfeuchten Gebirgsnadelwäldern mit Heidelbeersträuchern kann man ihn häufig antreffen.

Wichtige Kennzeichen

- Obwohl es viele braune Milchlinge gibt, ist die Hutfarbe des Rotbraunen Milchlings charakteristisch. Er erinnert in der Farbe an hart gebackene Pfefferkuchen. Der Hut ist matt mit einem niedrigen, aber oft spitzen Buckel und lang eingerollter Kante. Ausgewachsene Pilze sind trichterförmig.
- Der Saft ist weiß und brennend scharf.
- Der Stiel hat dieselbe Farbe wie der Hut oder ist etwas heller, zumindest nach unten hin.

Eine kleine Warnung: Der weiße Saft von Rotbraunen Milchlingen, Birken-Milchlingen und Nordischen Milchlingen brennt auf der Haut und den Schleimhäuten. Wenn Sie mit ihm in Berührung kommen, spülen Sie ihn mit Wasser ab. Es ist immer sinnvoll, im Pilzwald eine Wasserflasche dabeizuhaben.

Sammeln und Säubern

Weil der Rotbraune Milchling so häufig ist, braucht man nur diejenigen zu sammeln, die die beste Konsistenz haben. Kleine und mittelgroße Exemplare mit eingerollter Kante und reichlich Milchsaft sind die besten. Rotbraune Milchlinge sind selten von Maden befallen, solange sie nicht sehr alt sind.

Zubereitung und Konservierung

Siehe Nordischer Milchling, S. 178.

DOPPELGÄNGER

Der Rotbraune Milchling kann mit mehreren braunen bis rotbraunen Milchlingen verwechselt werden, aber außer dem **Filzigen Milchling** (siehe S. 174) ist keiner von ihnen giftig.

1 Birken-Milchling *Lactarius torminosus*

GRUPPE SEITE 42

Aus lat. *lactarius* (Milch absondernd) und *torminosus* (Kolik verursachend)

„… tritt als einer der veritablen Doppelgänger des Edel-Reizkers auf …" So leitet Einar Ingelström im Pilzbuch des Nordischen Konversationslexikons von 1935 seine Beschreibung des Birken-Milchlings ein. Es gibt etliche Pilzsammler, die glaubten, Reizker gefunden zu haben, aber beim Vorsäubern ihren Irrtum erkannten. Der Saft ist schließlich überhaupt nicht möhrenfarben, sondern fast weiß. Der Birken-Milchling wächst in Gemeinschaft mit Birken und ist weit verbreitet.

Wichtige Kennzeichen

- Hut mit konzentrischen ziegelroten Zonen auf blassrotem Grund, am deutlichsten bei jungen Exemplaren. Zur Kante hin ist der Hut deutlich zottig behaart bis bärtig. Die Kante bleibt lange stark eingerollt.
- Hohler, kräftiger Stiel.
- Der Saft ist weiß und brennend scharf.

Sammeln, Zubereitung usw.

Siehe Nordischer Milchling, S. 178

NAHESTEHENDER SPEISEPILZ

1 Flaumiger Birken-Milchling
Lactarius pubescens
Ist hell, fast weiß und nicht gezont. Er ist meist kleiner und hat einen kürzeren Bart, ähnelt aber im Übrigen dem Birken-Milchling, auch was den Speisewert angeht. Der Flaumige Birken-Milchling wächst ebenfalls in Gemeinschaft mit Birken, sowohl auf trockenen als auf feuchten Böden im ganzen Land.

❸ Nordischer Milchling

GRUPPE SEITE 42

Aus lat. *lactarius* (Milch absondernd) und *trivialis* (gewöhnlich)

Wir gehen heute von zwei nahestehenden Arten aus – einer gräulichen mit durch dunkle Flecken gezontem Hut (Nordischer Milchling, Bild oben) und einer gelbbrauneren mit nicht gezonter und bei Nässe schleimigeren Hutoberseite, dem ❸ **Bleichen Milchling**, *Lactarius utilis*. Dieser auch als „Fleischpilz" bezeichnete Pilz hat ein weicheres und wässrigeres Pilzfleisch.

Beide Arten wachsen verbreitet in moosigen Nadel- und Mischwäldern, bevorzugt in feuchten, sumpfigen Wäldern. In den Gebirgsgebieten kommen beide in Birkenwäldern und oberhalb der Baumgrenze vor.

Die nahestehende Art **Bleicher Milchling**, *Lactarius utilis*

Wichtige Kennzeichen

- Die Oberseite des Hutes ist blaugrau, gezont mit konzentrisch angeordneten dunklen Flecken. Ausgewachsene Exemplare sind ausgeblichener und gehen ins Hellviolettbraune über.
- Bei Nässe ist der Hut schleimig, bei trockener Witterung glänzend. Die Hutkante bleibt lange stark eingerollt. Ältere Nordische Milchlinge sind trichterförmig.

- Der Stiel ist oft zur Basis hin am breitesten und in der Nähe der Lamellen zusammengeschnürt und hohl. Bei älteren Exemplaren kann die Höhlung 1 cm breit sein.
- Bei Verletzungen und Anschnitt tritt eine weiße Flüssigkeit aus, die sich beim Eintrocknen gelb oder graugrün färbt.
- Der Geschmack ist roh brennend scharf.

Sammeln und Säubern

Nordische Milchlinge werden fast nie von Maden oder Schnecken befallen. Außer der Stielbasis muss selten etwas entfernt werden.

Zubereitung und Konservierung

Der Nordische Milchling muss – wie die übrigen scharfen „finnischen Milchlinge" (S. 175) – zuerst abgekocht werden, um den schwach giftigen, scharfen Inhaltsstoff zu entfernen.

Gehen Sie wie folgt vor: Die Pilze in große Stücke schneiden. In einen Kochtopf mit mindestens der doppelten Menge kaltem Wasser legen. Aufkochen und 10 Minuten kochen lassen. Wasser wegschütten und die Pilze abspülen.

Abgekochter Nordischer Milchling ist schwach grüngrau. Bei der Zubereitung müssen die Milchlinge kräftig gewürzt werden, zum Beispiel mit Zwiebeln.

Die geeignetsten Konservierungsmethoden für diese Milchlinge sind einsalzen, in Essig einlegen und marinieren.

Wenn wir davon ausgehen, dass die Fruchtkörpe aus demselben Myzel stammen, sieht man, dass der blaugraue **Nordische Milchling**, *L. trivialis*, mit dem Alter nach und nach blasser wird. Auch die älteren und blasseren violettbraunen Exemplare sind jedoch weiterhin auf der Hutoberseite schwach gezont.

DOPPELGÄNGER
zum Nordischen Milchling

■ Verbogener Milchling

Lactarius flexuosus

Der Nordische Milchling hat im Verbogenen Milchling einen ähnlich aussehenden Verwandten. Die wichtigsten Unterschiede sind, dass der Hut des Verbogenen Milchlings stets trocken und matt und unregelmäßig gekrümmt ist. Der Stiel ist kurz und kompakt und verjüngt sich zur Basis hin. Er wächst dicht gedrängt oder büschelig, oft auf hartem Boden entlang von Wegen und Forststraßen. In Nadel- und Laubwäldern im ganzen Land ziemlich verbreitet. Der Verbogene Milchling gilt abgekocht als essbar, aber wir betrachten ihn nicht als Speisepilz.

Doppelgänger: **Verbogener Milchling**

HINWEIS: Es gibt noch weitere gräuliche Milchlinge, aber die meisten sind kleiner als der Nordische Milchling, und sie enthalten keine giftigen Inhaltsstoffe, die nicht beim Abkochen verschwinden würden.

Der **Bleiche Milchling** erinnert in der Größe und in gewissem Ausmaß auch in der Farbe an den giftigen ■ **Filzigen Milchling** (S. 174), dessen Hut jedoch nie schleimig ist und der keinen weißen, sondern einen wasserklaren Saft hat.

Täublinge Gattung *Russula*

WORAN MAN EINEN TÄUBLING ERKENNT

Folgende drei Punkte müssen erfüllt sein, um sicher sein zu können, dass es sich um einen Täubling handelt:

1) **Blätterpilz (Lamellenpilz)** mit deutlichem Hut und Stiel. Weiße oder gelbliche Lamellen, denn Täublinge haben je nach Art weißen bis dottergelben Sporenstaub.
Täublinge haben *niemals*:
- einen Ring am Stiel,
- Schuppenkränze am Stiel,
- eine Volva (Scheide) am Stiel,
- spinnwebähnliche Fäden an Hut und Stiel.

2) **Spröde Konsistenz**: Der Fruchtkörper lässt sich mehr oder weniger leicht in kleine Stücke zerbröseln (siehe Bild auf S. 37).
Täublinge lassen sich im Gegensatz zu Faserblättlern wie Ritterlingen, Wulstlingen, Rüblingen usw. nicht in lange Fasern oder Stücke reißen.
3) **Trockener Fruchtkörper:** Täublinge sondern im Unterschied zu den nah verwandten Milchlingen bei Bruch keine Flüssigkeit ab.

Bei mehreren Täublingen hat der Stiel im Alter eine sogenannte Knochenmarkstruktur, siehe das Bild eines zerteilten Gebirgs-Heringstäublings auf S. 196. Im Hut sieht man Madenbefall, der Stiel hat eine Knochenmarkstruktur.

Die Farbvariation der Täublinge ist groß, sogar innerhalb derselben Art kann die Hutfarbe erstaunlich stark variieren. Die Farbpigmente, die sich in der Huthaut befinden, sind meist wasserlöslich. Bei starkem Regen und mit der Zeit bleichen die Farben beträchtlich aus. Rote Hüte sind bei den Täublingen durchaus üblich, und Anfänger sollten bei den hellroten Täublingen und denjenigen mit schwach rot gefärbtem Stiel aufpassen.

Die meisten alten Pilzsammlerregeln haben meist eine oder mehrere Ausnahmen. Es gibt jedoch eine goldene alte Regel, die auch heute noch zu gelten scheint, und zwar diese: *Wenn der Geschmack des rohen Täublings mild ist, ist der Täubling essbar!*

WICHTIG! Diese Geschmacksprobe sollte nur bei Pilzen durchgeführt werden, die der Gattung der Täublinge oder Milchlinge angehören.

WIE MAN GESCHMACKSPROBEN VON TÄUBLINGEN DURCHFÜHRT

Lassen Sie die Geschmacksprobe nie von kleinen Kindern durchführen. Sie verschlucken oft reflexartig den ganzen Bissen. Vermeiden Sie es auch, die Geschmacksprobe zu machen, wenn kleine Kinder zusehen. Bekanntlich machen sie gerne das Verhalten der Erwachsenen nach.
1) Vergewissern Sie sich zuerst, dass es sich um einen Täubling handelt (siehe oben).
2) Brechen Sie ein kleines Stück der Lamellen ab.
3) Legen Sie das Lamellenstück auf die Zungenspitze und zerkauen Sie es etwas.

Der Gelbe Graustiel-Täubling ist einer der schmackhaftesten Täublinge. Er erinnert im Geschmack an den Braunen Leder-Täubling (weitere Einzelheiten auf S. 184).

Einer der ersten Täublinge, die im Nadelwald erscheinen, ist der **Orangerote Graustiel-Täubling.** In normalen Jahren stellt er sich bereits im Juli ein. Die ersten Exemplare sind oft von Pilzmückenlarven befallen (weitere Einzelheiten auf S. 183).

Der Weinrote Graustiel-Täubling wächst oft im selben Lebensraum wie der Orangerote Graustiel-Täubling (weitere Einzelheiten auf S. 186).

- Wenn der Geschmack mild oder süß ist, ist der Täubling essbar.
- Wenn man nach einigen Sekunden ein scharfes, brennendes Gefühl auf der Zunge hat, einen „scharfen Geschmack", ist der Täubling nicht essbar. Der Geschmack ist oft so scharf, dass man das Stück schnell wieder ausspuckt. Manche Arten wie der Zedernholz-Täubling werden erst nach mehr als 30 Sekunden sehr scharf!
- Manchmal können Speisetäublinge leicht auf der Zungenspitze brennen, aber nicht so sehr, dass man gezwungen ist, die Kostprobe auszuspucken. Auch diese leicht scharfen Täublinge sind essbar, zum Beispiel der Orangerote Graustiel-Täubling, der Grasgrüne Täubling und der Apfel-Täubling, manchmal auch der Weinrote Graustiel-Täubling. Ihr scharfer Geschmack verschwindet jedoch bei der Zubereitung. Meist sind es die kleinen, jungen Exemplare, die scharf sind.
- Wenn der Geschmack mild mit einem unangenehmen, faden oder öligen Beigeschmack ist, ist der Täubling in der Regel als Speisepilz unbrauchbar.

4) Spucken Sie die Kostprobe stets aus, nachdem Sie entschieden haben, ob der Täubling essbar ist oder nicht. Rohe Pilze können für den Menschen schädliche Stoffe enthalten.

HINWEIS: Keiner der zu Speisezwecken empfohlenen Täublinge hat eine weiße Hutoberseite und weiße Lamellen. Täublinge zu sammeln, indem man zuerst lediglich feststellt, dass es sich um einen Täubling handelt und dann eine Geschmacksprobe durchführt, ist nichts, was wir empfehlen. Lernen Sie zuerst, wie die besten Täublinge wirklich aussehen, und führen Sie die Geschmacksprobe dann als letztes Glied in der Identifizierung durch!

Das Pilzfleisch eines ausgewachsenen Täublings ist oft porös und mit kleinen Kanälen versehen. Es kann so aussehen, als wäre es von Maden befallen, obwohl es völlig unversehrt ist. Achten Sie auch darauf, ob sich das Fleisch bei Bruch oder anderen Verletzungen grau oder gelbbraun verfärbt. Das sind wichtige Kennzeichen.

Sammeln und Säubern von Täublingen

Bei den Täublingen wird der ganze Fruchtkörper verwendet. Lassen Sie die Huthaut am Fruchtkörper, neuen Erkenntnissen zufolge ist die Huthaut reich an B-Vitaminen. Die einfachste Methode, klebrige Täublingshüte von Schmutz zu befreien, besteht darin, den Hut mit einem Küchenschwamm mit rauer Oberfläche abzureiben, gegebenenfalls unter fließendem kalten Wasser.

Täublinge werden leicht von Insektenlarven befallen, dies ist ein Grund, warum man nur junge und mittelgroße Fruchtkörper sammeln sollte. Bei etwas älteren Exemplaren ist auch die Konsistenz des Pilzfleisches schlechter. Ebenso sind die Lamellen älterer Fruchtkörper viel spröder und zerbröseln beim Säubern leicht.

Zubereitung und Konservierung von Täublingen

Die von uns aufgenommenen Speisetäublinge haben einen milden, oft süßlichen angenehmen Geschmack. (Die Heringstäublinge sind die einzigen Würzpilze unter den Täublingen.) Die Speisetäublinge können separat zubereitet werden, passen aber auch ausgezeichnet in Pilzmischungen aller Art. Die kurze und spröde Konsistenz macht sich besonders gut zusammen mit Suppen.

Die Täublinge können im Großen und Ganzen auf alle üblichen Arten konserviert werden, gerne als Mischpilze. Der Orangerote Graustiel-Täubling, der Grasgrüne Täubling und der Apfel-Täubling sollten nicht getrocknet werden, weil sie dadurch einen etwas scharfen Geschmack bekommen können. Im Übrigen lassen sich Täublinge gut trocknen – aber sie werden leicht bröselig. Wenn Sie sie auf einem feinmaschigen Gardinenstoff liegend trocknen, können alle Brösel aufgefangen werden, die dann zusammen mit anderen geschmacksintensiven Pilzen als Pilzgewürz verwendet werden können. Die Täublinge, die fest sind, zum Beispiel der Fleischrote Speise-Täubling, werden beim Trocknen hart und müssen mindestens 1 Stunde eingeweicht werden.

Diejenigen, die Pilze silieren, halten Täublinge für besonders gut geeignet.

DOPPELGÄNGER

Die meisten Speisetäublinge können mit ähnlichen, scharf schmeckenden Täublingen verwechselt werden. Dass die scharfen Täublinge schwach giftige Stoffe enthalten, ist eine Beschreibung aus älteren Pilzbüchern. Es liegen jedoch keine registrierten Vergiftungen durch Täublinge vor. Wir geben bei den Speisetäublingen an, ob es Verwechslungsmöglichkeiten mit scharfen Täublingen gibt.

Ziegelroter Täubling

Grauende Speisetäublinge

Mehreren schmackhaften Speisetäublingen ist gemeinsam, dass sich das Pilzfleisch mit der Zeit oder bei Verletzung des Fruchtkörpers grau verfärbt. Eine alte Sammlerregel besagt, dass alle grauenden Täublinge essbar seien. Diese Regel ist nicht gültig! Es gibt grauende Täublinge, die sehr scharf und nicht essbar sind, zum Beispiel den ■ **Rußgrauen Täubling**, *Russula consobrina*, der einen graubraunen Hut hat.

1 Orangeroter Graustiel-Täubling

GRUPPE SEITE 42

Russula decolorans

Aus lat. *russulus* (rötlich) und *decolorans* (seine Farbe verlierend)

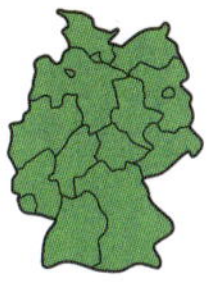

Der Orangerote Graustiel-Täubling ist leicht zu erlernen, weil er eine relativ konstante Hutfarbe hat. Die Bedeutung des lateinischen Namens ist deswegen etwas irreführend. Ansonsten kann man sagen, dass die Täublinge bei reichlichem Regen und leichterem Frost leicht die Hutfarbe verlieren.

Der Orangerote Graustiel-Täubling wächst in Nadelwäldern in Gemeinschaft sowohl mit Kiefern als auch mit Fichten. Am häufigsten findet man ihn auf mageren, flechtenreichen und kiefernbewachsenen Böden. Bei ausreichendem Niederschlag erscheint er bereits im Juli.

Wichtige Kennzeichen

- Hat jung einen fast kreisrunden Hut, der sich dann ausbreitet und zuletzt in der Mitte etwas eingedrückt ist. Er ist jedoch die ganze Zeit auffallend regelmäßig in der Form.
- Die Huthaut ist bei Nässe klebrig, zunächst rotorange, später blass ziegelrot bis gelblich.
- Das Pilzfleisch ist zunächst weiß und rötet beim Reiben manchmal. Bei älteren Fruchtkörpern graut das Fleisch.
- Der Geschmack ist meist mild, kann aber, vor allem bei jungen Exemplaren, etwas scharf sein, was jedoch bei der Zubereitung verschwindet.

Sammeln, Säubern, Zubereitung usw.

Sammeln Sie nur junge, gerundete Fruchtkörper. Die älteren neigen dazu, von Maden befallen zu sein.

Es gibt Menschen, die den Geschmack des Orangeroten Graustiel-Täublings nicht schätzen. Die meisten finden, dass er ein guter Speisepilz ist, der jedoch in einem Gericht nicht dominieren sollte. Der Orangerote Graustiel-Täubling ist weniger gut zum Trocknen geeignet. Er bekommt dadurch einen etwas unangenehmen Beigeschmack. Im Übrigen siehe den allgemeinen Text über Täublinge, S. 180.

NAHESTEHENDER SPEISEPILZ

2 **Ziegelroter Täubling** (Bild S. 182)
Russula velenovskyi
Ein milder, essbarer Täubling, der im ganzen Land ziemlich verbreitet in Gemeinschaft mit Laubbäumen, vor allem Birken, wächst. Die Hutfarbe ist etwas roter als beim Orangeroten Graustiel-Täubling, und er graut nie.

3 Gelber Graustiel-Täubling

Russula claroflava

GRUPPE SEITE 42

Aus lat. *russulus* (rötlich) sowie *clarus* (klar, leuchtend) und *flavus* (hellgelb)

In älteren schwedischen Pilzbüchern trägt dieser beliebte Speisepilz den Beinamen „mild". Der Name betont seinen Geschmack im rohen Zustand, der ihn auch am leichtesten von nicht essbaren gelben Täublingen unterscheidet. Der Gelbe Graustiel-Täubling ist unserer Meinung nach einer der besten Speisetäublinge. Roh sollte er aber nicht gegessen werden. Der Gelbe Graustiel-Täubling lebt in Gemeinschaft mit Birken.

Wichtige Kennzeichen (siehe auch S. 180)

- Die bei Nässe klebrige Huthaut ist von einem schönen Hellgelb bis sehr blassen Gelbweiß, vor allem bei ausgewachsenen Exemplaren. Die Huthaut lässt sich leicht abziehen.
- Die weißen Lamellen, die mit der Zeit cremegelb werden, haben nach Insektenbefall oft braune bis schwarze Flecken.
- Der Geschmack ist mild, fast süß und nussig.
- Alle Teile des Fruchtkörpers grauen im Nachhinein.

Gelbe Graustiel-Täublinge in Sumpffichtenwald mit Birkeneinschlag

Sammeln und Säubern

Sammeln Sie nur die Gelben Graustiel-Täublinge, deren Hut noch gewölbt ist. Größere Exemplare sind fast immer von Maden befallen und haben zudem eine schlechtere Konsistenz. An der schwach klebrigen Huthaut bleibt leicht Schmutz haften, der sich aber mit einem Küchenschwamm leicht entfernen lässt. Am einfachsten entfernt man den Schmutz, indem man die Huthaut des Täublings vom Rand zur Mitte hin abzieht.

Zubereitung und Konservierung siehe S. 182.

NAHESTEHENDER SPEISEPILZ

③ Dotter-Täubling

Russula acetolens

Kleiner, milder Täubling – Hut selten über 5 cm –, der im ganzen Land ziemlich verbreitet in Gemeinschaft mit Laubbäumen wächst. Der dottergelbe Hut hat oft in der Mitte einen roteren Ton. Die Lamellen sind gelblich, deutlich gelber als beim Gelben Graustiel-Täubling. Das Fleisch graut niemals.

DOPPELGÄNGER

Neben dem nahestehenden Speisepilz **Dotter-Täubling** gibt es mehrere mehr oder weniger gelbe Doppelgänger-Täublinge, sowohl milde als auch scharfe. Die scharfen haben üblicherweise eine unrein gelbe Farbe.

■ Gallen-Täubling

Russula fellea

Wächst in Gemeinschaft mit Buchen. Die Hutfarbe ist von einem unreinen Gelb, Strohgelb, und vor allem erkennt man ihn an dem brennend scharfen Geschmack.

■ Ocker-Täubling / Zitronen-Täubling

Russula ochroleuca

Auch dieser gelbliche Täubling, der auch als Ockerweißer Täubling bezeichnet wird, ist nicht wohlschmeckend. Wie der Gallen-Täubling hat er eine unrein gelbe Hutfarbe, manchmal mit einem schwachen Olivton. Der weißliche Stiel graut bald und wird „wässrig" mit gleichsam runzliger oder geäderter Oberfläche. Der Geschmack ist mehr oder weniger scharf.

Der Ocker-Täubling wächst sowohl in Laub- als auch in Nadelwäldern im ganzen Land. Er scheint sich auf sauren Böden am wohlsten zu fühlen und bildet auch nach längeren Trockenperioden noch Fruchtkörper und ist dann manchmal die einzige Pilzart im Wald.

Dotter-Täubling, nahestehender Speisepilz

Ocker-Täubling, Doppelgänger

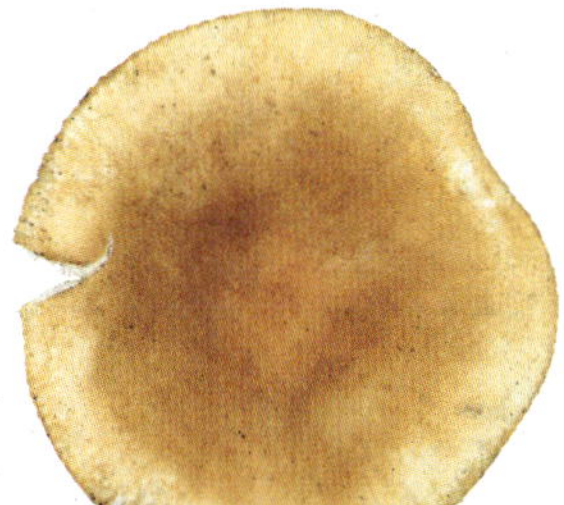

Hut eines **Gallen-Täublings**, Doppelgänger

3 Weinroter Graustiel-Täubling

Russula vinosa

GRUPPE SEITE 42

Aus lat. *russulus* (rötlich) und *vinaceus* (weinfarben)

Die Hutfarbe des **Weinroten Graustiel-Täublings** variiert in trüben braunroten bis weinroten Farbtönen, am dunkelsten zur Mitte hin.

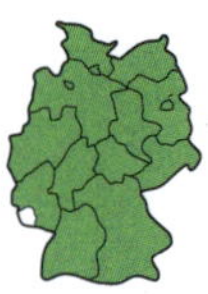

Der Weinrote Graustiel-Täubling gehört zu den am allerleichtesten zu erlernenden Speisetäublingen. Er wächst vor allem in mageren Nadelwäldern.

Der Weinrote Graustiel-Täubling kann bereits zum Monatswechsel Juli/August emporschießen, wenn es ausreichend Niederschlag gegeben hat.

Wichtige Kennzeichen (siehe auch S. 180)

- Die Hutfarbe variiert in trüben braunroten bis weinroten Farbtönen, am dunkelsten zur Mitte hin. An Jungpilzen und zum Rand ausgewachsener Exemplare hin befindet sich eine gräuliche Haut. Ältere Hüte sind oft stellenweise ausgeblichen.
- Das Pilzfleisch ist zunächst weiß, später grauend, direkt unter der Huthaut weinrot.
- Wie beim Orangeroten Graustiel-Täubling, mit dem der Weinrote Graustiel-Täubling viel gemeinsam hat, haben die Fruchtkörper eine auffallend regelmäßige Form.

Sammeln, Säubern, Zubereitung usw.

Junge und mittelgroße Weinrote Graustiel-Täublinge haben eine spröde und feine Täublings-Konsistenz. Ausgewachsene Fruchtkörper haben ein lockeres, poröses Pilzfleisch, vor allem am Stiel – „Knochenmarksstruktur" – und sind außerdem oft von Maden befallen. Sammeln Sie diese älteren trichterförmigen Exemplare nicht.

Mehr zur **Zubereitung und Konservierung** finden Sie auf S. 182.

① Fleischroter Speise-Täubling

GRUPPE SEITE 42

Russula vesca

Aus lat. *russulus* (rötlich) und *vesca* (essbar)

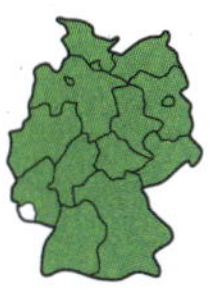

Der Fleischrote Speise-Täubling gehört zu den beliebtesten Speisetäublingen, zum einen, weil er sehr leicht zu erkennen ist, zum anderen, weil er oft ab Anfang Juni erscheint, wenn es nicht so viele andere Speisepilze zu sammeln gibt. Der Fleischrote Speise-Täubling wächst bevorzugt zwischen Gras in der Nähe von Birken, Buchen oder Eichen, aber man kann ihn auch an Nadelwaldsäumen und entlang von Wegen finden.

Wichtige Kennzeichen (siehe auch S. 180)

- Verglichen mit der Mehrzahl der anderen Täublinge ist der Fleischrote Speise-Täubling ungewöhnlich fest und kompakt, vor allem der Stiel.
- Der schmutzigrosafarbene Hut (manche finden, dass die Farbe des Fleischroten Speise-Täublings an ein Fleischfilet erinnert) ist oft erdig und bei Nässe etwas klebrig. Am äußersten Hutrand befindet sich eine einige Millimeter breite, weiße Kante, was daran liegt, dass die Huthaut nicht den gesamten Hut bedeckt.
- Die weißen Lamellen auf der Unterseite des Hutes sind bei älteren Exemplaren oft braunfleckig.
- Der Stiel ist kurz, fest und hat an der spitz zulaufenden Stielbasis oft rostbraune Flecken.

Sammeln, Säubern, Zubereitung usw.

Die Fleischroten Speise-Täublinge sitzen oft dicht am Boden. Manchmal ist über der Oberfläche nur der Hut zu sehen, und weil er oftmals auf Lehmboden wächst, kann er schwer herauszudrehen sein. Zudem sind die Hüte so erdig, dass sie abgespült und mit einem Küchenschwamm abgerieben werden müssen.

Mehr zur **Zubereitung und Konservierung** finden Sie auf S. 182.

④ Frauen-Täubling *Russula cyanoxantha*

GRUPPE SEITE 42

Aus lat. *russulus* (rötlich) sowie gr. *kyanos* (dunkelblau) und *xanthos* (gelb)

Der Frauen-Täubling, auch Violettgrüner Frauen-Täubling genannt, ist ein schmackhafter Speisepilz. Er wächst in Gemeinschaft mit Buchen und Eichen. Er ist weit verbreitet und häufig, sowohl in Nadelwäldern als auch in Laubwäldern und Parkanlagen, auf allen Bodenarten von basisch bis sauer.

Wichtige Kennzeichen

- Die Hutfarbe kann in mehreren Farben variieren. Grün, Violett, Gelb und Rosa sind die Farben, die unterschieden werden können. Meist dominieren Grün und Violett. Die Huthaut des anfangs kräftig gewölbten, fast kreisrunden Hutes ist leicht klebrig, oft ein wenig unsauber. Ausgewachsene Exemplare haben einen unregelmäßig gebuchteten Hut mit etwas eingesenkter Mitte.
- Die Lamellen sind weiß und teilweise gegabelt mit etwas wachsartigem Charakter (klebrig und elastisch). Unter den Sprödblättlern ist er insofern einzigartig, denn die Blätter sind in der Regel schmierig weich.
- Der Stiel ist breit, fest und weiß, manchmal mit einem schwach violetten Ton.

Sammeln, Säubern, Zubereitung usw.

Der Frauen-Täubling ist groß und kräftig, man benötigt für ein Gericht nicht viele Fruchtkörper. Der Geschmack ist ein etwas süßlicher Mandelgeschmack (siehe auch den Text auf S. 182). Eine besondere Garmethode für den Frauen-Täubling ist, die Hüte komplett im Fett auszubraten und etwas Salz und Butter in die Lamellen zu geben.

DOPPELGÄNGER

Neben dem **Grasgrünen Täubling** (nächste Seite) gibt es mehrere essbare grün changierende Täublinge, zum Beispiel den **Tauben-Täubling**, *R. grisea*, der gelbliche Lamellen hat, und den **Grünen Speise-Täubling**, *R. heterophylla*, dessen Lamellen in Stielnähe gegabelt sind. Beide haben auch eine ähnliche Wachstumsweise und ein ähnliches Verbreitungsgebiet wie der Frauen-Täubling.

Eine sehr gefährliche Verwechslungsmöglichkeit ist die mit dem **Grünen Knollenblätterpilz** (siehe nächste Doppelseite)!

4 Grasgrüner Täubling *Russula aeruginea* GRUPPE SEITE 42

Aus lat. *russulus* (rötlich) und *aerugo* (Grünspan)

Der Grasgrüne Täubling ist ein guter Speisetäubling, der im ganzen Land häufig vorkommt. Er wird auch Grasgrüner Birken-Täubling genannt, weil er in Gemeinschaft mit Birken wächst. Er ist aber nicht immer sonderlich grün, sondern oft von einem ausgeblichenen Graugrün oder ist beinahe weiß. Vor allem junge Exemplare schmecken im rohen Zustand etwas scharf. Bei der Zubereitung verschwindet der scharfe Geschmack jedoch. Die Behauptung, alle Täublinge mit scharfem Geschmack seien generell nicht essbar, was wir oft zu hören bekommen, hat somit eine Ausnahme (siehe S. 180).

Wichtige Kennzeichen

- Die Hutfarbe variiert von Grün, oft mit dunkelgrüner Mitte, bis zu ausgeblichenem Graugrün. Bei feuchtem Wetter ist der Hut klebrig und glänzend, oft etwas unsauber. Der Hut ist zunächst gewölbt, später hat er eine eingedrückte Mitte und einen gestreiften Rand.
- Die blassen Lamellen sind oft etwas gegabelt und sind engstehend. Bei älteren Exemplaren sind die Lamellen blassgelb und oft etwas braunfleckig.
- Braune Flecken finden sich auch am ansonsten weißen Stiel des Grasgrünen Täublings.
- Der Geschmack junger Exemplare ist etwas scharf.

Sammeln, Säubern, Zubereitung usw.

Siehe den allgemeinen Text auf S. 182.

DOPPELGÄNGER

Es kann zu einer sehr gefährlichen Verwechslung mit dem **Grünen Knollenblätterpilz** kommen, siehe nächste Doppelseite!

Der ■ **Grüne Dotter-Täubling**, *Russula urens*, sollte gemieden werden. Er ist zwar recht selten, wächst aber in kalkreichen Böden, bevorzugt in Gemeinschaft mit Eichen und Haseln. Die Hutfarbe ist hellgrün bis gelbgrün, schwach rötlich bis lila changierend.

Außerdem kann der Grasgrüne Täubling leicht mit anderen grünlichen Speisetäublingen verwechselt werden, zum Beispiel dem **Frauen-Täubling** und dessen Doppelgänger-Arten (siehe S. 188).

Grüner Knollenblätterpilz *Amanita phalloides*

Doppelgänger zu den grünlichen Speisetäublingen auf der vorigen Doppelseite:

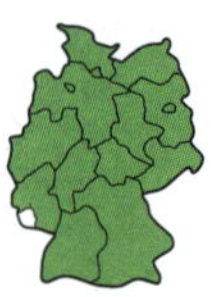

Giftgehalt, Symptome, Behandlung usw. S. 228.

Der Kegelhütige (Weiße) Knollenblätterpilz ist derjenige Pilz, durch den die meisten Schweden zu Tode gekommen sind. In Mitteleuropa hingegen sind die meisten Vergiftungen auf den Verzehr von Grünem Knollenblätterpilz zurückzuführen, weil er dort deutlich häufiger vorkommt.

In Giftigkeit und Symptombild entspricht der Grüne Knollenblätterpilz im Großen und Ganzen dem Kegelhütigen Knollenblätterpilz.

Wichtige Kennzeichen

- Die Hutfarbe kann stark variieren. Am häufigsten ist ein grünlicher Ton mit eingewachsenen dunkleren Fasern von der Mitte des Hutes zum Rand hin. Aber fast völlig weiße Grüne Knollenblätterpilze sind nicht besonders ungewöhnlich.
- Der Ring am Stiel sitzt weit oben, ist dünn und oft zerrissen. Am Hutrand hängen manchmal Reste des Rings. Der Ring wird mit zunehmendem Alter dunkler.
- Der Stiel hat ein mehr oder weniger deutliches, unregelmäßiges dunkles Band, man spricht davon, dass der Stiel genattert ist. Die Stielbasis, die sich oft bis zu 5 cm tief in der Erde oder Laubstreu verbirgt, ist angeschwollen und von einer Volva (Scheide) umgeben.
- Der Geruch ausgewachsener Exemplare ist widerlich und unangenehm.

Die Wachstumsstellen sind Laubwälder, Parkanlagen und Wiesen, bevorzugt in Gemeinschaft mit Buchen, Eichen und Haseln. Der Grüne Knollenblätterpilz ist bodenvag, sehr weit verbreitet und häufig.

Dass wir den Grasgrünen Täubling in Gruppe 4 eingeordnet haben, liegt selbstverständlich nicht daran, dass er mit einem anderen grünen Täubling verwechselt werden kann, sondern an dem Risiko einer Verwechslung mit dem Grünen Knollenblätterpilz.

Wenn man nur einen flüchtigen Blick auf den Hut wirft, können der Grasgrüne Täubling und der Grüne Knollenblätterpilz sehr ähnlich aussehen. Aber bei näherem Studieren sind die Arten leicht zu unterscheiden (siehe gegenüberliegende Seite).

Die grüne Hutfarbe des **Grünen Knollenblätterpilzes** kann erheblich variieren. Vergleichen Sie den Jungpilz rechts und den ausgewachsenen Fruchtkörper oben.

Jungpilzstadium des **Grünen Knollenblätterpilzes**. **Achtung:** Drehen Sie unbekannte Pilzarten immer vorsichtig aus dem Boden. Wenn Sie einen Knollenblätterpilz mit dem Messer abschneiden, bleibt sein wichtigstes Merkmal unerkannt im Boden!

Grasgrüner Täubling

Lamellen: Blass bis blassgelb, oft mit braunen Flecken.

Stiel: Weiß, manchmal mit braunen Flecken, ziemlich kräftig. Fleisch brüchig, nicht längs auffasernd.

Hat keinen Ring. Hat keine Volva.

Grüner Knollenblätterpilz

Lamellen: Reinweiß.

Stiel: Weiß, mehr oder weniger braungenattert. Stielfleisch bricht leicht, fasert aber längs auf. Geruch süßlich nach Kunsthonig.

Hat einen dünnen Ring, der fehlen kann.

Basis angeschwollen mit kräftiger Volva (Scheide).

1 Gold-Täubling *Russula aurea*

GRUPPE SEITE 42

Aus lat. *russulus* (rötlich) und *auratus* (vergoldet)

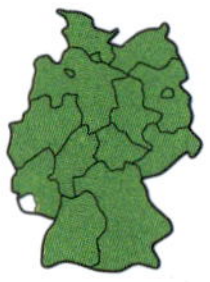

Aus einem uns unbekannten Grund hat der Gold-Täubling in älteren Pilzbüchern in der Regel nur zwei Sterne erhalten. Wir finden, dass er nach dem alten Bewertungssystem drei Sterne haben sollte: „Der Pilz ist lecker."

Der Gold-Täubling ist eine Art, die in krautreichen Fichtenwäldern, Laubwäldern, Parks und Weiden wächst – bevorzugt auf kalkreichen Böden in der Nähe von Haseln, Buchen und Eichen. Bei günstigen Verhältnissen erscheinen die ersten Gold-Täublinge bereits im Juli.

Wichtige Kennzeichen

- Der Hut, der bei Nässe etwas klebrig ist, ist gelb bis orangerot mit helleren und dunkleren Partien.
- Die Lamellen und der Stiel sind weiß mit einem mehr oder weniger goldgelben Ton. Manchmal ist nur die Schneide goldgelb oder die Lamellenfärbung fehlt komplett.
- Das Pilzfleisch ist weiß, direkt unter der Huthaut gelblich.

Sammeln, Säubern, Zubereitung usw.

Sammeln Sie nur rundliche und gewölbte Gold-Täublinge, ältere flache und leicht trichterförmige sind oft von Maden befallen. Der oft unsaubere Hut muss beim Feinsäubern abgespült und mit einem rauen Küchenschwamm geschrubbt werden. Die Huthaut braucht nicht entfernt zu werden.

Wie der Rote Heringstäubling wird der Gold-Täubling in warmen und feuchten Zeiträumen leicht von Parasitenpilzen befallen. Der Befall zeigt sich zuerst an den Lamellen, die von einem weißen Myzel überzogen werden. Die befallenen Teile werden bald braunfleckig. Solche Fruchtkörper sollten Sie nicht nutzen.

Mehr zur **Zubereitung und Konservierung** finden Sie auf S. 182.

③ Heringstäublinge

Russula xerampelina s.l.

Die Bezeichnung **s.l.** (= sensu lato, im weiteren Sinne) oben nach dem wissenschaftlichen Namen bedeutet, dass der Name für eine ganze Gruppe, das heißt ein Kollektiv von Arten, steht. Viele Mykologen haben die Heringstäublinge wissenschaftlich studiert, und in den letzten Jahrzehnten sind mehrere verschiedene Artnamen vorgestellt worden. Fünf der häufigeren Heringstäublings-Arten, die heute in Nordeuropa gefunden werden, stellen wir in Bild, Text und Verbreitungskarte näher vor.

Man kann Heringstäublinge in den meisten Waldflächen finden, auch in alpinen Matten mit Zwergweidenarten. Für Täublinge haben sie eine ungewöhnlich lange Saison. In manchen Jahren kann man Heringstäublinge vom Sommer bis ein Stück weit in den Spätherbst finden.

Wichtige gemeinsame Kennzeichen

- Der helle, weißliche Stiel wird bei Verletzung oder Druck braun. Irgendwo am Stiel befindet sich fast immer ein mehr oder weniger deutlicher rosafarbener bis roter Ton. Stiele mit einer Farbkombination aus Braun und Rosa auf hellerem Grund sind typisch für die Heringstäublinge.
- Der Geruch ist sehr charakteristisch, an Heringslake oder Schalentiere (Trimethylamin) erinnernd. Am deutlichsten bei älteren Fruchtkörpern. Bei Kälte kann der Geruch schwer wahrzunehmen sein, tritt aber hervor, wenn man den Pilz mit den Händen erwärmt, ihn anhaucht oder ihn mit ins warme Haus nimmt.
- Der Geschmack ist mild.

Sammeln und Säubern von Heringstäublingen

Sammeln Sie junge und mittelgroße Exemplare. Ausgewachsene Exemplare sind oft von Maden befallen und haben außerdem eine losere Konsistenz. In warmen und feuchten Zeiträumen werden bestimmte He-

Rote Farbvariante des **Gebirgs-Heringstäublings** in typischer Wachstumsumgebung – moosreicher Fichtenwald.
Die Farbe des Stiels changiert sowohl ins Rote als auch ins Braune – ein gutes Gruppenmerkmal für Heringstäublinge.

ringstäublinge leicht von parasitischen Pilzen befallen. Vor allem Teile der Lamellen oder auch Teile des gesamten Fruchtkörpers werden dann von einem weißen Myzel überzogen, und die befallenen Partien werden bald braunfleckig. Solche Fruchtkörper sollte man nicht sammeln.

Die Huthaut braucht nicht abgezogen zu werden, vor allem nicht bei den roteren Arten. Der Pilz verleiht weißer Soße einen schönen rosafarbenen Ton, der den Eindruck von Schalentieren verstärkt. Beim Feinsäubern und Zerteilen der Heringstäublinge wird das Fleisch in den Augen vieler unappetitlich braunfleckig. Denken Sie dann daran, dass dies lediglich ein Kennzeichen für diese Delikatesse ist.

Zubereitung und Konservierung von Heringstäublingen

Die Heringstäublinge sind die einzigen Würzpilze unter den Täublingen. Weil sie nach der Zubereitung nach Schalentieren schmecken, passen sie ausgezeichnet zu Fischgerichten. Heringstäubling in weißer Dillsoße ist eine Delikatesse.

Heringstäublinge lassen sich ausgezeichnet trocknen. Das einzige Problem kann darin bestehen, dass sie während des Trocknens einen unangenehmen Geruch abgeben. Zu Mehl gemahlener getrockneter Heringstäubling ist ein sehr starkes Würzmittel. Heringstäublinge lassen sich auch gut einfrieren und einmachen, gerne als Mischpilze. Wenn die Pilzmischung nur 1/3 Heringstäublinge und 2/3 mild schmeckende Arten enthält, schmeckt die Mischung nach Heringstäubling.

3 Roter Heringstäubling

Russula xerampelina

GRUPPE SEITE 42

Aus gr. *xerampelinos* (mit der Farbe trockenen Weinlaubs)

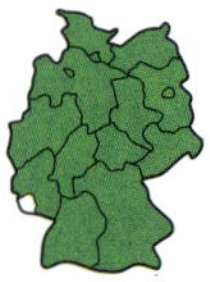

Hutdurchmesser bis zu 12 cm. Hut glatt, oft glänzend, hellrot bis purpurrot und in der Mitte fast schwarz.

Der Stiel ist ungewöhnlich hart für einen Täubling, oft kräftig rot gefärbt, auch direkt unter den Lamellen.

Deutlicher Geruch nach Heringslake.

Der Rote Heringstäubling wächst in Gemeinschaft mit Nadelbäumen, vor allem mit Fichten und Kiefern, und ist ziemlich verbreitet. Ein Herbstpilz.

3 Fleischvioletter Heringstäubling

Russula graveolens

GRUPPE SEITE 42

Aus lat. *graveolens* (stark duftend)

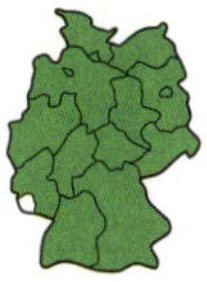

Hutdurchmesser 8–10 cm. Der Hut ist bräunlich purpurfarben bis rotbraun, matt. Die Lamellen sind bei ausgewachsenen Exemplaren ockerfarben. Der Stiel ist weiß mit mehr oder weniger deutlichen rosafarbenen Feldern.

Der Fleischviolette Heringstäubling wird leicht von einem weißen Parasitenschimmel befallen.

Er wächst ziemlich verbreitet in Gemeinschaft mit Eichen.

Dryas-Heringstäubling

Russula pascua

GRUPPE SEITE 42

Aus lat. *pascua* (Ostern)

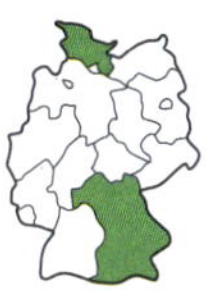

Eine kleine Art. Hutdurchmesser 2–6 cm. Der Hut ist leicht klebrig, rot, rosa oder purpurrot, in der Mitte oft ins Gelbbraune ausgeblichen.

Der Stiel ist weiß, gilbend und an der Basis, die meist etwas breiter ist, schwach rot gefärbt.

Der Pilz ist in Deutschland mangels geeigneter Lebensräume sehr selten und wird daher nicht als Speisepilz zum Sammeln empfohlen.

Gebirgs-Heringstäubling *Russula favrei* GRUPPE SEITE 42

Nach dem französischen Mykologen *J. Favre*

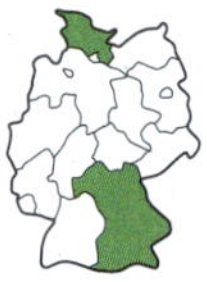

Hutdurchmesser 3–11 cm. Die Farbe des Hutes variiert, von schmutzigrot über braun mit Einschlägen von oliv bis fast schwarz, zumindest in der Mitte. Das Rote am Stiel ist am besten an der Basis zu sehen, ist aber nicht so auffällig. Der Geruch nach Heringslake ist schwach. Wächst in Gemeinschaft mit Fichten. Der Pilz ist in Deutschland mangels geeigneter Lebensräume sehr selten und wird nicht als Speisepilz empfohlen.

Die Bilder auf dieser Seite zeigen die große Farbvariation des **Gebirgs-Heringstäublings**.

DOPPELGÄNGER
zu rötlichen Heringstäublingen:
Taiga-Täubling
Russula taigarum
Manchmal kommt es vor, dass man einen milden Täubling findet, der den Heringstäublingen mit rötlichem Hut sehr ähnlich sieht, aber nicht ihren typischen Geruch hat und sich bei Druck nicht braun färbt. Der Stiel ist bis auf die meist etwas angeschwollene Basis, die weiß ist, mehr oder weniger rot gefärbt. Er wächst gern in Torfmoos auf etwas feuchteren Böden in Fichtenwäldern. Diese Art wurde erst 1990 erstmals beschrieben und die Verbreitung ist noch unzureichend erforscht. Sie ist auch „falscher Heringstäubling" genannt worden und ist zu selten, als dass wir sie als Speisepilz bezeichnen würden.

3 Grüner Nadelwald-Heringstäubling *Russula clavipes*

GRUPPE SEITE 42

Aus lat. *clavipes* (mit keulenförmigem Stiel)

Hut 4–9 cm. Der Hut hat immer einen mehr oder weniger deutlichen olivgrünen Ton, aber er hat auch Einschläge von hellbraunen Nuancen.

Dem Stiel fehlt oft die für die Heringstäublinge typische Rot- oder Rosafärbung.

Sowohl in Laub- als auch in Nadelwäldern im ganzen Land verbreitet, scheint sich aber auf eher mageren Böden mit Birken am wohlsten zu fühlen. Erscheint oft erst spät in der Saison.

Brauner Leder-Täubling

Russula integra

Aus lat. *russulus* (rötlich) und *integer* (ganz, rein, gesund)

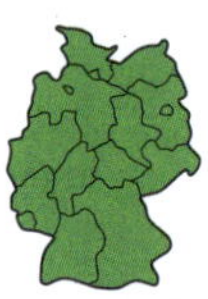

Ein Südschwede wie Waldemar Bülow schreibt 1916: „Der als Speisepilz unvergleichlich wichtigste aller Täublinge ist der Braune Leder-Täubling." Wir stimmen Bülow teilweise zu – der Braune Leder-Täubling ist unleugbar einer der besten Täublinge, obwohl die Heringstäublinge, die es zudem im ganzen Land gibt, noch besser sind.

Der Braune Leder-Täubling wächst verbreitet in Nadel- und Mischwäldern. Man findet ihn oft in Gruppen stehend, bevorzugt direkt aus der Nadelstreu unter Fichten. Die Fruchtkörper entwickeln sich anfangs unter der Nadelstreu, und wenn sie emporgeschossen sind, haften Erde, Nadeln und anderes Streumaterial an ihren klebrigen Hüten. Der Braune Leder-Täubling gehört nicht zu den ersten Täublingen der Saison, er hat seine Spitzenzeit oft um den Monatswechsel August/September.

Wichtige Kennzeichen

- Die Hutfarbe variiert stark in rotbraunen bis braunen Nuancen. Manchmal kann die Farbe sehr schwach sein, wie ausgeblichen und fleckig.
- Die Lamellen sind breit, dick, steif und spröde. Zunächst weiß, später hellgelb. Wenn man bei einem fast ausgewachsenen Fruchtkörper ein wenig in den Lamellen stochert, zerfallen sie leicht, und es fallen Schuppen heraus, die Mandelblättchen ähneln.
- Der Braune Leder-Täubling hat querverlaufende kleine Leisten (Rippen) zwischen den Lamellen (in Richtung Hutfleisch). Aber auch mehrere andere Täublinge haben solche Leisten, jedoch vielleicht nicht genauso deutlich ausgebildet wie beim Braunen Leder-Täubling.
- Der Stiel ist weiß, manchmal mit kleinen braunen Flecken.
- Der Geschmack ist mild mit einem ausgesprochen süßen Nachgeschmack, der an Mandeln oder Haselnüsse erinnert.

Sammeln, Säubern, Zubereitung usw.

Versuchen Sie, die Fruchtkörper im Ganzen herauszulösen. Sie sitzen oft tief unten im Boden,

Brauner Leder-Täubling in typischer Umgebung, Nadelstreu unter Fichten. Die schmutzige Hutoberseite ist ein Kennzeichen des Braunen Leder-Täublings.

lösen sich aber trotzdem ziemlich leicht. Sammeln Sie in erster Linie Braune Leder-Täublinge mit gerundetem oder gewölbtem Hut. Größere Exemplare sind oft von Maden befallen. Bürsten Sie bereits im Wald so viel Schmutz ab wie möglich. Zu Hause beim Feinsäubern ist es oft notwendig, die Hüte mit einem Küchenschwamm unter fließendem kalten Wasser sauberzureiben.

Mehr **zur Zubereitung und Konservierung** finden Sie auf S. 182.

DOPPELGÄNGER

■ Zedernholz-Täubling

Russula badia

Es gibt mehrere Täublinge, die mit dem Braunen Leder-Täubling verwechselt werden können. Vor allem mit dem Zedernholz-Täubling, der einen mehr oder weniger rotflammigen Stiel hat, sollte man aufpassen. Der Zedernholz-Täubling wächst stets bei Kiefern und ist ziemlich verbreitet.

Wenn man nicht entscheiden kann, welchen der zwei Täublinge man gesammelt hat, sind sie bei der Geschmacksprobe völlig unterschiedlich. Zwar kann eine kleine Kostprobe des Zedernholz-Täublings in den ersten Sekunden mild schmecken, aber nach ein paar weiteren Sekunden brennt sie ordentlich auf der Zunge. Er gilt als einer der schärfsten Täublinge.

Doppelgänger: **Zedernholz-Täubling**

3 Apfel-Täubling *Russula paludosa*

GRUPPE SEITE 42

Aus lat. *russulus* (rötlich) und *paludosus* (sumpfig, Sumpf-)

Früher herrschten geteilte Meinungen über den Speisewert des Apfel-Täublings, was auch heute noch in gewissem Maß der Fall ist. Erst in den letzten Jahren haben immer mehr Menschen entdeckt, dass der Apfel-Täubling ein guter Speisepilz ist, vor allem als Mischpilz. Der große Pilzprobierer Cortin war einer der ersten in Schweden, die dem Apfel-Täubling eine gute Bewertung als Speisepilz gaben. Er schreibt (1951): „Mittlerweile kann er als ein schmackhafter Speisepilz aufgenommen werden, auf dessen Vortrefflichkeit ich hier die pilzinteressierte Allgemeinheit hinweise. Zudem kann er mit demselben guten Ergebnis mit weißer Soße zubereitet oder gebraten werden."

Der Apfel-Täubling ist im ganzen Land verbreitet. In mageren und montanen Nadelwäldern sowie an Moorrändern fühlt er sich wohl und kann mancherorts sehr häufig sein.

Wichtige Kennzeichen

- Ein ausgewachsener Apfel-Täubling hat oft einen Hutdurchmesser von 15 cm.

- Die Huthaut ist hellrot, manchmal in der Mitte etwas ausgeblichen und bei Nässe klebrig.
- Die Lamellen sind weiß bis schwach cremefarben, manchmal mit schwach roter Schneide.
- Der lange kräftige Stiel ist weiß mit mehr oder weniger deutlichen roten Farbveränderungen.
- Der Geschmack, insbesondere bei jüngeren Fruchtkörpern, ist meist etwas scharf. Bei älteren Exemplaren ist der Geschmack mild. Der etwas scharfe Geschmack verschwindet bei der Zubereitung.

Sammeln, Säubern, Zubereitung usw.

Sammeln Sie nur Apfel-Täublinge, deren Hüte noch gewölbt sind, lassen Sie die trichterförmigen stehen. Sie sind oft von Maden befallen und haben eine schlechtere, losere Konsistenz. Weil der Apfel-Täubling so groß ist, vergrößert er die Pilzernte beträchtlich. Aber verwenden Sie nicht zu viel von ihm in einer Pilzmischung, 1/3 reicht aus. Mehr zur **Zubereitung und Konservierung** finden Sie auf S. 182.

DOPPELGÄNGER

Der **Ziegelrote Täubling** (S. 183) ist ein Speisetäubling, der blassen Exemplaren des Apfel-Täublings ähnelt. Weitere Verwechslungsmöglichkeiten bestehen mit dem ■ **Harten Zinnober-Täubling**, *R. lepida*, dessen etwas bitterer Geschmack ihn als Speisepilz fraglich macht, und mit einigen sehr scharfen, roten Täublingen mit weißem oder rötlichem Stiel, die in Nadelwäldern wachsen, zum Beispiel dem **Kirschroten Spei-Täubling** und dem **Flammenstiel-Täubling**, *R. rhodopoda*.

Auch der ■ **Fliegenpilz** (S. 234) ist in gewisser Hinsicht ein Doppelgänger des Apfel-Täublings, wenn der Fliegenpilz nach starkem Regen seine weißen „Flecken“ verloren haben kann.

■ Kirschroter Spei-Täubling

Russula emetica agg.s.l.

Erinnert an den Apfel-Täubling, ist aber deutlich kleiner, der Hutdurchmesser beträgt oft 5–7 cm. Außerdem hat er einen reinweißen Stiel, völlig weiße Lamellen sowie weißes, sprödes Fleisch. Angenehmer, fruchtiger Geruch. Wenn man eine kleine Kostprobe des Kirschroten Spei-Täublings nimmt, merkt man schnell, dass der Geschmack brennend scharf ist. Der Kirschrote Spei-Täubling ist hier als Artenkomplex aufgefasst und in Nadel- und Mischwäldern im ganzen Land verbreitet. Wächst auf feuchten Böden, zum Beispiel auf Moosen und an Sumpfrändern. Die Bezeichnung „Spei-Täubling“ ist etwas dramatisch. Es reicht aus, festzustellen, dass man ihn nicht essen sollte. Eine kleine Regel mit nur wenigen Ausnahmen, die man sich merken sollte: Rote Täublinge mit weißem Stiel und weißen Lamellen sind nicht zu empfehlen.

HINWEIS: Trotz des drastischen Namens ist der Kirschrote Spei-Täubling wie andere scharfe Täublinge nur schwach magen-darmgiftig.

Harter Zinnober-Täubling

Der **Flammenstiel-Täubling** hat immer eine glänzend rote – wie lackierte – Hutoberseite. Stiel rotflammig auf weißem Grund, am dicksten zur Basis hin. Wächst vor allem in sauren und mageren Fichtenwäldern. Scharfer Geschmack

Kirschroter Spei-Täubling

4 Flaschen-Stäubling *Lycoperdon perlatum* GRUPPE SEITE 43

Aus gr. *lykos* (Wolf) und *perdomai* (Wind fahren lassen, furzen) sowie lat. *perlatus* (sehr breit)

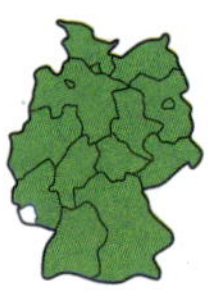

Ein häufiger Bauchpilz, der sowohl in Laub- als auch in Nadelwäldern im ganzen Land wächst und leicht zu erkennen ist. All dies hat den Flaschen-Stäubling bei vielen Pilzsammlern recht beliebt gemacht.

Wichtige Kennzeichen

- Birnenähnliche Form mit relativ langem, sterilem unteren Teil.
- Der obere, fertile (Sporen bildende) Teil des Fruchtkörpers ist mit Warzen, weichen Stacheln, bestreut, die sich leicht abbürsten lassen.
- Der gesamte Fruchtkörper ist auf der Außenseite zunächst weiß, wird dann aber allmählich braun.
- Das Fleisch ist bei jungen Fruchtkörpern weiß und weich, später im Sporen bildenden Teil gilbend (siehe den freigelegten Fruchtkörper rechts).

Der Flaschen-Stäubling wächst oft in kleinen Gruppen auf grasigem oder kahlem Boden, bevorzugt in der Nadelstreu unter Fichten.

Sammeln, Säubern, Zubereitung usw.

Der Flaschen-Stäubling kann nur als Speisepilz verwendet werden, wenn sich die Fruchtkörper noch fest anfühlen und innen völlig weiß sind. Schneiden Sie das unterste, erdige Stück des Stielteils weg. Beim Feinsäubern werden die leicht abfallenden Warzen abgeschabt oder -gebürstet. Die dünne äußere Schale braucht nicht entfernt zu werden. Ausgeprägter Bratpilz in frischem Zustand. Er ist nicht zur Konservierung geeignet.

DOPPELGÄNGER

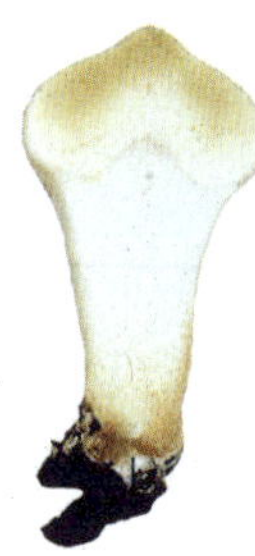

Es ist vorgekommen, dass ungeübte Pilzsammler Stäublinge und kleine unentwickelte Fruchtkörper von **Knollenblätterpilzen** verwechselt haben. Wenn man einen solchen durchschneidet, sieht man jedoch Anlagen sowohl für Lamellen als auch den Stiel. Der Flaschen-Stäubling kann sonst nur mit anderen essbaren Stäublingsarten verwechselt werden.

1 Riesenbovist *Calvatia gigantea*

GRUPPE SEITE 43

Aus lat. *calva* (Schädel) und *giganteus* (riesig)

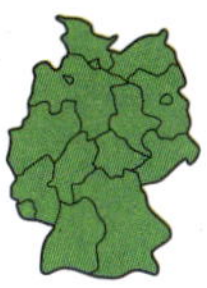

Es gibt zwei Großstäublinge, die schwer zu unterscheiden sind. Beide Arten sind jung essbar, aber nur den einen, den Riesenbovist, betrachten wir als Speisepilz. Diese gigantische Pilzschöpfung weckt stets große Aufmerksamkeit, wo sie in Rasenflächen, Weiden und anderen stickstoffreichen Böden wächst.

Wichtige Kennzeichen

- Ovale oder runde Fruchtkörper mit bis zu 60 cm Durchmesser. Den Großteil des Fruchtkörpers macht der Sporen bildende Teil aus. Sehr kleiner steriler Teil.
- Dünne Wand oder Haut, die unregelmäßig aufreißt.
- Das Fleisch ist weiß, später grüngelb bis bräunlich.

Sammeln, Säubern, Zubereitung usw.

Sammeln Sie nur junge Fruchtkörper mit komplett weißem Fleisch, die sind zum Braten geeignete Pilze. Zur Konservierung ungeeignet.

DOPPELGÄNGER

Der Riesenbovist kann mit dem ■ **Stern-Stäubling**, *Mycenastrum corium*, verwechselt werden, der Fruchtkörper mit Durchmessern von bis zu 20 cm hat. Eine sehr dünne äußere Schale blättert bald ab und legt eine 2–3 mm dicke, innere lederartige und bräunliche Wand frei, die bei der Reifung in einem unregelmäßigen Rautenmuster aufspringt. Der Stern-Stäubling ist sehr fest, beinahe so hart wie ein gut aufgepumpter Handball.

Der Stern-Stäubling kommt in Deutschland nur im Nordosten (Brandenburg, Mecklenburg-Vorpommern) häufiger vor. Er ist essbar, sollte aber nicht als Speisepilz genutzt werden, da er so selten ist!

Stern-Stäublinge in einem Park in Stockholm

3 Schwärzender Bovist

Bovista nigrescens

Aus (germanischer Ursprung?) *bofiss* (Fisch) und lat. *niger* (schwarz)

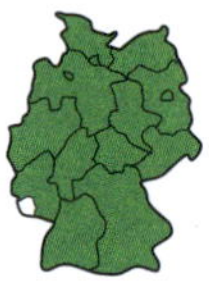

Die Boviste liegen wie Eier auf dem Boden, haben keinen Stiel und kommen auf Rasen und Weideland häufig vor. Sie öffnen sich nach oben hin durch eine Pore, wenn die reifen Sporen verbreitet werden sollen. Schwärzende Boviste, die im ganzen Land häufig vorkommen, werden 3–9 cm im Durchmesser groß.

Wichtige Kennzeichen

- Hat zwei Schalen oder Hüllen: eine äußere, reinweiße und glatte, die allmählich abblättert, und eine innere, die sich bei der Reifung glänzend schwarzbraun mit einem violetten Ton färbt.
- Fleisch zunächst weich und weiß, später wässrig und gilbend bis bräunlich.

Sammeln, Säubern, Zubereitung usw.

Sammeln Sie nur junge feste Boviste, die innen komplett weiß sind. Sie können gut in Scheiben gebraten werden. Zur Konservierung ungeeignet.

DOPPELGÄNGER

Außer mit anderen essbaren Bovisten kann der Schwärzende Bovist mit anderen Bauchpilzen verschiedener Gattungen verwechselt werden.

Das junge unentwickelte Stadium der ■ **Stinkmorchel**, *Phallus impudicus* (siehe Bild rechts), das *Hexenei* genannt wird, ist Bovisten äußerlich ähnlich. Ein fester Bovist und ein Hexenei fassen sich jedoch ganz verschieden an. Letzteres fühlt sich wie ein weicher Gummiball an. Innerhalb der dünnen äußeren Haut befindet sich ein Geleelager rund um die werdende grüne Mütze.

Die Boviste können auch mit anderen, eiähnlichen Pilzen verwechselt werden, die wir nicht empfehlen bzw. die giftig sind, zum Beispiel dem ■ **Erbsenstreuling** (*Pisolithus*), ■ **Hirschtrüffeln** (*Elaphomyces*), ■ **Wurzeltrüffeln** (*Rhizopogon*), ■ **Schleimtrüffeln** (*Melanogaster*) und ■ **Kartoffelbovisten** (*Scleroderma*). Diese sind aber innen niemals komplett weiß. Die Kartoffelboviste sind schwach giftig (siehe S. 55).

Durchgeschnittenes Hexenei und ein „einen Tag alter" Fruchtkörper einer **Stinkmorchel**

? Speisepilze?

NEUE SPEISEPILZE?

Büscheliger Rasling,
Lyophyllum decastes

Verglichen mit den 1950er- und 1960er-Jahren haben wir heute viel weniger Speisepilze, weil wir Verwechslungsrisiken entdeckt und unser Wissen über die Inhaltsstoffe der Pilze erweitert haben. Gleichzeitig besteht aber Hoffnung auf neue sowie auf wiederentdeckte oder rehabilitierte Speisepilze in kommenden Pilzbüchern. Jetzt stellen wir zwei neue Speisepilze vor, die auf dem Weg sind, bei uns Fuß zu fassen.

Büscheliger Rasling und Hon-Shimeji-Pilz

Wir haben im *Handbuch Pilze* wiederholt Bengt Cortin zitiert, der eine Menge Pilze testete, indem er sie zubereitete und selbst probierte. Unter anderem aß Cortin Büscheligen Rasling und bewertete ihn mit drei Sternen. Wir haben diesen Pilz in den Jahren 2012 und 2013 gegessen und sind von ihm mit seiner herrlich knorpeligen Konsistenz begeistert. In den letzten Jahren ist man hier noch auf einen weiteren Rasling aufmerksam geworden, den Hon-Shimeji-Pilz, der in Nordschweden wächst. Wie der Matsutake, der in Schweden ebenfalls spät entdeckt wurde, wird der Hon-Shimeji-Pilz in Japan seit Langem als Delikatesse verzehrt. Noch ist der Hon-Shimeji-Pilz in Schweden nicht sonderlich bekannt, und wir müssen uns künftig noch mehr Kenntnisse über die Gruppe der Raslinge verschaffen. Aber es sieht vielversprechend aus!

NEU BEWERTETE PILZE

Neben den Pilzarten, die wir in diesem Buch als Speisepilze vorstellen, werden in unserem Land auch noch andere Arten zum Verzehr genutzt. Das sind Pilze, die traditionell und von bestimmten Pilzexperten als gute Speisepilze angesehen werden. Aus verschiedenen Gründen haben wir diese nicht in das vorige Kapitel aufgenommen. Hier folgt eine kurze Beschreibung dieser Arten sowie eine Begründung, warum wir sie gegenwärtig nicht als Speisepilze empfehlen.

† Frühjahrs-Giftlorchel

Gyromitra esculenta (siehe auch S. 52 und 229)

Frühjahrs-Giftlorchel

Wir sind der Ansicht, dass die Frühjahrs-Giftlorchel als Speisepilz sehr fraglich ist, weil sie nicht einmal nach dem Abkochen völlig ungefährlich ist. Diese Stellungnahme haben wir nach den Forschungsberichten der letzten Jahre abgegeben. Das definitive Urteil hat die Frühjahrs-Giftlorchel unserer Meinung nach durch den Bericht erhalten, der 1994 von einer Gruppe von sieben nordischen Lebensmitteltoxikologen vorgestellt wurde. Die Expertengruppe ist der Ansicht, dass es angesichts der gegenwärtigen Kenntnisse „wissenschaftlich vernünftig ist, den Verzehr von Frühjahrs-Giftlorcheln als für den Verbraucher bedenklich zu betrachten". Bei Tierversuchen zeigte sich, dass Tiere, die in ihrem Futter abgekochte Frühjahrs-Giftlorcheln bekommen hatten, eine größere Anzahl von Krebsbildungen und Fortpflanzungsstörungen zeigten als Tiere, deren Futter keine Frühjahrs-Giftlorcheln enthielt.

Bischofsmütze

Riesen-Lorchel

Schwefelgelbe Koralle

Wie wir bereits erwähnten, ist es vorgekommen, dass Menschen allein dadurch Vergiftungen erlitten haben, dass sie sich in Räumen mit vielen Frühjahrs-Giftlorcheln aufhielten. Eine längere Strecke in einem mit Frühjahrs-Giftlorcheln beladenen Auto zu fahren, kann sehr gefährlich sein, weil sich die Lorchelgifte als flüchtige Gase in geschlossenen Räumen anreichern können. In Deutschland wird dieser Pilz schon seit längerer Zeit wegen seines potenziell tödlichen Nervengifts *Gyromitrin* als Giftpilz geführt, auch wenn er in manchen Gegenden von erfahrenen Einheimischen weiterhin zubereitet und gegessen wird.

? Bischofsmütze

Gyromitra infula

Diese Lorchel, die im ganzen Land häufig vorkommt, ist bis Ende der 1970er-Jahre als schmackhafter Speisepilz betrachtet worden, der nicht abgekocht werden müsse. Mittlerweile raten wir jedoch vom Verzehr der Bischofsmütze ab, weil alle Arten der Gattung *Gyromitra* im Verdacht stehen, mehr oder weniger große Mengen des Giftes *Gyromitrin* zu enthalten. Außerdem gibt es eine sehr ähnliche Art, die ■ **Vielgestaltige Lorchel**, *Gyromitra ambigua* (S. 230), die Vergiftungen verursacht hat. In Deutschland wird die Bischofsmütze als Giftpilz eingestuft.

? Riesen-Lorchel

Gyromitra gigas (siehe auch S. 53)

Es gibt keine Untersuchungsergebnisse, die darauf hindeuten würden, dass diese Art das Gift *Gyromitrin* enthält. Die Riesen-Lorchel sollte jedoch genauso betrachtet werden wie die Frühjahrs-Giftlorchel, weil diese zwei Arten sehr schwer voneinander zu unterscheiden sind. Zudem ist die Riesen-Lorchel geschmacklos, weshalb wir sie nicht als Speisepilz betrachten.

? Gelbe Korallen

Ramaria-Arten

In der Pilzflora „Pilze in der Natur“ von Mossberg, Nilsson, Persson aus dem Jahr 1977 wurde erstmals in der schwedischen Populärliteratur auf das Problem aufmerksam gemacht, unterschiedliche gelbe Korallen voneinander zu unterscheiden. Unter diesen befinden sich essbare und schmackhafte Arten, aber es gibt auch solche, die weniger schmackhaft sind, und mindestens eine schwach giftige Art: die ■ **Dreifarbige Koralle**,

Schwefelporling

Leberreischling

Kupferroter Gelbfuß

Ramaria formosa (S. 237). Die Arten in dieser Gruppe voneinander zu unterscheiden, ist sehr schwierig. Wir raten deshalb davon ab, gelbe Korallen zu sammeln und zu essen.

? Schwefelporling

Laetiporus sulphureus

Auf dem Kontinent und in England gibt es Enthusiasten, die diesen sehr auffälligen und oft großen Porling abgekocht als Speisepilz empfehlen. Wir hegen jedoch Zweifel, ob man ihn als Speisepilz empfehlen kann, zum einen, weil wir nicht sicher wissen, ob das Abkochen eventuelle ungeeignete Stoffe entfernt, zum einen, weil die Meinungen über seinen kulinarischen Wert so weit auseinandergehen.

In Deutschland wird der Schwefelporling in jungem Zustand von Kennern geschätzt. Unverträglichkeiten sind nicht bekannt.

? Leberreischling

Fistulina hepatica

Ein in der Literatur des 19. Jahrhunderts durchaus geschätzter Speisepilz. In jüngerer Literatur wird er mit weniger Begeisterung aufgenommen.

Wir haben den Leberreischling getestet und für alles andere als gut gefunden – nichts, was man empfehlen könnte. Er steht auch auf der Roten Liste, siehe S. 47.

? Kupferroter Gelbfuß

Gomphidius rutilus

Der rotbraune bis rotgelbe Hut ist niemals schleimig, allenfalls klebrig, und bei Jungpilzen befindet sich eine faserige Hülle zwischen Hutkante und Stiel. Das rotgelbe Pilzfleisch wird nach dem Vordünsten rotlila, eine Eigenschaft, die dem Pilz den schwedischen Namen „Rabarbersvamp" (Rhabarberpilz) eingebracht hat.

Der Kupferrote Gelbfuß hat lange angeklopft, um unter die Speisepilze aufgenommen zu werden. Wir sind jedoch ein wenig im Zweifel. Sicherlich können die rotlilafarbenen Pilzstücke ein dekoratives Element in einem Pilzgericht sein, aber der Geschmack ist kein Highlight. Außerdem ist diese Art oft von einem Parasitenpilz befallen, der sie für Essenszwecke unbrauchbar macht. Der Befall ist als grüner Schimmel zu sehen, vor allem an den Lamellen. In Deutschland steht die Art in der Positivliste der Speisepilze und wird von erfahrenen Sammlern als Mischpilz verwendet.

Lilastiel-Rötelritterling

Nebelgrauer Trichterling

Hallimasch

? Lilastiel-Rötelritterling

Lepista personata (siehe auch S. 120)

Die Art ist in früherer Literatur oft als guter Speisepilz beurteilt worden. In moderneren Büchern steht sie weiterhin oft unter „essbar", jedoch mit Zusätzen wie „sollte in mäßigen Mengen verzehrt werden", „muss abgekocht werden" und „kann bei manchen Menschen Übelkeit hervorrufen". Wir haben den Lilastiel-Rötelritterling ohne Unwohlsein probiert, finden ihn aber nicht sonderlich schmackhaft und empfehlen ihn nicht als Speisepilz. In Deutschland wurde der Pilz naturschutzfachlich als Verantwortungsart eingestuft. Er sollte also geschont werden.

? Riesen-Krempentrichterling *Aspropaxillus giganteus*
? Mönchskopf *Infundibulicybe geotropa*
? Keulenfuß-Trichterling *Ampulloclitocybe clavipes*

Alle diese Arten galten früher als Speisepilze – und werden weiterhin von vielen als solche betrachtet, aber es gibt bei allen dreien leichtere Vergiftungsfälle, vor allem ohne vorheriges Abkochen. Der Keulenfuß-Trichterling, oder auch Keulenfüßige Trichterling, hat zusammen mit Alkohol Vergiftungssymptome hervorgerufen (siehe S. 238). Der Mönchskopf wird in Deutschland und Italien als hervorragender Speisepilz geschätzt. Er steht auf der Positivliste der Speisepilze.

? Nebelgrauer Trichterling

Clitocybe nebularis

Ein alter Klassiker, dessen Beurteilung zwischen zwei und drei Sternen gependelt hat. Aber bereits Cortin schrieb in Kursivschrift: *„... sollte ausschließlich nach vorherigem Abbrühen verwendet und das Wasser danach weggeschüttet werden."* Auch nach dem Abkochen hat der Nebelgraue Trichterling einen intensiven und unserer Ansicht nach nicht besonders guten Geschmack. Weil er außerdem trotz gründlicher Zubereitung leichtere Vergiftungen verursachen kann, raten wir davon ab, ihn zu essen. Zusätzlich wurde der im Pilz nachgewiesene Stoff Nebularin in Laborversuchen als mutagen, also potenziell krebserregend eingestuft.

? Hallimasche

Armillaria-Arten (siehe auch S. 163)

Hallimasche sind bis in die späten 1980er-Jahre als gute Speisepilze beurteilt worden. Es sind jedoch nach dem Verzehr sowohl zubereiteter

Weißer Büschelrasling

Gemeiner Safranschirmling (Garten-Art)

als auch roher Hallimasche Fälle leichterer Vergiftungen gemeldet worden. Wenn man heute außerdem weiß, dass Hallimasche ein schwer zu bestimmender Artkomplex sind, sind wir der Ansicht, dass es Grund dazu gibt, diese Arten zu meiden. Auch in Deutschland steht die Gattung ncicht mehr auf der Positivliste.

? Weißer Büschelrasling

Leucocybe connata

Der Weiße Büschelrasling ist für viele ein interessanter Pilz, weil er oft auf unbebauten Grundstücken, auf Rasenflächen und anderen kulturbeeinflussten Böden wächst. Bei Pilzausstellungen kommen die Menschen oft mit Weißen Büschelraslingen und erkundigen sich, was für ein Pilz das ist.

Er sieht frisch und einladend aus und hat einen charakteristischen und angenehmen, etwas säuerlichen Geruch. Aber er ist schließlich ein weißer Pilz mit weißen Lamellen, und das sollte ausreichen, um im Pilzsammler Zweifel zu wecken. Wir raten aus mehreren Gründen davon ab, ihn zu essen. Neuere Forschung hat gezeigt, dass er Stoffe enthält, die möglicherweise langfristige schädliche Wirkungen haben können. Auch haben mehrere Personen angegeben, sich nach dem Verzehr dieses Pilzes akut schlecht gefühlt zu haben. Zudem kann er leicht mit kleinen weißen giftigen Trichterlingen verwechselt werden.

? Safranschirmling

Chlorophyllum rachodes, C. olivieri, C. brunneum (siehe auch S. 155)

Diese Arten galten lange als gute Speisepilze, auch wenn sie nie so hoch geschätzt wurden wie ihr naher Verwandter, der Gemeine Riesenschirmling. Es gibt drei Arten von Safranschirmlingen. Eine, die grauer in der Farbe ist und in großen Teilen des Landes wächst, oft in Rasenflächen unter Fichten oder auf Ameisenhaufen (*Chlorophyllum olivieri*). Eine wächst in Laubwäldern (*C. rachodes*) und eine etwas kräftigere und hellere Art wächst in Gärten und Parks – und Gewächshäusern (*C. brunneum*, Bild oben).

Es kommt sehr häufig zu Verwechslungen zwischen dem Gemeinen Riesenschirmling und den Safranschirmlingen. Der Stiel des Letzteren ist jedoch nie genattert (mit Wellenmuster), sondern völlig glatt, und er rötet schwach bei Schnitt und Verletzungen. Der Geruch des Gemeinen Safranschirmlings ist weniger angenehm als der des Gemeinen Riesenschirmlings, und der Geschmack kann unangenehm sein.

Rotbrauner Streifling

Perlpilz

Üppiger Träuschling

Es ist zu leichteren Vergiftungsfällen gekommen, sodass wir Zweifel daran hegen, dass die Safranschirmlinge als Speisepilze empfohlen werden können. In Deutschland steht Chlorophyllum olivieri auf der Positivliste der Speisepilze. Vor Verwechslungen mit dem Gift-Riesenschirmling (C. brunneum) wird jedoch gewarnt.

? Scheidenstreiflinge

Gruppe *Vaginatae* unter den Wulstlingen (Gattung *Amanita*)

In den meisten Pilzbüchern bis weit ins 20. Jahrhundert hinein sind sie als essbar bis schmackhaft beurteilt worden. Sie werden heute weiterhin als essbar aufgeführt, aber mit Zusätzen wie, dass manche Menschen sie nicht so gut vertragen und dass sie nicht roh verzehrt werden dürfen. Vor allem aufgrund des Verwechslungsrisikos wollen wir die Scheidenstreiflinge nicht als Speisepilze empfehlen. Der Pantherpilz, der giftig ist, hat ebenfalls eine gestreifte Hutkante und kann ringlos sein, und die Flecken auf dem Hut können nach starkem Regen verschwinden (siehe S. 156 und 233). In Deutschland stehen alle Scheidenstreiflinge (*Amanita Subgenus Amanitopsis*) auf der Positivliste der Speisepilze.

? Perlpilz

Amanita rubescens

Diese Art kommt in Deutschland sehr häufig vor. In den 1950er-Jahren stand der Perlpilz hoch im Kurs, und es gibt Pilzkenner, die ihn auch heute noch befürworten. Es sollte jedoch darauf hingewiesen werden, dass leichtere Vergiftungen aufgetreten sind. Insbesondere beim Verzehr des rohen Pilzes kann es bei empfindlichen Personen zu Unwohlsein, zum Beispiel Übelkeit, kommen. Außerdem kommt der Perlpilz in verschiedenen Varietäten vor, und es besteht ein offensichtliches Verwechslungsrisiko mit giftigen Wulstlingen wie dem Pantherpilz. In Deutschland werden Perlpilze, auch Fleisch-Champignons genannt, von Kennern gern gesammelt und als gute Speisepilze geschätzt.

? Üppiger Träuschling

Stropharia hornemannii

Der Üppige Träuschling ist ein Holzzersetzer in Nadelwäldern, der in Deutschland zerstreut bis selten vorkommt. Der klebrige oder schleimige Hut, der bis zu 15 cm im Durchmesser werden kann, ist braunlila bis gelbweiß, oft mit Velumresten entlang der Kante. Die angehefteten oder

Gelbgestielter Schleimkopf

Geschmückter Gürtelfuß

etwas herablaufenden Lamellen sind bei ausgewachsenen Exemplaren graulila mit weißer Schneide. Der Stiel hat einen dünnen weißen Ring mit kleinen weißen Schuppen. Der Ring, der lose sitzt und sich leicht löst, wird durch die schwarzen Sporen schwarz gefärbt. Viele ungeübte Pilzsammler haben helle ausgeblichene Exemplare für Champignons gehalten, obwohl sie bei Bruch einen unangenehmen Geruch nach ranziger Butter haben. Der Üppige Träuschling wächst zudem meist in Waldmoos, was kein Champignon tut.

Der Üppige Träuschling ist in Pilzbüchern als nicht essbar oder sogar als giftig betrachtet worden. In den letzten Jahren gibt es Pilzexperten, die der Ansicht sind, dass dies nicht stimme, sondern er vielmehr ein guter und schmackhafter Speisepilz sei. Aber wir verzichten lieber auf ihn, weil er unserer Meinung nach zu wenig untersucht ist.

? Schleierlinge

Gattung *Cortinarius*

Die Schleierlinge bilden mit mindestens 370 in Nordeuropa beschriebenen Arten unsere größte Gruppe von Großpilzen, aber wahrscheinlich gibt es noch deutlich mehr. In Pilzbüchern aus den 1950er- und 1960er-Jahren sind etliche Schleierlinge als gute Speisepilze aufgeführt. Arten wie der **Gelbgestielte Schleimkopf**, *Cortinarius triumphans*, und der **Geschmückte Gürtelfuß**, *Cortinarius armillatus*, haben gute Beurteilungen als Speisepilze erhalten. Andernorts in Europa werden auch heute noch viele Schleierlinge als gute Speisepilze betrachtet. Aber die Entdeckung der stark giftigen Arten **Spitzgebuckelter Raukopf**, *Cortinarius rubellus* (S. 231) und **Orangefuchsiger Raukopf**, *Cortinarius orellanus* (S. 232) in den 1970er-Jahren hat dazu geführt, dass viele Pilzbuchverfasser ganz einfach vom Verzehr von Schleierlingen abraten, vor allem aufgrund des Verwechslungsrisikos. Außerdem gibt es noch weitere Schleierlinge, die im Verdacht stehen, giftig zu sein (siehe S. 119).

Wir haben jedoch eine Ausnahme aufgenommen, den bekannten Reifpilz, der vor Kurzem in die Gattung *Cortinarius* eingeordnet wurde. Er ist traditionell ein Speisepilz, und wir sehen keinen Anlass, jetzt vor ihm zu warnen, nur weil er in eine andere Gattung überführt wurde.

Pilze als Lebensmittel

ESSBAR, SCHMACKHAFT ODER LECKER?

Mit dem *Handbuch Pilze* führen wir ein neues Symbolsystem ein, das davon ausgeht, dass alle Speisepilze schmackhaft sind. Wie schmackhaft, muss jeder selbst entscheiden! Der Speisewert der Speisepilze kann wesentlich dadurch beeinflusst werden, wie sie zubereitet werden, was wir selbstverständlich bei den betreffenden Pilzen angeben. Unsere Symbole mit Farbmarkierungen und Ziffern beschreiben stattdessen, wie groß das Verwechslungsrisiko mit nicht essbaren und mit giftigen Pilzen ist.

Eine gute Regel für alle Speisepilzsammler lautet: Wer Speisepilze sammelt, sollte wissen, um welche Pilze es sich bei den gesammelten handelt. Wer sie säubert, sollte wissen, um welche es sich dabei handelt, und wer die Pilze zubereitet, sollte wissen, um welche Pilze es sich bei den zubereiteten handelt.

DIE SORTIERUNG DER ERNTE

Ein ganzer Tag im Pilzwald macht müde. Das sollten Sie bereits vor dem Ausflug bedenken, damit Sie auch Zeit dafür einplanen, sich noch am selben Tag um die gesammelten Pilze zu kümmern. Zwar halten sich die meisten Pilze, die gesammelt und grob vorgesäubert wurden, kühl aufbewahrt bis zum nächsten Tag, aber zu lange aufbewahrte Pilze können anfangen zu faulen. Wenn man alte, überständige Pilze isst, können sie leicht eine Lebensmittelvergiftung verursachen.

Wenn Sie die Pilze ernten, sollten Sie entschieden haben, wofür sie verwendet werden sollen. Soll alles auf einmal gegessen oder ein Teil eingefroren werden? Haben Sie vor, bestimmte Pilze zu trocknen? Sortieren Sie sie in Haufen je nach Verwendungsart und legen Sie sie auf Tabletts (Zeitungspapier klebt leicht an den Pilzen fest). Zu trocknende Pilze sollten auf eine bestimmte Weise geschnitten werden (S. 219).

Etwas, das Sie beim Sortieren der Pilze auch bedenken sollten, ist, dass man vor der Verarbeitung zwischen Würzpilzen und Mischpilzen zu unterscheiden pflegt. Würzpilze haben oft einen besonderen kräftigen Geschmack, während die Mischpilze einen milden Pilzgeschmack haben. Wie immer, wenn es um Geschmack geht, gibt es verschiedene Auffassungen, zum Beispiel darüber, welche Pilze zu den Würzpilzen gehören und ob man diese beliebig mischen kann oder nicht. Einige finden, dass Würzpilze für sich gegessen werden sollten. Andere sind der Meinung, dass sie milderen Mischpilzen Geschmack verleihen sollten. Noch andere finden, dass Würzpilze schmackhaft sind und gut miteinander gemischt werden können und dass sie den Geschmack der anderen lediglich verstärken. Hier kann ein jeder so lange probieren, bis er seine eigenen Lieblingsmischungen gefunden hat.

Beim Sortieren der Pilze sollten Sie auch daran denken, dass sich manche Arten besser für ein bestimmtes Gericht eignen als andere. Eine schmeckt gebraten am besten, eine andere in dunkler oder weißer Soße. Die besonderen Speiseeigenschaften der einzelnen Pilze sind im Anschluss an die Beschreibung der betreffenden Art angegeben.

Von den Speisepilzen in diesem Buch betrachten wir folgende in erster Linie als **Würzpilze**:

Blasser Pfifferling
Brätling
Champignons
Echter Pfifferling
Edel-Reizker
Gemeiner Riesenschirmling (getrocknet)
Gemeiner Steinpilz
Gemeines Stockschwämmchen
Habichtspilz (einschließlich Schuppiger Stacheling)
Heringstäublinge
Kiefern-Steinpilz
Krause Glucke
Maipilz
Matsutake
Morcheln
Nelken-Schwindling
Reizker
Sand-Röhrling (getrocknet)
Semmel-Stoppelpilz
Sommer-Steinpilz
Sommer-Trüffel
Stachelsporige Mäandertrüffel
Trompetenpfifferling
Totentrompete
Violetter Rötelritterling

FEINSÄUBERUNG

Wenn man die Pilze sortiert hat, geht es ans Feinsäubern.

- Bei einigen Arten, zum Beispiel Butterpilz, Körnchen-Röhrling und Großer Schmierling, wird die Huthaut abgezogen.
- Spülen Sie den Pilz nur ab, wenn er sandig oder schmutzig ist. Abzuspülende Pilze sollten so heil wie möglich sein. Spülen Sie sie unter fließendem kalten Wasser ab und entfernen Sie den Schmutz mit der groben Seite eines Küchenschwamms. Generell gilt beim Reinigen: Je weniger Wasser, umso besser für Geschmack und Konsistenz.
- Danach werden die Pilze in die Pfanne geschnitten. Ob dies in großen oder kleinen Stücken, Würfeln oder Scheiben geschehen sollte, darüber gibt es unterschiedliche Meinungen. Es hängt natürlich davon ab, welches Gericht zubereitet werden soll, aber allgemein kann man sagen, je kleinere Pilzstücke, desto mehr Geschmack bekommt das Gericht. Andererseits ist es manchmal gut und angenehm fürs Auge, etwas größere Happen zu verwenden, und der Trend in der Kochkunst geht momentan dahin, große Stücke – sogar ganze Pilze – im Gericht zu haben. Ein Argument für kleinere, mundgerechte Stücke ist die bessere Verdaulichkeit.

Wir empfehlen zum Vordünsten oder Zubereiten von Pilzen ein Kochgefäß aus Eisen oder rostfreiem Stahl zu benutzen.

VERARBEITUNG

Alle Waldpilze, die verzehrt werden sollen, müssen verarbeitet und zubereitet werden. Früher wurden bestimmte Arten als Rohkost empfohlen. Forschungen späterer Jahre und neue Erfahrungen haben gezeigt, dass rohe Pilze wärmeempfindliche Substanzen enthalten können, die für den Menschen schädlich sein können. **Deshalb sollten alle Wildpilze erhitzt werden, um diese Stoffe zu beseitigen.**

Wie bei jeder Essenszubereitung gilt auch bei der Verarbeitung und Zubereitung von Pilzen, dass man von guter Qualität ausgeht. Die Pilze sollten frisch aussehen, sich fest und elastisch anfühlen und den richtigen Geruch haben. Schneiden Sie den Pilz an und vergewissern Sie sich, dass das Pilzfleisch gut aussieht. Pilze sind – wie bereits erwähnt – eine anfällige Frischware. Manche Gruppen sind besonders empfindlich, zum Beispiel Tintlinge und Täublinge.

Die Verarbeitung wird in zwei Phasen eingeteilt: die Vorbehandlung und die Zubereitung.

Die zähen Stiele des **Graublättrigen Schwefelkopfs** werden bei der Feinsäuberung entfernt.

Vorbehandlung

Bei der Vorbehandlung werden die Pilze kräftig erhitzt, sodass das Wasser im Pilz zum großen Teil entfernt wird. Dies kann auf zwei verschiedene Arten geschehen, durch *Vordünsten* oder durch *Abkochen*.

Vordünsten ist ein Begriff, den wir anstelle von „im eigenen Saft garen" oder „abbrühen" verwenden. Vor allem Letzteres kann unterschiedlich aufgefasst werden. Für einige bedeutet Abbrühen dasselbe wie

Abkochen. Die allermeisten Speisepilze in diesem Buch müssen vor der Zubereitung (siehe unten) oder Konservierung (S. 218) vorgedünstet werden.

Gehen Sie wie folgt vor: Nachdem die Pilze in Stücke geschnitten wurden, werden diese in einen Kochtopf mit Deckel gegeben. Es muss kein Wasser zugesetzt werden, wenn die Pilze nicht sehr trocken sind. Ein frischer Pilz enthält ungefähr 90 Prozent Wasser. Stellen Sie den Topf auf den Herd. Nach einer Weile sondern die Pilze „ihren eigenen Saft" ab. Lassen Sie die Pilze ca. 10 Minuten kochen – ohne Deckel, wenn sich viel Flüssigkeit gebildet hat. Die auf diese Weise vorgedünsteten Pilze sind dann bereit für die eigentliche Zubereitung oder Konservierung.

Zwei traditionelle schwedische Pilzgerichte: belegtes Brot mit Pilzen und gefüllte Pasteten

Abkochen ist eine Methode, die vor allem für scharfe Milchlinge und einige andere Arten mit scharfen oder bitteren Geschmacksstoffen, die wasserlöslich sind, verwendet wird. Giftige Lorcheln, zum Beispiel die Frühjahrs-Giftlorchel (S. 52), müssen auch abgekocht werden, damit man sie essen kann. **Beim Abkochen von Lorcheln ist es wichtig, dass der Dunstabzug auf höchster Stufe läuft und/oder das Küchenfenster geöffnet ist.**

Gehen Sie wie folgt vor: Geben Sie die frischen oder eingeweichten Pilze in einen großen Kochtopf mit reichlich kaltem Wasser. Es kann gern die drei- bis vierfache Menge Wasser im Verhältnis zu den Pilzen sein. Bringen Sie das Wasser mit den Pilzen zum Kochen und lassen Sie sie für die empfohlene Dauer weiterkochen – unterschiedlich lang für unterschiedliche Arten. Schütten Sie das Abkochwasser weg und spülen Sie die Pilze in einem Durchschlag unter fließendem kalten Wasser ab. Lassen Sie sie abtropfen. Die auf diese Weise abgekochten Pilze können danach zubereitet oder konserviert werden.

Zubereitung

Die vorgedünsteten oder abgekochten Pilze können schließlich auf mehrere verschiedene Arten zubereitet werden. Die gebräuchlichsten Arten in unserem Land sind, die Pilze zu braten oder in weißer Soße zuzubereiten oder sie als Würzmittel für Soßen, Eintöpfe und Suppen zu verwenden.

Andere Zubereitungsarten sind das Panieren oder Frittieren ganzer oder in große Stücke geschnittener Pilze. Das Interesse hieran nimmt zu, und auf dem Kontinent sind dies zwei gebräuchliche Zubereitungsmethoden für Pilze.

In den letzten Jahren interessieren sich immer mehr Menschen für die Zubereitung von finnischen – oder osteuropäischen – Salaten und das Einlegen von Pilzen.

Auch in der asiatischen Küche wird zum Beispiel in Wok-Gerichten einiges an Pilzen verwendet.

Auf der nächsten Seite geben wir Grundrezepte für verschiedene Zubereitungsmethoden an.

GRUNDREZEPTE (CA. 4 PORTIONEN)

GEBRATENE PILZE

500–750 g gesäuberte Pilze
2–3 EL Butter
Salz, Pfeffer

Die gesäuberten Pilze in eine Bratpfanne schneiden. Vordünsten, bis die gesamte Flüssigkeit eingekocht ist, 10–15 Minuten. Butter hinzugeben und bei schwacher Hitze 10–15 Minuten braten, bis die Pilze Farbe bekommen haben. Salzen und pfeffern.

PILZE IN WEISSER SOSSE

500 g gesäuberte Pilze
2–3 EL Butter
2 1/2 EL Mehl
300 ml Flüssigkeit (Pilzsud, Milch, Sahne)
2–3 Messerspitzen Salz
weißer Pfeffer

Die Pilze schneiden und vordünsten. Wenn die Flüssigkeit eingekocht ist, Fett hinzugeben und die Pilze 5–10 Minuten anbraten. Das Mehl darüberstreuen, umrühren. Mit der Flüssigkeit verdünnen. Bei schwacher Hitze 15 Minuten köcheln lassen.

PANIERTE PILZE

Schaf-Porling-Scheiben, Hüte des Riesenschirmlings oder anderer größerer Pilze eignen sich zum Panieren.

Oben: Riesenschirmling

Panade:
1 Ei
100 ml Paniermehl
1 TL Salz
1 Messerspitze weißer oder schwarzer Pfeffer

Braten:
3 EL Butter

Die Scheiben/Hüte in das verquirlte Ei tauchen. Die Scheiben/Hüte in mit Salz und Pfeffer gemischtem Paniermehl wenden. Das Fett in einer Bratpfanne bräunen. Die Pilze bei schwacher Hitze von beiden Seiten braten, bis die Panade Farbe bekommen hat. Bei Riesenschirmlingen soll die Garzeit mindestens 12–15 Minuten betragen. *Tipp:* Das Paniermehl kann man gut mit etwas fein geriebenem Käse mischen.

FRITTIERTE PILZE

Stücke zum Beispiel von gesäuberter Krauser Glucke

Frittierteig:
100 ml Mehl
100 ml Leichtbier
1 Ei
1 EL Öl

Frittieren:
Speiseöl

Die Zutaten für den Frittierteig verquirlen. In einem dickbodigen Kochtopf das Öl erhitzen. Wenn ein Stück Weißbrot in 1 Minute gelbbraun wird, hat das Öl die richtige Temperatur. Die Pilzstücke in den Frittierteig tauchen und jeweils mehrere ca. 2 Minuten lang in das Öl geben, bis sie eine gelbbraune Farbe bekommen haben. Mit dem Schaumlöffel herausheben und auf doppelt gefaltetem Küchenpapier abtropfen lassen. Sofort servieren.

PELLES PILZSUPPE

500 g frische Mischpilze oder entsprechende Menge eingefrorene oder getrocknete Mischpilze
1 gelbe Gemüsezwiebel, gehackt

1 kleine Möhre, gehackt
gegebenenfalls Knollensellerie (dieselbe Menge wie die Möhre), gehackt
2 EL Butter
1 l Wasser
2 Brühwürfel, Hühner- oder Gemüsebrühe
2 EL Weizenmehl oder 4 EL hellen Soßenbinder
50 ml Crème fraiche
Petersilie
Salz, Pfeffer

Die Pilze hacken. Pilze, Zwiebel, Möhre und gegebenenfalls Knollensellerie in der Butter anbraten, bis der Großteil der Flüssigkeit eingekocht ist. Bei Verwendung von getrockneten Pilzen müssen diese zuvor eingeweicht werden. In dem Fall währenddessen Zwiebel, Möhre und gegebenenfalls Knollensellerie anbraten und danach die eingeweichten Pilze hinzugeben. Etwas Wasser hinzugeben, wenn das Bratgut zu trocken wirkt.

Wasser hinzugießen und die Brühwürfel hineinkrümeln. Mindestens 10 Minuten kochen lassen.

Das Weizenmehl in etwas Wasser anrühren und unter Umrühren in die Suppe gießen. 5 Minuten kochen lassen. Der Soßenbinder kann direkt in die kochende Suppe gestreut werden.

Zuletzt Crème fraiche unterrühren, aufkochen lassen.

Mit Salz und Pfeffer abschmecken. Mit gehackter Petersilie bestreuen.

WEITERE VERWENDUNGSVORSCHLÄGE

Pilzmehl. Getrocknete Pilze kann man zu Mehl mahlen oder zerstoßen, das dann zum Würzen von Soßen, Eintöpfen und anderen warmen Gerichten genutzt wird. Der Stiel des Gemeinen Riesenschirmlings ist zu zäh, um ihn zuzubereiten, er lässt sich aber leicht trocknen und ergibt ein sehr schmackhaftes Pilzmehl.

Pilz-Hack. Gemahlene vorgedünstete Pilze können mit Hackfleisch zu Fleischklößchen, Frikadellen und Pasteten gemischt werden. Selbstverständlich kann das Pilz-Hack auch beispielsweise mit verschiedenen Arten von Bohnen zu vegetarischen Frikadellen gemischt werden. Schaf-Porlinge findet man manchmal in großen Mengen, und sie eignen sich sehr gut für Pilz-Hack.

Pilzbouillon. Eine vegetarische Bouillon mit verschiedenen Gemüsesorten und Pilzen ist sehr schmackhaft. Auch Fleisch- oder Fischbouillon kann mit einigen getrockneten oder frischen Pilzen gewürzt werden, die gern einen starken Eigengeschmack haben dürfen.

Nudelsoße. Pilze lassen sich auf viele verschiedene Arten in Nudelsoßen variieren. Am allereinfachsten ist es, Pilze und Knoblauch in Olivenöl anzubraten und danach Salz, Pfeffer und Gewürzkräuter hinzuzufügen. Man kann auch Tomatenpüree, gehackte Tomaten, Zwiebeln oder Paprika untermischen oder Hackfleischsoße zubereiten und das Hackfleisch durch Pilze ersetzen.

KONSERVIERUNG

Einmachen

Verwenden Sie zum Einmachen vorgesehene Gläser mit Gummiring, Deckel und Bügel.

Die gesäuberten Pilze in einen Kochtopf geben, salzen (1 TL Salz pro Kilogramm Pilze). Die Pilze 10–15 Minuten bei geschlossenem Deckel vordünsten, damit der Sud nicht verkocht. Einmachgläser bis 2 Zentimeter unter den Rand mit Pilzen und Sud füllen. Einen Finger befeuchten und an den Glasrändern entlangfahren, um sich zu vergewissern, dass sie sauber sind. Danach saubere Gummiringe, Glasdeckel und Bügel aufsetzen. Einen Einkochautomaten mit Gläsern und Wasser füllen und ca. 75 Minuten lang kochen lassen. Die Gläser vorsichtig aus dem Topf heben und abkühlen lassen, bevor die Bügel abgenommen werden.

Es kann auch ein großer Kochtopf verwendet werden, wenn kein Einkochautomat verfügbar ist. In diesem Fall etwas Weiches auf den Topfboden legen und die Gläser darauf stellen. Wasser einfüllen, bis die Gläser zu 2/3 im Wasser stehen. Kochen wie oben beschrieben.

Am Gummiring ziehen, um sich zu vergewissern, dass die Gläser fest verschlossen sind. Eingemachte Pilze halten sich mehrere Jahre.

Einsalzen

Es können vorgedünstete Pilze – gerne in größeren Stücken – verwendet werden. Rechnen Sie 200 Milliliter grobes Salz pro 500 Gramm Pilze.

Salz und Pilze in ein geeignetes Glas oder einen Krug schichten. Die oberste Lage muss aus Salz bestehen. Zuoberst eine Platte als Gewicht auflegen, damit die Pilze heruntergedrückt werden. Den Krug bedecken und kühl stellen. Wenn die Pilze verwendet werden sollen, werden sie mit reichlich kaltem Wasser über Nacht ausgelaugt.

HINWEIS: Auch gesäuberte frische Pilze können auf diese Weise eingesalzen werden. Denken Sie in diesem Fall daran, dass scharfe Milchlinge, die auf diese Weise konserviert wurden, vor der Zubereitung abgekocht werden müssen. Das Einsalzen entfernt die scharfen Inhaltsstoffe der Pilze nicht.

Trocknen

Eine sehr gute Konservierungsmethode für Pilze ist das Trocknen. Getrocknete Pilze brauchen wenig Platz und halten sich lange. Wenn sie zubereitet werden sollen, kann einfach genau die Menge entnommen werden, die benötigt wird. Ein weiterer Vorteil ist, dass man Sorten, die zu verschiedenen Zeiten wachsen, nehmen und mischen kann. Viele Pilze gewinnen zudem beträchtlich sowohl in geschmacklicher Hinsicht als auch in der Konsistenz, wenn sie getrocknet werden. Röhrlinge zum Beispiel können ein wenig schleimig sein, wenn man sie frisch zubereitet. Nach dem Trocknen haben sie eine festere Konsistenz und oft einen besseren Geschmack.

Dünnfleischige Pilze wie Trompetenpfifferlinge, Totentrompeten und Hüte von Nelken-Schwindlingen können bei Zimmertemperatur auf Papier oder Trockengestellen getrocknet werden. Röhrlinge und andere fleischigere Pilze benötigen eine Wärmequelle. Bei Zimmertemperatur trocknen sie zu langsam. Insekten haben Zeit, sich zu Larven zu entwickeln, und die Pilze können anfangen zu faulen. Wir empfehlen die Verwendung eines Dörrautomaten. Im Handel sind verschiedene Dörrgeräte für den Haushaltsgebrauch erhältlich. Auch ein Pkw-Innenraumheizgerät oder ein Trockenschrank können gut funktionieren. Das Trocknen im Ofen ist hingegen nicht zu empfehlen. Zum einen, weil der Luftaustausch zu gering ist, zum anderen, weil die Temperatur leicht zu hoch wird. Speisepilze sollten nicht bei über 50 °C getrocknet werden. Bei höheren Temperaturen gerinnen die Proteine, und die Pilze verlieren sowohl im Geschmack als auch in der Konsistenz.

Zu trocknende Pilze sollten fest und fehlerfrei sein. Die Pilze auf die übliche Weise säubern und dann in gleichmäßig dicke Scheiben (3–5 Millimeter) schneiden. Dünne Pilze wie Trompetenpfifferlinge und Starkriechende Trompetenpfifferlinge müssen nur halbiert werden. Die Pilzscheiben auf Trockengestelle legen. Wenn das Trockengerät einen Thermostat hat, die Temperatur auf 40–50 °C einstellen. Die Trocknungszeit variiert, je nachdem, um welche Pilzart es sich handelt, wie viele Pilze man auf die Einschübe gelegt hat und wie viel Feuchtigkeit die Pilze enthalten. Einige Pilze trocknen innerhalb von 4–6 Stunden, andere können länger brauchen. Die Pilze hin und wieder umdrehen und auch einmal während des Trocknens den Platz auf den Einschüben wechseln, dadurch verkürzt sich die Trocknungszeit. Die Pilze sind fertig, wenn sie sich trocken anfühlen und beim Zerteilen der Scheiben keine feuchten Stellen in der Mitte sind. Die Pilze in Deckelgläsern oder anderen Behältern mit Deckel an einem dunklen Ort lagern.

Aus den getrockneten Pilzen kann man Pilzmehl herstellen, indem man sie zerstößt oder in den Mixer gibt. Das Pilzmehl kann dann als Gewürz verwendet werden.

Zum Trocknen vorbereitete Sand-Röhrling-Scheiben. **Sand-Röhrlinge** werden durch das Trocknen deutlich schmackhafter.

Getrocknete Pilze, die zubereitet werden sollen, müssen zuvor in lauwarmem Wasser **eingeweicht** werden. Das Einweichwasser lässt sich gut bei der Zubereitung nutzen. Nehmen Sie nur so viel Wasser, dass die Pilze gerade noch bedeckt sind. Die Einweichzeit variiert von Art zu Art. Steinpilze müssen nur eine Viertelstunde einweichen, wenn sie danach bei der Zubereitung eine Weile köcheln können. Härtere Pilze, zum Beispiel Schaf-Porling und Brätling, gewinnen, wenn sie über Nacht eingeweicht werden. Einige Pilze, zum Beispiel Totentrompeten, haben nach dem Trocknen einen etwas bitteren Geschmack. In diesem Fall kann man das Einweichwasser wegschütten.

Einfrieren

Es ist wichtig, dass das Einfrieren schnell vor sich geht. Stellen Sie den Gefrierschrank rechtzeitig auf maximale Einstellung, damit die Temperatur bei minus 25 ° C liegt, wenn es Zeit ist, die Pilze einzufrieren.

Die gesäuberten und geschnittenen Pilze in einen Kochtopf geben, einen halben Teelöffel Salz pro Liter Pilze hinzufügen. Die Pilze im eigenen Saft vordünsten. Die Pilze gründlich abkühlen lassen. Plastikdosen bis ca. 2 Zentimeter unter den Rand füllen oder die Pilze in Gefrierbeutel geben, die Luft herausdrücken und die Beutel verschließen. Sie können die Pilze aber auch küchenfertig putzen und roh einfrieren. Die gefrorenen Pilze sollten in diesem Fall dann im gefrorenen Zustand unmittelbar gegart werden, damit sie beim Auftauprozess nicht weich werden.

HINWEIS: Verwenden Sie niemals Speisefett, wenn die Pilze eingefroren werden sollen. Speisefett wird nach einer Weile ranzig und verkürzt die Lagerzeit erheblich.

Knoblauchmarinade

500 ml abgekochte Milchlinge oder andere Pilze

Marinade:
100 ml Wasser
100 ml Öl
75 ml Essig
2 TL Salz
3 Knoblauchzehen
2 EL Gewürzkräuter

Die Marinade aufkochen lassen, die Milchlinge hineingeben. In Deckelgläser füllen.

In Essigsud einlegen

Verwenden Sie zum Beispiel Nordische oder Bleiche Milchlinge (S. 178), Rotbraune Milchlinge (S. 176) oder Habichtspilze und Schuppige Stachelinge (S. 72). Die Pilze säubern und in kleinere Stücke schneiden, die direkt in reichlich kaltes Wasser gelegt werden. Das Wasser wegschütten. Einen großen Kochtopf mit neuem kalten Wasser füllen, die Pilze hineingeben, aufkochen und dann 5 Minuten kochen lassen. Das Wasser wegschütten und die Pilze mit kaltem Wasser abspülen. Die Pilze gut abtropfen lassen.

150–200 g frische Pilze
1 kleine gelbe Gemüsezwiebel, in Scheiben geschnitten
1 Essiggurke, in dünne Scheiben geschnitten
1/2 roter Paprika, in dünne Scheiben geschnitten

Lake:
100 ml Essigessenz, 12-prozentig
100 ml Wasser
200 ml Zucker
1 Stück Ingwer
2 Lorbeerblätter
3 Gewürznelken
1 Stück Zimt
2 TL gelbe Senfkörner

Die Lake 5 Minuten sieden lassen. Die Pilze hineingeben und 5–10 Minuten sieden lassen. In Deckelgläser füllen.

Linkes Glas: in Knoblauch marinierte Milchlinge, im Glas mit Rautenmusterdeckel: eingemachte Trompetenpfifferlinge, in der Schale ganz hinten: eingemachte Rotbraune Milchlinge mit Vogelbeeren und im Konservenglas rechts: Reizker-Kürbis-Chutney.

WELCHES GETRÄNK PASST ZUM PILZ?

Wenn man einen Pilz zum ersten Mal probiert, kann ein Mineralwasser vorzuziehen sein, vor allem, wenn man Probleme mit Allergien hat. Wenn man gegen einen Pilz überempfindlich ist, scheint sich dies oft zu verstärken, wenn man gleichzeitig ein alkoholisches Getränk zu sich nimmt. Ansonsten passen sowohl Bier als auch Wein geschmacklich oft ausgezeichnet zu Pilzgerichten.

Wein und Pilze sind eine klassische Kombination, die in Ländern wie Italien und Frankreich seit Tausenden von Jahren genossen wird. In Nordeuropa trinken erst seit wenigen Jahrzehnten mehr und mehr Menschen Wein zu Pilzgerichten.

Eine häufige Frage, die uns gestellt wird, ist, welche Weine zu welchen Pilzen passen. Das ist natürlich eine Frage von Vorliebe und Geschmack, aber einige allgemeine Ratschläge können wir geben. So passt zum Beispiel der Gemeine Steinpilz mit seiner Süße oft gut zu roten Weinen, während der Trompetenpfifferling oft besser mit weißen harmoniert.

Aber das Geschmackserlebnis hängt schließlich stark davon ab, wie die Pilze zubereitet werden und womit das Pilzgericht serviert wird. Zu gekochtem Fisch mit einer Dillsoße mit Heringstäublingen und/oder Brätling passt ein trockener weißer Wein. Zu gebratenen Pfifferlingen und Wildfleisch trinkt man besser einen schwereren, kraftvollen roten Wein, während sich ein Pfannen-Pilzgericht mit Kartoffeln und Zwiebeln am besten zusammen mit einem kühlen Bier macht, finden wir. Der richtige Weg findet sich mit anderen Worten über die eigenen Vorlieben.

Die Inhaltsstoffe der Pilze

Ungefähr 10 Prozent der Fruchtkörper der Pilze sind Trockensubstanz: in der Hauptsache Faserstoffe in den Zellwänden, Nährstoffe, Vitamine und Mineralstoffe. 85–95 Prozent des Frischgewichts sind Wasser.

Fasern

Die Zellwände der Pilze sind nicht wie die der Pflanzen aus Zellulose aufgebaut, sondern aus einer anderen Kohlenhydratform, die an das Chitin erinnert, das sich in der Schale von Krebstieren und Insekten befindet. Es ist wahrscheinlich, dass die Chitinwände der Pilze eine positive Wirkung auf unseren Magen-Darm-Kanal haben, die derjenigen der Gemüsefasern (Ballaststoffe) ähnelt.

Nährstoffe

Pilze bestehen zu 3–5 Prozent aus *Proteinen* in Form von Enzymen, die lebensnotwendige Aminosäuren enthalten und von besserer Qualität als viele Pflanzenproteine sind. Nicht zuletzt für Veganer können diese hochwertigen Proteine große Bedeutung haben.

Die Menge an Fett und verwertbaren Kohlenhydraten ist ernährungstechnisch fast ohne Bedeutung. Einige Pilzarten werden unter anderem wegen der positiven Wirkung ihrer Polysaccharide (Mehrfachzucker) in der traditionellen chinesischen Medizin verwendet.

Pilze enthalten kleine Mengen Zucker, vor allem Mannitol, und dies trägt zu ihrem Geschmack bei. Pilze sind demnach ein sehr kalorienarmes Lebensmittel. Auch wenn man bei der Zubereitung Speisefett hinzugibt, braucht ein Pilzgericht nicht besonders fett zu sein. Dagegen wird der Geschmack verstärkt, weil die Geschmacksstoffe der Pilze fettlöslich sind.

Vitamine

Pilze enthalten einige Vitamine, aber in interessanten Mengen nur B-Vitamine und Vitamin D. B-Vitamine sind unter anderem in der Huthaut von Täublingen enthalten, und Pfifferlinge enthalten viel Vitamin D.

Mineralstoffe

Es klingt vielleicht nicht viel, dass 1 Prozent des Frischgewichts der Pilze Mineralstoffe sind, aber es ist ein großer Wert. Dass Rentiere, Elche und Rehe so viele Pilze fressen, liegt vermutlich an deren hohem Gehalt an Mineralstoffen. Ältere Menschen erzählen, dass sich die Kühe sehr eigen verhielten, wenn im Herbst die Pilze erschienen. Sie waren wie verhext und rannten in den Wald, wo sie anscheinend in der Lage waren, unbegrenzte Mengen an Pilzen zu fressen. Warum sind Kühe so versessen auf Pilze? Die heutigen wohlgenährten Kühe zeigen weniger Interesse, vermutlich, weil ihr Bedarf an Mineralstoffen durch das Kraftfutter, das sie bekommen, gedeckt wird. Neben großen Mengen an Kalium enthalten viele Pilze für den Menschen interessante Gehalte an Kalzium, Zink, Eisen, Mangan und Selen.

Sind die Pilze giftiger geworden?

Ende der 1970er-Jahre wurden mehrere früher wohlbekannte Speisepilze neu bewertet. Dies lag nicht an drastischen Vergiftungsfällen, sondern daran, dass die Chemiker angefangen hatten, die Inhaltsstoffe der Pilze zu studieren. Doch das zunehmende Wissen stellte bestimmte Pilze und Pilzgruppen als weniger als Speisepilze geeignet dar, zum Beispiel viele Trichterlinge, Schleierlinge, den Kahlen Krempling, Hallimasche und Lorcheln der Gattung *Gyromitra*. Auf die wesentlichsten Neubewertungen sind wir im Abschnitt „Speisepilze?" auf S. 205 eingegangen. Frühere Beurteilungen des Speisewerts der Pilze basierten meist auf eigenen Erfahrungen der Pilzbuchverfasser und nicht auf streng wissenschaftlichen Untersuchungen.

Nicht die Pilze sind giftiger geworden, sondern unser Wissen darüber, was sie enthalten, hat zugenommen! Die Analysemethoden wurden erheblich verfeinert – so können wir heutzutage aus Pilzen neue Stoffe extrahieren. Wenn in Laborversuchen ungünstige Eigenschaften nachgewiesen werden, ist es besser, auf einen bekannten Speisepilz zu verzichten, als potenzielle Gesundheitsrisiken einzugehen.

Individuelle Überempfindlichkeit gegen Pilze

Im Laufe der Jahre sind wir bei Ausbildungen, Ausstellungen und in ähnlichen Zusammenhängen mit mehreren Personen in Kontakt gekommen, die erzählten, dass sie bestimmte Pilzarten, die sie zuvor mit Begeisterung gegessen und mit denen sie nie Probleme gehabt hatten, nicht länger vertragen. Dies betrifft zum Beispiel sowohl den Echten Pfifferling als auch den Trompetenpfifferling. Hier kann eine Lebensmittelallergie vorliegen, aber es gibt auch andere Erklärungen. Wir wollen zum Beispiel daran erinnern, dass Pilze gut und ausreichend lange durchgegart werden müssen, und man sollte Pilze auch nicht in allzu großen Mengen essen. Pilzspeisen können recht „schwer" und schwerverdaulich sein.

Es empfiehlt sich auch, ein bisschen vorsichtig zu sein, wenn man eine neue Pilzart zum ersten Mal isst. Es gibt offenbar Menschen, die überempfindlich gegen Pilze sind, entweder generell oder nur gegen bestimmte Arten. Diese Überempfindlichkeit scheint sich zu verschlimmern, wenn man gleichzeitig Alkohol trinkt.

Schwermetalle in Pilzen

Man hat entdeckt, dass bestimmte Champignon-Arten in erstaunlich hohen Mengen Kadmium und weitere giftige Schwermetalle anreichern können. Diese Champignons haben ein besonders kadmiumbindendes Protein, und es scheint, als ob das Wachstum des Pilzes durch Kadmium stimuliert wird. Proben getrockneter Champignons, die über 100 Jahre lang in Museen aufbewahrt wurden, weisen hohe Kadmiumgehalte auf. Die Fähigkeit dieser Pilze, Kadmium anzureichern, ist also kein neues Phänomen, das dadurch entstanden wäre, dass Kadmium in den letzten Jahren zu einer schwerwiegenden Umweltverunreinigung geworden ist.

Riesen-Champignons können hohe Kadmiumgehalte aufweisen.

Die betroffenen Champignon-Arten sind der Riesen-Champignon und der Weiße Anis-Champignon (S. 148 und 150). 1980 gab die schwedische Lebensmittelbehörde die Empfehlung, den häufigen Verzehr großer Mengen dieser Pilze zu vermeiden. Was in den letzten Jahren erörtert worden ist, ist, wie verfügbar dieses Kadmium in den Champignons ist. Wird es von den Nieren aufgenommen und akkumuliert dort, oder durchläuft es den Magen-Darm-Kanal, ohne vom Körper aufgenommen zu werden?

Diese Frage ist noch nicht abschließend geklärt. Untersuchungen haben gezeigt, dass das Kadmium in diesen Arten den Magen-Darm-Kanal zum größten Teil passiert, ohne vom Körper aufgenommen zu werden (siehe auch den Text über diesen Stoff auf S. 40 und 142).

Radioaktives Cäsium in Pilzen

Der Kernkraftunfall in Tschernobyl in der Ukraine im Frühjahr 1986 führte dazu, dass bestimmte Regionen Deutschlands, insbesondere in Bayern, kontaminiert wurden, das heißt von radioaktiven Stoffen unterschiedlicher Art bedeckt wurden. Östliche Winde und mehrere Tage lang anhaltende Regenfälle in diesen Gebieten waren die Erklärung für den radioaktiven Niederschlag speziell dort. Unter den radioaktiven Stoffen hat in erster Linie *Cäsium-137* weitergehende Bedeutung erhalten. Es wird noch mehrere Jahrzehnte lang in unseren Böden enthalten sein, weil seine Halbwertszeit 30 Jahre beträgt. Das bedeutet: 2016 war etwa die Hälfte des ursprünglichen Fallouts zerfallen.

Dies bedeutet, dass der Boden in diesen Gebieten eine erhöhte radioaktive Hintergrundstrahlung abgibt. Es bedeutet aber auch, dass lebende Organismen in der Natur, die Wasser und Nährstoffe aus dem Boden beziehen, dieses Cäsium aufnehmen und anreichern können. Dies gilt zum Beispiel für Pilze, was sich bei umfassenden Analysen gezeigt hat, die sowohl im Ausland als auch in unserem Land durchgeführt wurden. Nach dem Unglück in Tschernobyl haben das Bundesamt für Strahlenschutz (BfS) und einige Umweltorganisationen einige umfassende Analysen vor allem von Speisepilzen in den betreffenden Gebieten durchgeführt. Die Ergebnisse werden zum Beispiel auf den Webseiten **www.bfs.de** und **www.umweltinstitut.org** veröffentlicht und interpretiert.

Durch ihr weitverzweigtes Myzel haben die Pilze eine große Fähigkeit, Wasser und Mineralstoffe aus dem Boden aufzunehmen. Einer dieser Stoffe ist Kalium, das in seinem Aufbau an Cäsium erinnert. Wenn im Boden große Mengen an Cäsium verfügbar sind, nehmen einige Pilzarten dieses anstelle von Kalium auf.

Die Radioaktivität der Pilze wird in Becquerel (Bq) Cäsium-137 pro Gewichtseinheit, üblicherweise Kilogramm Frischgewicht, angegeben. **Der für den Verkauf von Pilzen festgelegte Grenzwert beträgt in Deutschland 600 Bq/kg.** In Deutschland wird bei Erwachsenen der Verzehr von 500 Gramm Wildpilzen pro Woche als gesundheitlich unbedenklich eingestuft.

Zusammenfassung

Mit vielen Jahren Erfahrung und nach den Analysen seit dem Unglück von Tschernobyl können wir die folgende Zusammenfassung des Zusammenhangs zwischen Speisepilzen und ihrem radioaktiven Inhalt geben:

- Die Cäsium-Aufnahme der Pilze ist zum großen Teil artspezifisch, und unsere Speisepilze können bezüglich ihrer Neigung, Cäsium aufzunehmen, in die folgenden zwei Gruppen eingeteilt werden:
  1. *Arten mit **geringer** Neigung, Cäsium aufzunehmen*, zum Beispiel Schaf-Porling, Semmel-Porling, Butterpilz, Körnchen-Röhrling, Steinpilze, Raufüße, Violetter Rötelritterling, Nelken-Schwindling, Champignons, Gemeiner Riesenschirmling, Schopf-Tintling, Gemeines Stockschwämmchen und die Mehrzahl der Täublinge.
  2. *Arten mit **hoher** Neigung, Cäsium aufzunehmen*, zum Beispiel Stachelpilze, Echter Pfifferling, Trompetenpfifferling, Starkriechender Trompetenpfifferling, Sand-Röhrling, Reifpilz (Runzelschüppling), Orangeroter Graustiel-Täubling und Milchlinge. Eine Tabelle mit den Daten der häufigsten Speisepilze aus 30 Jahren Forschung stellt das BfS zur Verfügung.

- Die Cäsium-Aufnahme der Pilze steht in direktem Verhältnis zu der gemessenen Hintergrundstrahlung, das heißt, je kontaminierter ein Gebiet ist, desto höher ist der Bq-Wert. Die Werte können aber auch innerhalb eines Gebiets stark variieren.

- Nährstoffreiche, das heißt kaliumreiche Böden ergeben niedrige Bq-Werte. Saure (niedriger pH-Wert), nährstoffarme Böden ergeben hohe Bq-Werte. In der Regel haben Mykorrhizapilze höhere Bq-Werte als Streuzersetzer. Im Offenland, also auf Rasenflächen, Äckern, Wiesen und Weiden, wurde das Cäsium im Gegensatz zum Waldboden relativ schnell in tiefere Bodenschichten ausgewaschen.

- Die Cäsium-Aufnahme der Pilze richtet sich in hohem Maß nach der „Mikro-"Beschaffenheit des Wachstumsortes. Es ist ein großer Unterschied, ob ein Pilz an einer Stelle gewachsen ist, die beim Fallout vor Niederschlag geschützt war, oder nicht. Pilze, die hinter einem Stein oder unter einem Baum mit üppigem Astwerk gewachsen sind, haben verglichen mit den ungeschützt gewachsenen auffallend niedrige Werte.

- Weil Pilze aus bis zu 90 Prozent Wasser bestehen, beeinflusst der Feuchtigkeitsgrad der Pilze in sehr hohem Umfang das Messergebnis. Ein trockener Pilz erreicht zum Beispiel bei der Messung einen deutlich höheren Wert, das heißt Bq/kg, als ein frischer, feuchter Pilz. Wenn man also am Freitag geerntete Pilze erst am Montag misst, nachdem sie drinnen gestanden und im Korb getrocknet sind, erhält man höhere Werte, als wenn sie am Freitag unmittelbar nach dem Sammeln gemessen werden. Deshalb sind die geernteten Pilze nach dem Wochenende nicht radioaktiver als vorher. Eine wichtige Folgerung, die hieraus gezogen werden kann, ist, dass, wenn Messergebnisse bezüglich der Radioaktivität von Pilzen so objektiv vergleichbar sein sollen wie möglich, zum Beispiel von Art zu Art oder von Ort zu Ort, die Messungen an völlig getrockneten Pilzen durchgeführt werden müssen.

- Aus diesen variierenden Messergebnissen kann man die Folgerung ziehen, dass es sehr schwierig ist, genaue Aussagen über den Bq-Status der Pilze zu machen. Eigentlich reicht es aus festzustellen, dass die Speisepilze in manchen Teilen des Landes erhöhte Werte aufweisen. Ob ihr Verzehr dann Risiken birgt oder nicht, kann heute vermutlich niemand mit Sicherheit entscheiden. Laut den meisten Forschern sind jedoch die Risiken verglichen mit anderen Gesundheitsrisiken sehr gering.

Methoden zur Verringerung der Radioaktivität von Speisepilzen

Wenn Sie gern Pilze sammeln und essen – sich aber Sorgen über radioaktive Strahlung machen – können Sie die Pilze vor der Zubereitung abkochen (siehe Seite 215). Die Radioaktivität wird dadurch deutlich verringert, ohne dass sich der Geschmack nennenswert verschlechtert. Viele Geschmacksstoffe in Pilzen sind nicht wasserlöslich, sondern werden stattdessen bei der Zubereitung vom Speisefett freigesetzt.

Gehen Sie wie folgt vor:

1. Die Pilze säubern und in kleine Stücke teilen.
2. Die Pilze in einen Kochtopf mit kaltem Wasser legen (1 Teil Pilze + 2 bis 3 Teile Wasser).
3. Aufkochen und das Wasser ca. 5 Minuten lang kochen lassen.
4. Das Kochwasser (das jetzt den größten Teil des Cäsiums enthält) wegschütten und die Pilze in kaltem Wasser abspülen.

Durch doppeltes Abkochen – 2 x 2 Minuten – wird die Radioaktivität noch weiter reduziert.

Es gibt noch eine Methode, um die Radioaktivität der Speisepilze die man zubereiten oder konservieren will, zu verringern:

Wir haben eine Anzahl unterschiedlicher Hutpilze untersucht, um zu sehen, ob die verschiedenen Teile des Fruchtkörpers unterschiedliche Mengen an Cäsium enthalten. Die Teile, die wir jeweils für sich gemessen haben, sind: 1) der Stiel, 2) das Hutfleisch und 3) der Sporen bildende Teil, das heißt die Stacheln, Röhren und Lamellen. Das Ergebnis zeigt eindeutig, dass sich der Hauptteil des in den Pilzen enthaltenen Cäsiums im Sporen bildenden Teil befindet. Wenn man vor der Zubereitung die Stacheln, Röhren und Lamellen entfernt, kann man folglich die Radioaktivität um 40–70 Prozent verringern.

Giftpilze und Pilzgifte

Die Angst davor, an Giftpilze zu geraten, hält viele davon ab, andere Pilze als Pfifferlinge zu sammeln. Leider gibt es keine sicheren allgemeinen Kennzeichen, mit deren Hilfe man giftige Pilze von essbaren unterscheiden könnte. Im Laufe der Zeiten sind viele Regeln aufgestellt worden, aber die allermeisten haben Ausnahmen und können nicht empfohlen werden. Wir stellen deshalb fest, dass es für den Speisepilzinteressierten eigentlich nur eine Methode gibt, Giftpilze zu vermeiden, nämlich *ausschließlich Pilze zu sammeln, bei denen er sich hundertprozentig sicher ist, dass sie essbar sind!* Um dies tun zu können, ist es sinnvoll, zu lernen, wie unsere gefährlichsten Giftpilze aussehen sowie wo und wie sie wachsen. Diese stellen wir hier vor, in fünf Gruppen nach der in ihnen enthaltenen Giftart eingeteilt.

Auf der Website der Deutschen Gesellschaft für Mykologie, www.dgfm-ev.de/speise-und-giftpilze gibt es alle wichtigen Informationen zu Vergiftungssyndromen und gut recherchierte Fallbeispiele zu einzelnen Arten.

1. ZELLSCHÄDIGENDE GIFTE

Zu dieser Gruppe gehören die gefürchtetsten Giftpilze. Ihre Gifte zerstören Zellen und Zellstrukturen, was bedeutet, dass lebenswichtige innere Organe wie Leber und Nieren geschädigt werden können.

Typisch für Vergiftungen durch diese Gruppe ist, dass sich die Krankheitssymptome erst nach 5–8 Stunden zeigen, manchmal erst nach einigen Tagen.

Zu dieser Gruppe werden folgende Pilze gerechnet:
Frühjahrs-Giftlorchel S. 52, 205 und 229
Gift-Häubling S. 164 und 228
Grüner Knollenblätterpilz S. 190 und 228
Kegelhütiger (Weißer) Knollenblätterpilz S. 152 und unten
Orangefuchsiger Raukopf S. 232
Spitzgebuckelter Raukopf S. 231
Vielgestaltige Lorchel S. 230

✝ Kegelhütiger (Weißer) Knollenblätterpilz *Amanita virosa*

Wird auf S. 152 näher vorgestellt.
Der Kegelhütige oder auch Weiße Knollenblätterpilz ist derjenige Giftpilz, der schon zahlreiche Todesfälle verursacht hat. Eine Vergiftung mit dem Kegelhütigen Knollenblätterpilz bedeutet folglich Lebensgefahr.

Kegelhütiger (Weißer) Knollenblätterpilz

Gift, Symptome und Behandlung

Die Giftwirkung wird von Stoffen verursacht, die als *Amatoxine* bezeichnet werden. Sie stören die Eiweißsynthese der Zellen, was zu Zellschäden und Zelltod führen kann. Betroffene Organe sind der Magen-Darm-Kanal, die Leber und die Nieren. Die Behandlung, die in Krankenhäusern durchgeführt wird, ist heute sowohl umfassend als auch kostspielig, aber sie ist glücklicherweise so gut, dass die große Mehrzahl der Betroffenen keine bleibenden Schäden zurückbehält. Es gilt jedoch, so schnell wie möglich ein Krankenhaus aufzusuchen, wenn der geringste Verdacht besteht, dass man Kegelhütigen (Weißen) Knollenblätterpilz gegessen hat.

Verwechslungsrisiko

Vor jeder Pilzsaison wird in den Medien vor dem Risiko gewarnt, weiße Champignons mit dem **Kegelhütigen (Weißen) Knollenblätterpilz** zu verwechseln (siehe S. 153). Dennoch kommt es so gut wie jedes Jahr aufgrund genau dieser klassischen Verwechslung zu Vergiftungsfällen. Wir sind deshalb der Ansicht, dass *Anfänger keine weißen Blätterpilze sammeln sollten.* Der Kegelhütige (Weiße) Knollenblätterpilz kann selbstverständlich auch ein denkbares Verwechslungsrisiko für denjenigen sein, der **Seidige Ritterlinge** (S. 121) und **Maipilze** (S. 129) sammelt.

Weiße Formen von **Streiflingen** können leicht mit dem Kegelhütigen Knollenblätterpilz verwechselt werden, was ein wichtiger Grund dafür ist, dass wir Streiflinge nicht als Speisepilze empfehlen (S. 210).

Durchgeschnittenes junges Exemplar des **Grünen Knollenblätterpilzes**, das zeigt, dass ein gefährlich giftiger Pilz stark von Insektenlarven befallen sein kann.

✝ Grüner Knollenblätterpilz *Amanita phalloides*

Wird auf S. 190 näher vorgestellt.
Der Grüne Knollenblätterpilz ist derjenige, auf dessen Verzehr in Deutschland und Mitteleuropa die meisten Todesfälle und schwere Vergiftungen zurückzuführen sind.

Gift, Symptome und Behandlung

Was Giftigkeit, Symptombild und Behandlung angeht, ist der Grüne Knollenblätterpilz identisch mit dem Kegelhütigen (Weißen) Knollenblätterpilz (vorige Seite).

Verwechslungsrisiko

Von oben kann der Grüner Knollenblätterpilz leicht mit verschiedenen Speisetäublingen mit grünlicher Hutoberseite verwechselt werden, zum Beispiel dem **Frauen-Täubling** (S. 188) und dem **Grasgrünen Täubling** (S. 189). Wenn man etwas genauer hinsieht, findet man jedoch leicht Unterschiede. Die Täublinge haben weder einen Ring noch einen genatterten Stiel oder eine angeschwollene Stielbasis mit Volva.

Weiße Formen des Grünen Knollenblätterpilzes – die nicht allzu ungewöhnlich sind – sehen dem Kegelhütigen Knollenblätterpilz sehr ähnlich und sind auch mit **weißen Champignons** verwechselt worden (siehe die Unterschiede zu weißen Champignons, S. 153).

✝ Gift-Häubling *Galerina marginata*

Wird auf S. 164 näher vorgestellt.
Wie bereits erwähnt, ist der Gift-Häubling ein vor noch nicht langer Zeit entdeckter, gefährlicher Giftpilz.

Gift, Symptome und Behandlung

Siehe Kegelhütiger Knollenblätterpilz auf S. 227.
Dass der Gift-Häubling Amanitin, also dieselbe zellschädigende Giftart wie der Kegelhütige (Weiße) und der Grüne Knollenblätterpilz enthält, wurde von Chemikern bereits Anfang der 1960er-Jahre entdeckt, aber erst in den 1980er-Jahren tauchten in Pilzbüchern allmählich Warnhinweise auf.

Gift-Häubling (links)
Frühjahrs-Giftlorchel (rechts)

Verwechslungsrisiko

Eine von vielen Pilzsammlerregeln besagt, dass alle Baumstumpfpilze mit Ring essbar seien. Wie wir bereits erwähnten, gelten nur äußerst wenige dieser Regeln durchweg und ohne jede Ausnahme. Der Gift-Häubling zum Beispiel läuft der Regel oben zuwider.

Das Gemeine Stockschwämmchen (S. 162), das ein geschätzter und schmackhafter Speisepilz ist, ist dem Gift-Häubling täuschend ähnlich. Beide sind Holzzersetzer, aber das Gemeine Stockschwämmchen bevorzugt Laubholz, und der Gift-Häubling wächst oft, aber eben nicht ausschließlich auf Nadelholz.

Es sind auch Verwechslungen zwischen **Hallimaschen** und dem Gift-Häubling vorgekommen. Hallimasche waren früher geschätzte Speisepilze, werden heute aber als Speisepilze angezweifelt, eine Auffassung, die wir teilen (S. 209).

Ein weiterer verwechselbarer Speisepilz ist der **Graublättrige Schwefelkopf** (S. 160). Er wächst auf Stümpfen von Nadelbäumen, hat einen helleren blassgelben Hut und zunächst helle Lamellen, die sich später ins Graue oder fast ins Schwarze verdunkeln. Beachten Sie, dass der Gift-Häubling braune Lamellen hat.

Es sind auch Verwechslungen mit dem **Nelken-Schwindling** (S. 134) vorgekommen, die Vergiftungen zur Folge hatten. Große, trockene und helle Exemplare des Gift-Häublings, die auf für den Sammler unsichtbaren Holzresten im Rasen wuchsen, erinnerten ziemlich stark an den Nelken-Schwindling.

✝ Frühjahrs-Giftlorchel *Gyromitra esculenta*

Wird auf S. 52 und auf S. 205 näher vorgestellt.

Gift, Symptome und Behandlung

Die Frühjahrs-Giftlorchel enthält das Gift *Gyromitrin*, das wasserlöslich und flüchtig ist. Beim Abkochen von Frühjahrs-Giftlorcheln gelangt deshalb ein großer Teil des Giftes in das Kochwasser und den Wasserdampf. Beim Trocknen wird bei der Verdunstung von den Fruchtkörpern Gift abgegeben. Wer rohe oder falsch zubereitete Frühjahrs-Giftlorcheln isst, erkrankt in der Regeln nach 5–8 Stunden (die Latenzzeit beträgt offiziell 6–24 Stunden) an Magen-Darm-Beschwerden. Auch Symptome vom Nervensystem in Form von Schwindel, Mattheit, Schwitzen, Doppeltsehen und Krämpfen können vorkommen. Auch Leberschäden und Zerfall roter Blutkörperchen können von dem Gift verursacht werden.

Das *Gyromitrin* wird in saurem Milieu, zum Beispiel im Magen, unter anderem zu *Methylhydrazin* zersetzt, und die Giftwirkung kann daraus hergeleitet werden. Die akute Giftigkeit kann in der Stärke nicht den Giften der Knollenblätterpilze und Schleierlinge (S. 231–232) gleichgestellt werden. Die Mehrzahl der Vergiftungsfälle verläuft einigermaßen glimpflich, auch wenn sowohl in Mitteleuropa als auch in Schweden Todesfälle eingetreten sind.

Was dagegen als ein größeres Problem mit den Hydrazinen betrachtet wird, ist ihre *vermutete langfristige schädliche Wirkung*. Zum einen haben sie in Tierversuchen eine negative Wirkung auf die Fortpflanzungsorgane gehabt, zum anderen sind sie stark mutagen (verursachen Mutationen), was oft gleichbedeutend mit krebserregend ist.

Verwechslungsrisiko

Die Frühjahrs-Giftlorchel kann mit **Morcheln** (S. 50), der **Riesen-Lorchel** (S. 53) und **Bischofsmützen** (S. 206 und 231) verwechselt werden. Von diesen empfehlen wir lediglich die Morcheln als Speisepilze.

✝ Vielgestaltige Lorchel *Gyromitra ambigua*

Gift, Symptome und Behandlung

Die Vielgestaltige Lorchel, auf die man Ende der 1970er-Jahre aufmerksam wurde, enthält das Gift *Gyromitrin*. Sicherlich keineswegs im gleichen Maß wie die Frühjahrs-Giftlorchel, aber genug, um die Art als Giftpilz einzustufen und auf dieselbe Weise zu behandeln wie die Frühjahrs-Giftlorchel (vorige Seite).

Die Vielgestaltige Lorchel von der nahestehenden Art **Bischofsmütze**, *Gyromitra infula* (S. 206) zu unterscheiden, kann sehr schwierig sein. Abgesehen davon, dass die Sporen bei der giftigen Art größer sind, ist der Hut unregelmäßiger und dunkler, mehr dem Hut der Frühjahrs-Giftlorchel

Die **Vielgestaltige Lorchel** wächst üblicherweise am Boden.

ähnelnd, und der Stiel hat oft einen Stich ins Lilafarbene. Die Vielgestaltige Lorchel wächst üblicherweise am Boden, während die Bischofsmütze oft auf sehr morschen, moosbedeckten Baumstämmen und Stümpfen angetroffen wird. Die Vielgestaltige Lorchel ist in Deutschland extrem selten.

† Spitzgebuckelter Raukopf *Cortinarius rubellus* *(Syn. C. speciosissimus)*

Die Schleierlinge machen einen sehr großen Teil der Großpilze in einem Wald aus. In früheren Pilzbüchern sind mehrere Schleierlinge als Speisepilze enthalten, aber heute raten wir vom Verzehr von Schleierlingen ab. Zwei der gefährlichsten Giftpilze gehören dieser Gattung an, nämlich der **Spitzgebuckelte Raukopf** und der **Orangefuchsige Raukopf** (S. 232).

Gift, Symptome und Behandlung

Diese Schleierlinge enthalten das Gift *Orellanin*, das eine spezifische nierenschädigende Wirkung hat.* Das Tückische an diesen Giftpilzen ist, dass frühzeitige Vergiftungssymptome fehlen oder sehr schwach sind. Erst nach drei bis sieben, in manchen Fällen bis zu 14 (oder 21) Tagen zeigen sich greifbare Symptome – intensiver Durst, Müdigkeit, Nierenschmerzen und zunächst zunehmende, dann aufhörende Urinproduktion – und zu dem Zeitpunkt hat der Vergiftete oft schwere Nierenschäden erlitten. Die Behandlung in diesem Stadium besteht in einer Dialyse und in schweren Fällen in einer Nierentransplantation.

* Hinsichtlich der übrigen Schleierlinge, die in verschiedenen Zusammenhängen oft als giftig angegeben werden, gibt es noch keine wissenschaftlichen Belege dafür, dass sie ein gefährliches Gift wie zum Beispiel *Orellanin* enthalten würden. Dies betrifft zum Beispiel den **Goldgelben Raukopf** (*Cortinarius gentilis*), den **Zitronengelben Raukopf** (*C. limonius*), den **Rhabarberfüßigen Raukopf** (*C. callisteus*) und den **Dottergelben Klumpfuß** (*C. meinhardii*, siehe auch S. 123).

Wichtige Kennzeichen des Spitzgebuckelten Raukopfs

- Der Hut ist matt, wie filzig behaart, rotbraun bis gelbbraun. Der Hut ist manchmal spitz gebuckelt, kann aber auch gewölbt oder sogar in der Mitte flachgedrückt sein.
- Die rotbraunen Lamellen unter dem Hut sind dick, hoch und ziemlich entferntstehend.
- Um den braunen Stiel ziehen sich unregelmäßige gelbe Bänder.

Spitzgebuckelter Raukopf

Spitzgebuckelter Raukopf

Der Spitzgebuckelte Raukopf wächst im ganzen Land, vor allem in sauren, moosigen und feuchten Heidelbeer-Fichtenwäldern, aber man kann ihn auch in Kiefernwäldern und mageren Buchenwäldern finden. Die Art ist weit verbreitet.

† Orangefuchsiger Raukopf *Cortinarius orellanus*

Siehe Spitzgebuckelter Raukopf auf der vorigen Seite.
Diese Art bevorzugt warme, trockene Südhänge mit Edellaubbäumen, zum Beispiel Eiche, Hasel und Buche. Sie bildet bereits im Spätsommer Fruchtkörper, das heißt, relativ früh in der Saison, und ist bislang nur von einigen wenigen Stellen in Südschweden bekannt. Auf dem Kontinent ist sie häufiger und hat dort mehrere schwere Vergiftungen, auch mit tödlichem Ausgang, verursacht.

Verwechslungsrisiko

Es gibt keine Speisepilze, die innerhalb plausibler Grenzen mit den zwei giftigen Schleierlingen verwechselt werden könnten. Hingegen hat es Fälle gegeben, wo Personen, die auf Pfifferlingssuche waren, Spitzgebuckelte Rauköpfe gesammelt und gegessen haben. Dies bezeichnen wir als Unkenntnis oder Nachlässigkeit, weil die Unterschiede groß sind. Die einzige Ähnlichkeit besteht darin, dass sie in ähnlichen Lebensräumen wachsen.

HINWEIS: Eine kurzgefasste Beschreibung der gefährlichsten Schleierlinge lautet: braune Pilze mit braunen Lamellen.

Der **Orangefuchsige Raukopf** gehört zu unseren gefährlichsten Giftpilzen.

2. AUF DAS NERVENSYSTEM EINWIRKENDE GIFTE

Einige Pilzarten enthalten Gifte, die auf das Nervensystem einwirken. Einige von diesen sind seit Langem bekannt, insbesondere diejenigen mit halluzinogener Wirkung. Pilze, die Halluzinationen verursachen, sind in anderen Kulturen bei religiösen Zeremonien verwendet worden und werden zum Teil auch heute noch verwendet. Auf diese Giftpilze gehen wir in diesem Buch nicht ein, vor allem aus dem Grund, dass keiner von ihnen mit einem Speisepilz verwechselt werden kann. In Deutschland ist es verboten, Pilze zu besitzen, die das Gift *Psilocybin*, enthalten, wie zum Beispiel der **Spitzkegelige Kahlkopf**, *Psilocybe semilanceata*.

Der bekannteste Giftpilz, der Fliegenpilz, gehört zusammen mit dem Pantherpilz und dem Königs-Fliegenpilz zu der Gruppe von Giftpilzen, die auf das Nervensystem einwirken. Von diesen wird der Pantherpilz als am gefährlichsten betrachtet. Auch die Giftlorcheln hätten wir in dieser Gruppe unterbringen können, denn sie können zusätzlich eine Schädigung des zentralen Nervensystems verursachen.

Gifte, Symptome und Behandlung

Die auf das Nervensystem einwirkenden Gifte sind unterschiedlicher Art, aber ihnen gemeinsam ist, dass sich die Vergiftungssymptome schnell zeigen, nach nur einer halben bis 4 Stunden. Anfänglich bestehen die Symptome in gewöhnlichen Magen- und Darmbeschwerden mit Übelkeit und Erbrechen wie bei der Mehrzahl der Pilzvergiftungen. Bald stellen sich jedoch das Nervensystem betreffende Symptome ein wie Verwirrung, Schwindel, Unruhe, Herzklopfen, Schwitzen, Muskelzuckungen, Veränderungen der Pupillengröße, veränderter Tränenfluss, Mundtrockenheit und Halluzinationen. Die Symptome variieren, je nachdem, welchen Giftpilz man in welcher Menge gegessen hat. Die Symptome können unangenehm sein, sind aber in der Regel vorübergehend und kurzzeitig. Das Gift *Muscarin*, das in Risspilzen und Trichterlingen enthalten ist, kann jedoch in großen Dosen tödlich sein, wenn kein Gegengift verabreicht wird. Stark halluzinogene Stoffe, zum Beispiel *Psilocybin*, das in „Rauschpilzen" (siehe oben) enthalten ist, können bis zu mehrere Jahre nach dem Verzehr wiederkehrende und sehr unangenehme psychische Symptome verursachen. Die Behandlungsmethoden variieren, je nachdem, um welches Gift es sich handelt.

In dieser Gruppe behandeln wir folgende Arten:
Bleiweißer Firnis-Trichterling S. 139 und 236
Erdblättiger Risspilz S. 235
Fliegenpilz S. 234
Kegeliger Risspilz S. 135 und 235
Königs-Fliegenpilz S. 157 und 234
Pantherpilz unten und S. 156
Rinnigbereifter Trichterling S. 135 und 235
Ziegelroter Risspilz S. 130 und 235

Pantherpilz

✝ Pantherpilz *Amanita pantherina*

Wird auf S. 156 näher vorgestellt.
„Paterfläckig flugsvamp" (pantherfleckiger Wulstling) ist ein älterer schwedischer Name dieses Wulstlings, der in Deutschland weit verbreitet

und mancherorts sehr häufig ist. In alten Schloss- und Gutsparks kann er ziemlich verbreitet sein, ist aber im Übrigen innerhalb seines Verbreitungsgebiets recht selten.

Verwechslungsrisiko

Verwechslungen sind vor allem mit dem **Riesenschirmling** (S. 154) vorgekommen. Was diese Arten voneinander unterscheidet, ist – neben der Größe –, dass der Riesenschirmling dunkle Schuppen auf hellem Grund hat und der Pantherpilz helle Flecken auf dunklem Grund, das heißt, das umgekehrte Farbverhältnis. Außerdem hat der Riesenschirmling einen braungenatterten Stiel mit einem am Stiel verschiebbaren, relativ stabilen Ring, während der Stiel des Pantherpilzes komplett weiß und der Ring zart und flüchtig ist.

Fliegenpilz

✝ Fliegenpilz *Amanita muscaria*

Der Fliegenpilz ist der meistabgebildete Pilz der Welt! Laut dem amerikanischen Ethnomykologen Gordon Wasson hat der Fliegenpilz für viele Volksgruppen in Asien und Nordamerika in religiösen Zusammenhängen eine große Rolle gespielt. Dagegen ist es zweifelhaft, ob der Fliegenpilz von den Wikingern zu dem Zweck verwendet wurde, sich in Berserkerstimmung zu versetzen – etwas, das in verschiedenen Zusammenhängen häufig behauptet wird. Zumindest gibt es hierfür keine Belege. In Deutschland wurde er früher als Fliegengift und als Mittel gegen Hauswanzen verwendet.

Verwechslungsrisiko

Die Grundfarbe des Hutes variiert von intensivem Rot bis zu ausgeblichenerem Orange.

Die „Flecken" sind ziemlich lose sitzende Reste der äußeren Hülle, die im Jungstadium den gesamten Fruchtkörper umgeben hat. Wenn starker Regen die Velumflocken auf der blass orangeroten Farbform fortgespült hat, erinnert er ziemlich an den **Streifling** (S. 210) oder den **Kaiserling**, *Amanita caesarea*, der in Südeuropa ein geschätzter Speisepilz ist. Folglich bestehen hier offensichtliche Verwechslungsrisiken. Fleckenlose Exemplare können auch mit dem **Apfel-Täubling** (S. 200) verwechselt werden, und sehr junge, komplett weiße Fruchtkörper können mit dem **Flaschen-Stäubling** (S. 202) verwechselt werden. Der Fliegenpilz wächst meist in Gemeinschaft mit Birken und Fichten, kann aber auch mit vielen anderen Baumarten angetroffen werden. Im ganzen Land verbreitet.

Königs-Fliegenpilz

✝ Königs-Fliegenpilz *Amanita regalis*

Wird auf S. 157 näher vorgestellt. Abgesehen von der Hutfarbe ist der Königs-Fliegenpilz dem Fliegenpilz sehr ähnlich. Letzterer ist im ganzen Land verbreitet und wächst üblicherweise in Gemeinschaft mit Birken, während der Königs-Fliegenpilz meist in Fichtenwäldern wächst und nur zwischen Harz und dem Bayerischen Wald vorkommt. Verglichen mit dem Pantherpilz, der reinweiße Velumreste auf dem Hut und ein reinweißes Hutfleisch hat, hat der Königs-Fliegenpilz gelbweiße „Flecken" und einen gelben Ton im Hutfleisch direkt unter der Huthaut.

Verwechslungsrisiko

Der Königs-Fliegenpilz kann mit dem **Riesenschirmling** (S. 154) verwechselt werden.

✝ Ziegelroter Risspilz *Inocybe erubescens*

Wird auf S. 130 näher vorgestellt.

Gift, Symptome und Behandlung

Wie alle der Gattung der Risspilze, *Inocybe*, angehörende Arten und viele Trichterlinge der Gattung *Clitocybe* enthält diese Art das Gift *Muscarin*, das auf das autonome (selbstständige) Nervensystem einwirkt. Neben Bauchschmerzen und Durchfall nimmt der Fluss verschiedener Körperflüssigkeiten wie Speichel, Tränen und Sekrete aus den Atemwegen zu. Die Pupillen werden extrem klein, und es kann zu einem langsamen Puls, Schwitzen und Blutdruckabfall kommen. Die ersten Symptome zeigen sich in sehr kurzer Zeit nach dem Verzehr des Pilzes – bereits innerhalb von 1-2 Stunden.

Verwechslungsrisiko

Weil der Ziegelrote Risspilz frühzeitig in der Saison erscheint, im Vorsommer bis Sommer, besteht das Risiko, ihn mit dem **Maipilz** (S. 129) und dem **Nelken-Schwindling** (S. 134) zu verwechseln. Diese Speisepilze wachsen wie der Ziegelrote Risspilz oft im gleichen Lebensraum.

✝ Kegeliger Risspilz *Inocybe rimosa agg.*

Wird auf S. 135 näher vorgestellt.
Zu Gift, Symptomen und Behandlung siehe Ziegelroter Risspilz (oben).

✝ Erdblättriger Risspilz *Inocybe geophylla*

Reinweiße, seidenglänzende Hutoberseite, die eine faserige Struktur hat und oft strahlenförmig aufgerissen ist. Die Lamellen sind anfänglich weiß, werden aber später grauweiß. Stiel weiß, glatt und gleichmäßig dick. Spermatischer Geruch. Der Erdblättrige Risspilz wächst in kleinen Gruppen sowohl auf Gras- als auch auf Waldböden und kommt im ganzen Land häufig vor. Zu Gift, Symptomen und Behandlung siehe Ziegelroter Risspilz (oben).

Erdblättriger Risspilz

Verwechslungsrisiko

Sowohl der Kegelige Risspilz als auch der Erdblättrige Risspilz können mit dem **Nelken-Schwindling** (S. 134) verwechselt werden.

✝ Rinnigbereifter Trichterling *Clitocybe rivulosa*

Wird auf S. 135 näher vorgestellt.
Zu Gift, Symptomen und Behandlung siehe Ziegelroter Risspilz (oben).

Verwechslungsrisiko

Der Rinnigbereifte Trichterling kann mit dem **Nelken-Schwindling** (S. 134) und dem **Mehl-Räsling** (S. 138) verwechselt werden.

Bleiweißer Firnis-Trichterling *Clitocybe phyllophila*

Wird auf S. 139 näher vorgestellt.
Zu Gift, Symptomen und Behandlung siehe Ziegelroter Risspilz (vorhergehende Seite).

Verwechslungsrisiko

Der Bleiweiße Firnis-Trichterling kann mit dem **Mehl-Räsling** (S. 138) verwechselt werden.

3. DEN MAGEN-DARM-TRAKT REIZENDE GIFTE

Gift, Symptome und Behandlung

Die große Mehrzahl der Giftpilze gehört dieser Gruppe an. Sie sind die am wenigsten gefährlichen, aber für denjenigen, der von ihnen gegessen hat, ist die Vergiftung dennoch sehr unangenehm. Die Vergiftungssymptome beschränken sich üblicherweise auf Bauchschmerzen, Erbrechen und Übelkeit, die sich innerhalb kurzer Zeit bis weniger Stunden nach dem Verzehr der Pilzmahlzeit einstellen. In der Regel klingen die Beschwerden nach einigen weiteren Stunden wieder ab. Die Intensität des Symptombilds entscheidet darüber, ob eine Krankenhausversorgung erforderlich ist oder nicht. Welche Maßnahme Sie selbst ergreifen können, ist auf S. 240 angegeben. Da man als Betroffener in der Regel nicht weiß, welche Pilzarten gegessen wurden, sollte in jedem Fall ein Arzt oder Krankenhaus aufgesucht werden.

Wir haben in diese Gruppe mehrere Arten aufgenommen, die Doppelgänger von Speisepilzen sind. Zwei von ihnen, der **Riesen-Rötling** und der **Satans-Röhrling**, sind lange Zeit als tödlich giftig angesehen worden. Heute wird dies angezweifelt, es sind keine Todesfälle bekannt, aber beide verursachen starke Magen-Darm-Beschwerden.

In dieser Gruppe behandeln wir folgende Arten:

Grundlagenforschung in vergangenen Zeiten

Der große Pilzkenner Lars Romell wollte sich vergewissern, ob der Riesen-Rötling wirklich so giftig ist, wie einige andere Pilzbuchverfasser glaubten. In der ersten Auflage von *Dr. M. A. Lindblads Svampbok* (Dr. M. A. Lindblads Pilzbuch) von 1901, die Romell fertigstellte, ist er mit einem Kreuz, das heißt, als zu verwerfen, gekennzeichnet. In späteren Auflagen hat er zwei Kreuze, ist also als giftig eingestuft.

Vor der zweiten Auflage testete Romell den Riesen-Rötling an sich selbst. „Ein ganzes Exemplar mit einem Gewicht von 87 Gramm wurde ohne Abbrühen gebraten und verzehrt." So schreibt er in einem Zeitschriftenartikel vom Anfang des 20. Jahrhunderts. Romell wurde sehr krank und musste im Krankenhaus behandelt werden. Nach dem Selbstversuch bewertete Romell demnach seine frühere Auffassung über den Riesen-Rötling neu. Aber hartnäckig, wie er offenbar war, hatte er noch einen weiteren Wunsch:

„Ich habe ihn noch nicht abgebrüht probieren können, obwohl ich mir fast sicher bin, dass er dann unschädlich ist." Die Geschichte berichtet jedoch nicht, ob er diesen Wunsch verwirklichte.

Riesen-Rötling *Entoloma sinuatum*

Wird auf S. 131 näher vorgestellt.

Viele Organisatoren von Pilzausstellungen wollen gern den Riesen-Rötling zeigen, weil viele Besucher neugierig darauf sind, wie dieser gefährliche Giftpilz aussieht. Der Riesen-Rötling lebt saprotroph auf meist kalkreichem Boden in Wäldern und Parkanlagen mit Laubbäumen. Schon ab Mitte des Sommers sieht man die ersten Exemplare. Er kann auch ein gutes Stück in den Herbst hinein angetroffen werden.

Riesen-Rötling

Verwechslungsrisiko

Helle Speisepilze unter den Schleierlingen, die frühzeitig in der Saison erscheinen, können mit dem Riesen-Rötling verwechselt werden. Dies gilt vor allem für den **Maipilz** (S. 129), aber unter Umständen auch für frühe Exemplare des **Mehl-Räslings** (S. 138). Der Mehl-Räsling hat zudem wie der Riesen-Rötling rötliche Sporen.

Satans-Röhrling *Boletus satanas*

Wird auf S. 87 näher vorgestellt.

Der Ruf des Satans-Röhrlings als sehr gefährlicher Giftpilz ist in älteren Pilzbüchern sehr gefestigt. Heute wissen wir, dass er ein den Magen-Darm-Trakt reizendes Gift enthält, das starke Symptome hervorrufen kann, aber sein Ruf als tödlich giftig ist deutlich übertrieben.

Satans-Röhrling

Verwechslungsrisiko

Der Satanspilz kann mit allen rotporigen Dickröhrlingen verwechselt werden, zum Beispiel mit dem **Flockenstieligen Hexen-Röhrling** (S. 86).

Dreifarbige Koralle *Ramaria formosa*

Diese schwach giftige Art wurde erstmals Ende der 1970er-Jahre in schwedischen Pilzbüchern beschrieben, und zwar unter dem Namen „Gelbroter Keulenpilz". Die Basis des Fruchtkörpers ist weiß. Die Zweige sind gelb mit einem sehr schwachen rosafarbenen Ton, bis auf die Spitzen, die reingelb sind. Das Fleisch sowohl des Stiels als auch der Zweige ist weiß. Der Geschmack ist scharf bis bitter. Die Dreifarbige Koralle wächst in Laub- und Mischwäldern.

Dreifarbige Koralle

Falten-Tintling (links)
Keulenfuß-Trichterling (rechts)

4. GIFTWIRKUNG ZUSAMMEN MIT ALKOHOL

Falten-Tintling *Coprinopsis atramentaria*

Wird auf S. 159 näher vorgestellt.

Gift, Symptome und Behandlung

Es ist seit Langem bekannt, dass der Falten-Tintling zusammen mit Alkohol starkes Unbehagen verursacht. Das in dem Pilz enthaltene *Coprin* ruft zusammen mit Alkohol Symptome hervor, die denen ähneln, die das Entwöhnungsmittel *Antabus* hervorruft.

Wenn man in Verbindung mit einer Mahlzeit, die Falten-Tintlinge enthält, ein alkoholhaltiges Getränk zu sich nimmt, zeigen sich die Symptome sehr schnell, nach nur einigen Minuten bis zu etwa 1 Stunde. Hautrötung, Kopfschmerzen, Schwitzen, Erbrechen, Atemnot und Angst sind häufige Vergiftungssymptome. Die Beschwerden können bis zu 24 Stunden lang anhalten, müssen aber in der Regel nicht behandelt werden. Beachten Sie jedoch, dass danach dasselbe Phänomen bis zu einer Woche nach der Pilzmahlzeit jedes Mal auftreten kann, wenn man Alkohol trinkt. Deshalb ist es nicht unberechtigt, den Falten-Tintling als den „Antialkoholiker-Pilz" zu bezeichnen.

Ende der 1970er-Jahre wurde festgestellt, dass das *Coprin* bei Ratten Hodenschäden verursacht. Dies ist der hauptsächliche Grund dafür, dass der Falten-Tintling heute als Giftpilz klassifiziert wird.

Der **Keulenfuß-Trichterling** und der **Spitzschuppige Schirmling** (*Lepiota aspera*) können ähnliche Symptome hervorrufen wie der Falten-Tintling, obwohl der Stoff *Coprin* in diesen Arten nicht vorgefunden wurde.

Keulenfuß-Trichterling *Ampulloclitocybe clavipes*

Der Keulenfuß-Trichterling ist in vielen früheren Pilzbüchern als guter Speisepilz eingestuft worden. Heute betrachten wir ihn nicht als Speisepilz, unter anderem aus dem Grund, dass er zusammen mit Alkohol ähnliche Beschwerden wie der Falten-Tintling verursacht hat. Der Keulenfuß-Trichterling ist ein Streuzersetzer und wächst bevorzugt in Fichtenwäldern. Im ganzen Land verbreitet.

5. ANTIGEN-ANTIKÖRPER-REAKTION (ALLERGISCHE REAKTION)

✝ Kahler Krempling *Paxillus involutus*

Gift, Symptome und Behandlung

Diese Art ist neu bewertet worden. In Mitteleuropa ist der Kahle Krempling als Speisepilz geschätzt worden, jetzt wird er zu den gefährlichen Giftpilzen gerechnet. Roh oder unzureichend zubereitet kann er nach 1–3 Stunden akute Symptome in Form von Bauchschmerzen, Erbrechen und Durchfall hervorrufen.

Jedoch nicht aufgrund dieser Symptome ist der Kahle Krempling vom Speisepilz zum gefährlichen Giftpilz umbewertet worden. Seit den 1960er-Jahren ist nämlich eine schwere allergische Reaktion nachgewiesen worden, die Auswirkungen auf Leber und Nieren hat. Der Pilz enthält Stoffe, *Allergene*, die bei manchen Personen das Blut zur Bildung von Antikörpern anregen können. Diese Antikörper und die Allergene verklumpen miteinander und heften sich an den roten Blutkörperchen an, die dadurch in ihrer Wirkung eingeschränkt werden und sogar zerfallen können. Dieses Phänomen, die *Immunhämolyse*, kann zu schweren Vergiftungen dadurch führen, dass wichtige innere Organe nicht mehr funktionieren, in Mitteleuropa ist es so zu Todesfällen gekommen.

Das *Paxillus-Syndrom*, wie das Symptombild genannt wird, ist fast wie eine Lebensmittelallergie zu betrachten. Typisch ist, dass Menschen, die Kahle Kremplinge früher ohne Unbehagen gegessen haben, plötzlich nach einer erneuten Mahlzeit derselben Art die genannten akuten und schweren Symptome bekommen.

Warnung vor diesem tückischen Pilz!

Dies gilt für alle Pilzsammler, aber besonders für diejenigen, die früher Kahle Kremplinge gegessen haben. Sie müssen sich *gänzlich* des Verzehrs dieses Pilzes enthalten.

Alle Bilder:
Kahler Krempling

Pilzvergiftung erlitten?

HILFE! WAS HABEN WIR GEGESSEN?

Nach einer Pilzmahlzeit kann der Zweifel immer stärker werden: Was war das für ein Pilz, kann er giftig gewesen sein?

Wenn man bereits etwa 1 Stunde nach der Mahlzeit Symptome in Form von Übelkeit und Erbrechen bekommt, kann dies oft als ein Anzeichen für eine leichte Pilzvergiftung gesehen werden, die durch auf den Magen-Darm-Kanal einwirkende Gifte verursacht wurde. Deren Wirkungen stellen sich nämlich recht schnell ein.

Wenn man kurze Zeit nach der Pilzmahlzeit auch andere Arten von Symptomen bekommt, zum Beispiel starkes Schwitzen, erhöhter Speichel- und Tränenfluss, ungewöhnlich große oder kleine Pupillen oder Herzklopfen, können das Anzeichen dafür sein, dass man Pilze gegessen hat, die auf das Nervensystem einwirkende Gifte enthielten.

Ob man ein Vergiftungssymptom gespürt hat oder nicht: Wenn man glaubt, giftige Pilze gegessen zu haben, muss man sich an das **nächstgelegene Krankenhaus** oder die **Giftnotrufzentrale** wenden. Die gefährlichsten Gifte rufen in der Regel erst nach mehreren Stunden Symptome hervor.

Wenn man noch Pilzabfälle oder Essensreste hat, ist es wichtig, diese aufzubewahren, damit eine pilzkundige Person versuchen kann, die Art zu bestimmen. Es ist wichtig, zu wissen, welchen Pilz man gegessen hat, um gegebenenfalls unnötige Behandlungen wie zum Beispiel das Auspumpen des Magens vermeiden zu können.

Maßnahmen in Eigenregie

Es gibt keine vernünftigen Hausmittel bei einer Pilzvergiftung, die ohne ärztlich festgestellte Indikation eingesetzt werden können. Milch trinken ist immer falsch, aber auch Salzwasser trinken, um Erbrechen zu fördern, oder Kohletabletten, um Durchfälle zu lindern, können schwere Nachteile mit sich bringen und die Prognose bis hin zum Tod verschlechtern. Nur bei Verdacht auf eine schwere Vergiftung und wenn ein Krankenhaus zu weit entfernt und ein Arzt nicht zu erreichen ist, kann der Pilzsachverständige Medizinalkohle (1 Gramm pro Kilogramm Körpergewicht in 400 Milliliter Wasser aufgeschwemmt) empfehlen, oder, falls nicht zu beschaffen, in einer derartigen Ausnahmesituation und wenn die Pilzmahlzeit nicht länger als 5–6 Stunden zurückliegt, dem Betroffenen raten, durch „Finger in den Hals stecken" zu erbrechen.

Bei Verdacht auf Lebensmittelvergiftung: Rufen Sie den allgemeinen medizinischen Notruf 112 an. Aktuelle und ausführliche Informationen zum Thema Pilzvergiftungen sowie die Kontaktdaten der Giftnotrufe nach Städten sortiert bietet die DGfM auf ihrer Homepage www.dgfm-ev.de/speise-und-giftpilze/vergiftungen

Lebensmittelvergiftung

Denken Sie daran, dass viele derjenigen, denen nach einer Pilzmahlzeit übel wird, eigentlich keine Pilzvergiftung erlitten haben. Sie können verdorbenes Essen gegessen haben und sich ganz einfach eine Lebensmittelvergiftung zugezogen haben. Die meisten Pilze haben eine schlechte Haltbarkeit und sollten so bald wie möglich nach dem Sammeln gesäubert und verarbeitet werden. Auch mit allzu alten konservierten Pilzen sollte man sich vorsehen.

Literatur

Verwendete Literaturquellen und ergänzende Ratgeber:

Bon, M. (2016): Parey's Buch der Pilze; Kosmos Naturführer

Breitenbach, J. & Kränzlin, F. (1981): Pilze der Schweiz; Band 1: Ascomyceten. Verlag Mycologia, Luzern

Breitenbach, J. & Kränzlin, F. (1986): Pilze der Schweiz; Band 2: Nichtblätterpilze. Verlag Mycologia, Luzern

Breitenbach, J. & Kränzlin, F. (1991): Pilze der Schweiz; Band 3: Röhrlinge und Blätterpilze. Verlag Mycologia, Luzern

Breitenbach, J. & Kränzlin, F. (1995): Pilze der Schweiz; Band 4: Blätterpilze. Verlag Mycologia, Luzern

Breitenbach, J. & Kränzlin, F. (2000): Pilze der Schweiz; Band 5: Cortinariaceae. Verlag Mycologia, Luzern

Englbrecht, J. (2004): Pilzanbau in Haus und Garten. Eugen Ulmer, Stuttgart

Flammer, R. (2014): Giftpilze, Nachschlagewerk für Ärzte, Apotheker, Biologen, Mykologen, Pilzexperten und Pilzsammler. AT Verlag

Gminder, A. & Böhning, T. (2007): Welcher Pilz ist das? Kosmos

Gminder, A. (2008): Handbuch für Pilzsammler: 340 Arten Mitteleuropas sicher bestimmen. Kosmos

Guthmann, J., Reichel, R. & Hahn, Ch. (2010): Taschenlexikon der Pilze Deutschlands. Quelle & Meyer

Holzer, H. (2011): Fadenwesen: Fabelhafte Pilzwelt. Edition Lichtland

Kränzlin, F. (2005): Pilze der Schweiz; Band 6: Russulaceae (Milchlinge und Täublinge). Verlag Mycologia, Luzern

Labhardt, F. & Lohmeyer, T. R. (2001): Faszination Pilze. Blick in eine rätselhafte Welt. BLV-Verlag

Lockwald, G. (1999): Pilzgerichte noch feiner. IHW-Verlag, Eching

Lüder, R. & Lüder, F. (2015): Die geheimnisvolle Welt der Pilze. Das natur-Mitmachbuch für Kinder. Haupt Verlag, Bern.

Lüder, R. & Lüder, F. (2016): Pilze zum Genießen ... das Familien-Pilzbuch für Küche, Kreativität und Kinder. Kreativpinsel-Verlag, Neustadt

Lüder, R. (2017): Einfach sicher Pilze sammeln: Beliebte Speisepilze und ihre Doppelgänger. BLV-Verlag

Lüder, R. (2018): Grundkurs Pilzbestimmung. Quelle & Meyer Verlag, Wiebelsheim

Rätsch, Ch. (2010): Pilze und Menschen; Gebrauch, Wirkung und Bedeutung der Pilze in der Kultur. AT-Verlag

Schmid, H. & Helfer, W. (1995): Pilze - Wissenswertes aus Ökologie, Geschichte und Mythos. IHW-Verlag

Volbracht, Ch. (2012): Trüffeln: Mythos und Wirklichkeit. Tre Torri Verlag

Zollner, R. (2011): Pilze: Rezepte - einfach, klassisch und immer gut: Genuss aus dem Wald. Gräfe und Unzer, München

Speisepilze

Register

A

B

G

S

T

U

V

W

X

Z

1. Nachdruck 2023

Die Veröffentlichung wurde mit Norstedts Agency vereinbart.

Stiftung Warentest
Lützowplatz 11–13
10785 Berlin
Telefon 0 30/26 31–0
Fax 0 30/26 31–25 25
www.test.de
email@stiftung-warentest.de

USt-IdNr.: DE136725570

Vorstand: Hubertus Primus
Weitere Mitglieder der Geschäftsleitung:
Dr. Holger Brackemann, Julia Bönisch, Daniel Gläser

Programmleitung: Niclas Dewitz

Autoren: Pelle Holmberg, Hans Marklund
Übersetzung: Stephanie Busch, Königswinter

Projektleitung/Lektorat: Uwe Meilahn
Fachliche Mitarbeit: Peter Karasch, Fachberater Mykologie (Univ. gepr.), Pilzsachverständiger (DGfM)
Korrektorat: Nicole Woratz, Berlin
Redaktionelle Mitarbeit: Merit Niemeitz, Stefanie Proske
Umschlag: Josephine Rank, Berlin
Layout: Pernilla Qvist
Satz der deutschen Ausgabe: FÖRM – Büro für Gestaltung, Berlin
Bildnachweis: Einbandvorderseite: Hans Marklund,
Rückseite: shutterstock (Freisteller), i-Stock (Holz)
Innenteil: Hans Marklund, bis auf Michael Krikorev: S. 2, 6–7, 10, 24, 26 (Parkumgebung), 61 (Starkriechender Trompetenpfifferling), 71 (Fichtenwald), 81, 133 (Samtfußrübling), 151 (Weißer Anis-Champignon), 169 (Lactarius fennoscandicus), 170 (Wechselblauer Edel-Reizker), 172, 183 (Ziegelroter Täubling), 205 (Büscheliger Rasling), 241; Leif Hansen: S. 10 (Portrait); Susanne Fessé: S. 217; Peter Karasch, Hohenau: S. 73 (Gallenstachling), S. 83 (Fichten-Steinpilz), S. 115 (Goldzahn- und Elfenbein-Schneckling); shutterstock: S. 222 und machinatemporis.de: Bildtafeln S. 13, 15
Produktion: Vera Göring
Verlagsherstellung: Rita Brosius (Ltg.), Romy Alig, Susanne Beeh
Litho: bildpunkt, Berlin
Druck: Firmengruppe APPL, aprinta druck, Wemding

ISBN: 978-3-86851-460-5

Wir haben für dieses Buch 100 % Recyclingpapier und mineralölfreie Druckfarben verwendet. Stiftung Warentest druckt ausschließlich in Deutschland, weil hier hohe Umweltstandards gelten und kurze Transportwege für geringe CO_2-Emissionen sorgen. Auch die Weiterverarbeitung erfolgt ausschließlich in Deutschland.